国家自然科学基金青年科学基金项目（编号：41601175）
河南省重点研发与推广专项（编号：192102310002）
河南省高校科技创新人才支持计划（编号：20HASTIT017）
河南省高等学校青年骨干教师培养计划（编号：2018GGJS019）　　共同资助
河南省哲学社会规划项目（编号：2020BJJ020）
河南大学区域发展与规划研究中心
“沿黄生态建设与乡村振兴研究”河南省学科创新引智平台

黄河下游背河洼地区土地资源演变及其对生态环境的影响

张鹏岩　著

科学出版社
北　京

内 容 简 介

本书主要研究黄河下游背河洼地区土地资源演变及其对生态环境的影响，以开封段为研究对象，利用现代科学技术对背河洼地区土地利用变化进行动态监测，高效系统地分析影响该区域土地利用变化的驱动力因子，分别从土地利用变化的时空特征及驱动力分析、生态安全评价及分区研究、土地承载力评价、土地利用变化的碳排放测算与模拟、土壤重金属污染等角度进行深入研究，发现独特的黄河下游背河洼地区土地资源演变过程及影响因素，为实现区域可持续发展提供科学合理的依据。

本书可以作为土地资源管理、自然资源利用与保护、人文地理与城乡规划、自然地理与资源环境、农业经济管理以及其他相关专业的教材和参考书，也可以供相关学科理论和实际工作者参阅。

图书在版编目（CIP）数据

黄河下游背河洼地区土地资源演变及其对生态环境的影响/张鹏岩著. —北京：科学出版社，2020.10

ISBN 978-7-03-066287-3

Ⅰ. ①黄… Ⅱ. ①张… Ⅲ. ①黄河–下游–土地资源–影响–生态环境–研究 Ⅳ. ①X171.1

中国版本图书馆 CIP 数据核字（2020）第 190677 号

责任编辑：朱 丽 郭允允 赵 晶 / 责任校对：樊雅琼
责任印制：吴兆东 / 封面设计：图阅盛世

科学出版社 出版
北京东黄城根北街 16 号
邮政编码：100717
http://www.sciencep.com
北京虎彩文化传播有限公司 印刷
科学出版社发行 各地新华书店经销
*
2020 年 10 月第 一 版 开本：787×1092 1/16
2020 年 10 月第一次印刷 印张：14 1/4
字数：334 000

定价：138.00 元

（如有印装质量问题，我社负责调换）

前　言

土地是十分宝贵的资源和资产，是人类生存和发展的基础，是社会经济可持续发展的先决条件。土地资源是被人类利用或未来能被人类利用的土地，土地资源的总量是有限的，土地资源的利用是可持续的。遵循“绿水青山就是金山银山”的理念，如何更好地利用土地资源，并保护生态环境是值得思考的问题。

黄河是中华文明最主要的发源地，是中华民族的“母亲河”，也是中国第二长河，目前黄河流域生态环境保护和高质量发展已上升为国家战略。土地资源演变对黄河地区农业发展和生态环境保护有重大意义，同时也影响着黄河两岸人民的生产生活。

黄河下游影响带——背河洼地区（开封段）是指黄河侧渗补给地下水的宽度和循环深度的范围。有关研究表明，黄河下游影响带的宽度为 5～23km，在河南境内分布面积约为 10000km^2。黄河下游背河洼地区（开封段）与一般的河流冲积扇或冲积平原不同，因其多次泛滥改道，形成了多沉积相、多冲积或洪积顶点的复杂的冲积平原形态。对黄河下游的河道演化过程进行分析，黄河下游河道的演化经历了世界上最复杂的过程。这一区域位于河南省耕地后备资源的范围内，具有基础条件好、现状水平高、增产潜力较大、集中连片的特点，这一区域又位于粮食核心区的主体范围内，是粮食生产能力建设的重点区域。但是目前不稳定的自然条件和不科学的开发策略，导致区域优势无法充分发挥。同时，该区域水利设施落后，粮食生产抗御水旱灾害能力较差；中低产农田分布面积较大，粮食增产基础不稳定；循环农业发展不力，农业生产可持续发展能力较低；加快推进该区域现代农业建设，事关河南省农业现代化进程和粮食安全大局。

土地利用变化不仅是全球环境变化的重要组成部分，而且是人类与环境的耦合系统，并逐渐演变为全球变化的主要决定因素，对生物多样性、气候、水文等产生重大影响。黄河下游河道的演化经历了世界上最复杂的过程，多次改道与泛滥成灾形成了多处决口、冲击多变的下游平原沉积特征，黄河下游背河洼地区（开封段）为粮食生产能力建设的重点区域，该地区土壤类型多样，其内部土壤存在着盐碱、沙化、干旱、渍涝、排水不畅等多种障碍因素。伴随着黄河流域生态环境保护和高质量发展上升为国家战略，黄河下游地区成为黄河生态经济带建设的重点地区，为此，本书从土地变化及历史文献研究等角度，依据现代虚拟地理环境技术，研究了黄河下游背河洼地区（开封段）土地变化的历史过程，其主要从五个层面展开：黄河下游背河洼地区（开封段）土地利用变化的时空特征及驱动力分析、生态安全评价及分区研究、土地承载力评价、土地利用变化的碳排放测算与模拟研究、土壤重金属污染研究。

本书由张鹏岩拟定编写大纲并组织相关人员撰写而成。全书共有 7 章，具体分工如下：第 1 章，张鹏岩执笔；第 2 章，杨丹、张鹏岩执笔；第 3 章，庞博、张鹏岩执笔；第 4 章，康国华、张鹏岩执笔；第 5 章，何坚坚、张鹏岩执笔；第 6 章，李颜颜、张鹏岩执笔；第 7 章，张鹏岩执笔。全书由张鹏岩统稿。

本书在编写过程中，参考了诸多专家学者的研究成果及论文著作，使用了大量的统计数据，以确保研究成果的真实性和科学性。本书引用部分都已进行了明确的标注，若有疏漏之处，诚请各位读者包涵。由于土地资源演变和生态环境研究覆盖范围较大，书中不足之处恳请各位读者批评指正并提出宝贵建议。

作　者

2020年4月于河南开封

目　录

第1章 绪 论

1.1 研 究 背 景

人类活动已成为地球生态系统变化的重要原因之一，由此导致的土地覆盖变化逐渐演变为“全球”现象(Tao et al.，2013；何凡能等，2016)，并越来越被认为是全球环境变化与可持续发展研究的重要内容(刘继来等，2017；Turner et al.，2007)。土地是人类主要经济社会活动和生态环境的空间载体，其利用方式及时空格局变化既影响生物多样性，又影响土地资源承载功能和生态系统服务功能(刘永强和龙花楼，2017；吕晖等，2017)。土地资源是人类获得经济资产的来源，其作为区域一切开发建设活动的基本载体，决定着区域的发展质量和提升速度，是影响农业生产和经济建设的关键因子，对社会经济的可持续发展和生态系统的协调稳定具有重要意义。当前，融合自然和人文两大学科的土地利用/覆被变化(land use cover change，LUCC)已成为全球环境变化的主要研究对象(Tesfaw et al.，2018；刘亚香等，2017；Deng et al.，2018；Misra et al.，2018；Yang et al.，2017)，其是区域内生态、生产、生活、政策等空间因素综合作用的结果，且具有多样性特征，不仅对区域可持续发展造成影响，甚至成为影响全球生态系统变化的首要因素(张丽娟等，2017)，如耕地非粮化、土地非农化、农用地和林地之间的转换等均给全球生态系统带来巨大影响(Rudel et al.，2005)。土地变化是自然条件变化和人类活动程度的直观呈现，深入了解土地变化时空特征及影响因子不仅为揭示全球生态系统变化提供依据，更为改善区域环境及合理配置土地资源提供理论价值和实践指导。

气候是人类赖以生存和发展的基础条件，也是经济社会可持续发展的经济资源(Schuur et al.，2015；Urban，2015；Huang et al.，2016)。近百年来，受自然环境和人类活动的共同影响，全球正经历着以变暖为显著特征的气候变化，其对自然生态系统和经济社会可持续发展产生了明显影响(Watts et al.，2015；McGlade and Ekins，2015；Fu et al.，2015)。政府间气候变化专门委员会(Intergovernmental Panel on Climate Change，IPCC)第五次评估报告指出，近百年来全球地表平均温度约上升 0.85℃，大气 CO_2 浓度不断升高是全球气候变暖的主要原因(Solow，2013；Hoegh and Bruno，2010；池源等，2018)，人类活动排放大量 CO_2 等温室气体是引起全球气候变暖的根源(Fargione et al.，2008；Lal，2004；Solomon et al.，2009)，化石燃料的大量燃烧以及不可持续的土地利用等人类活动破坏了碳氧循环的平衡，导致大气中 CO_2 浓度不断升高(李小康等，2018；潘竟和文岩，2015)，因此碳循环研究成为全球学者和各国政府关注的热点(Ang and Su，2016；Liu et al.，2015；Shuai et al.，2017)。CO_2 排放量大量增加的主要原因可以归纳为两个方面：一方面是化石燃料燃烧和水泥生产等能源和工业过程直接向大气中排放 CO_2，另一方面则是土地利用变化影响碳源和碳汇的分布和大小(李新等，2011；马晓哲和王铮，2015)。土地利用/覆被变化是影响陆地生态系统碳循环的重要因素(韩骥等，2016；李玉玲等，2018)，土地利用类型转变导致土地生态系统类型发生更替，不同土地生态系统类型间又存在碳密度差异，因此土地利用/覆被变化成为大气碳含量增加的重要来源(赖力，2010)。19世纪50年代至今，土地利用变化直接导致的温室气体排放量占全球温室气体总排放量的1/3(Houghton，1999)，自然和社会两种驱动因素综合作用引起土地利用/覆被变化，而地球表面将近50%的土地利用变化是由人类活动引起的(Vitousek et al.，1997)，而且人类活动对碳循环的影响很大程度上是通过改变土地利用方式来实现的(赵荣钦和黄贤金，2010)，土地利用变化已经成为仅次于化石能源燃烧的碳排放的重要来源(赵荣钦等，2010)。研究中国土地利用变化下的碳源/汇作用，对中国的环境和未来土地利用方针的调整具有积极意义。

黄河是我国第二长河，跨越我国的三大阶梯，贯穿青、川、甘、宁、内蒙古、陕、晋、豫、鲁9个省(自治区)，流域面积约为79.5万km^2。根据地理、地质条件和河流特性，以内蒙古自治区托克托县的河口镇、河南省郑州市的桃花峪为分界点，将黄河划分为上、中、下游三个部分。黄河是典型的多泥沙冲积性河流，发源于青藏高原，中游流经黄土高原，挟带大量泥沙汇入干流，下游受地势影响，输沙能力减弱，泥沙逐渐沉积，导致河床纵剖面明显抬升，形成“地上悬河”(张冉等，2019)。黄河流域土地辽阔，地跨我国干旱、半干旱、半湿润地区。流域内东西地区高低悬殊、地貌单元复杂、土地利用类型多样，受气候变化和人类活动的双重影响，部分地区水土流失现象严重，生态环境脆弱(温小洁等，2018)。由于其地理位置的独特性和重要性，黄河流域一直是各学科研究的重点区域，受到学术界的广泛关注。相关研究主要集中于中上游流域的植被覆盖(田智慧等，2019)、地貌形态(李晨瑞等，2017)、水沙变化(许文龙等，2018)及下游流域的灌区土壤质量(张鹏岩等，2013)、灌区土地利用变化(王贵霞等，2016)和河道泥沙沉积(刘慰和王随继，2019)等方面，而关于背河洼地区的研究鲜少出现。

黄河下游背河洼地区(开封段)是黄河长期塑造华北平原的主要遗存，其由于自身结构的复杂性，在整个演变过程中，深受黄河活动的影响。历史时期，流域内人口数量增加、耕作方式改变、植被破坏等，导致中游地区的侵蚀程度加剧、泥沙含量增多，并对下游河道的淤积和决口改道产生不同程度的影响。背河洼地区是黄淮海平原特有的地貌形态，区内地理环境独特，具有基础条件好、现状水平高、增产潜力大、土质肥沃和生态效益高等特点，是粮食生产建设的重点区域。但不稳定的自然条件和不科学的开发策略，导致区域优势无法充分发挥，严重阻碍了土地资源的可持续开发与利用及农业现代化进程。因此，开展黄河下游背河洼地区(开封段)土地资源演变综合研究变得尤为重要。

1.2 研究目的与意义

1.2.1 研究目的

土地变化被视为人类与环境的耦合系统，已成为全球环境变化的重要组成部分(Zhao et al.，2017)，并逐渐演变为全球变化的主要决定因素(Foley et al.，2005)，对气候变化(Kirschbaum et al.，2013)、生物多样性(Darnes et al.，2014)、水文(Nosetto et al.，2012)

等产生重大影响，但目前对土地变化的研究仍缺乏统一的理论指导(宋小青，2017)。随着人类活动的多样化，经济发展与土地保护间的不平衡现象尤为突出，对于背河洼地区而言，不合理的引黄灌溉导致土地质量不均、土地盐碱化、土壤污染现象日益加剧(张鹏岩，2013)。因此，耦合现有的土地变化模型与其他地球系统模型，以便更明晰地揭示土地变化过程、深入探讨人地关系、系统提供政策建议，将是未来土地变化研究的发展方向(戴尔阜和马良，2018)。

黄河下游背河洼地区(开封段)是河南省耕地后备资源的重点区域，其自然优势(集中连片)、社会优势(现状水平高)、经济优势(粮食增产快)以及地处我国粮食主产区范围内等，使其成为保障河南省乃至国家粮食安全的重点区域。但其特殊的地质、气候和灌溉方式，以及落后的水利设施、较差的抗水旱灾害能力等对推进河南省农业现代化、区域现代化发展构成威胁。相关研究表明，随着河南省经济发展、人口规模不断扩大，位于开封、新乡、濮阳等地的黄河下游背河洼地区的引黄灌溉(泥沙淤积)、过度利用、滩地种植、沼泽开垦等行为已对该地生态环境构成威胁(如地下水位下降等)(赵晓东和赵义民，2016)。

基于此，本书开展了黄河下游背河洼地区(开封段)土地利用变化的时空特征及驱动力分析、生态安全评价及分区研究、土地承载力评价、土地利用变化的碳排放测算与模拟研究、土壤重金属污染研究，对合理开发利用土地资源、优化土地利用结构、提高区域整体安全度、保护区域生态环境及区域生态环境绿色可持续发展具有重要的指导意义，可以为区域农业现代化建设、生态系统结构优化及社会经济可持续发展提供理论依据和决策参考。

1.2.2 研究意义

地球各圈层、各要素间的相互作用一直是地理学研究的重点，也是地球系统科学研究的主要内容(傅伯杰等，2015)。土地变化被认为是全球变化的主要推动力，是人类活动对陆地表层及环境影响的集中体现(Fuchs et al.，2012；Mooney et al.，2013)，不仅影响土地生产率、土壤养分和碳循环，而且影响城市和居民日常生活的可持续发展(Mottet et al.，2006)乃至全球环境、社会和经济变化(Borrelli et al.，2017)。此外，土地变化在满足人类对食物、能源及生态系统不断增长的需求的同时，对全球环境变化也有一定的减缓性(段宝玲和卜玉山，2014)。土地变化引起各界关注的关键在于其对全球气候、水文、土壤以及粮食安全等方面产生的影响，尽管对不同领域的影响程度存在不确定性，但仍逐渐演变成影响全球变化的主要因素之一。

基于黄河下游背河洼地区(开封段)土地利用变化的时空特征及驱动力分析，探讨不同驱动机制对土地利用变化的影响程度，理清不同驱动因子的时空差异，不仅对全球变化具有重要的理论价值，而且对缓解粮食安全压力、改善生态环境、促进土壤改良等也具有重要的参考意义。

基于黄河下游背河洼地区(开封段)生态安全评价及分区研究，科学、有效地对黄河下游背河洼地区(开封段)生态安全进行评估，不仅为该区域生态安全建设提供理论参考，而且为沿河低洼地区生态安全的研究提供理论指导；探明影响黄河下游背河洼地区(开封段）生态安全因子间的差异，针对不同生态风险项实施不同规划策略，对推进黄河下游背河洼地区（开封段）的生态安全体系建设具有积极意义；科学对待生态安全建设问题，开展生态安全研究，对促进背河洼地区可持续发展具有重要作用。

基于黄河下游背河洼地区（开封段）土地承载力评价，从宏观上看，其评价结果能够有效测度区域土地资源的利用状况，为区域资源配置、发展规划、环境保护提供理论依据和决策参考；从微观上看，通过反映人地关系的协同发展状况，为区域土地利用结构的优化、资源利用效率的提高及人地关系的缓解提供理论依据，其对城市建设、环境保护和可持续发展具有重要的现实意义。

基于黄河下游背河洼地区（开封段）土地利用变化的碳排放测算与模拟研究，可以为黄河下游背河洼地区（开封段）碳排放视角下的未来土地发展提供对策和建议，以促进区域未来低碳经济建设和可持续发展。对黄河下游背河洼地区（开封段）土地利用碳排放进行定量测算，分析其时空变化特征，并进一步模拟2020～2040年黄河下游背河洼地区（开封段）土地利用碳排放的未来变化趋势，有利于区域未来低碳经济建设和区域绿色可持续发展。探究土地利用变化与碳排放之间的关系，针对性地对土地利用方式进行科学管理，对于实现区域低碳可持续发展、建立合理的土地利用体系具有积极意义。

基于黄河下游背河洼地区（开封段）土壤重金属污染研究，对开展土壤污染物的针对性治理和土壤生态保护具有积极的意义，对精准防治黄河流域典型地区的土壤重金属污染、改良土壤、合理利用和保护耕地具有理论意义。通过对黄河下游背河洼地区（开封段）土壤重金属进行生态风险评价，得出土壤潜在生态风险状况，其对指导农业生产具有积极意义。

1.3 研究依据

城市化、工业化使社会经济效益快速提升的同时，对不同时空尺度下土地利用格局、类型转换、生态环境的影响已成为今后发展面临的严峻挑战。土地变化一方面牵涉大量陆地系统循环与生命过程（刘纪远等，2018），另一方面人类社会经济活动通过对土地利用格局、功能的影响，来激发人地关系向非协调方向演变。

党的十九大报告中将“人与自然和谐共生”“乡村振兴”作为新时代坚持和发展中国特色社会主义的基本方略之一和一种新的发展理念（罗来军，2017），而土地变化作为人类行为在自然界中的直观呈现，也是人地关系的典型命题，对缓解人地矛盾至关重要（Garmendia et al.，2012）。受产业结构、城乡发展等影响，土地利用中的非农化、边际化、粗放化等现象日益突出，传统的土地利用方式难以适应多元化的城乡居民需求，因此，从土地变化的角度分析土地管理方针政策已成为社会各界的研究焦点（Jongeneel et al.，2008；谭永忠等，2017）。目前，国内外学者多基于土地变化的评价和方法视角，揭示其演变趋势、驱动因子及影响要素，而对从理论、实证相呼应的视角构建土地变化格局的理论框架有待进一步归纳总结。其具体表现在：在研究内容上，多数学者侧重于对土地利用功能评价（应弘和李阳兵，2017）、指标构建（Gomez and González，2007）、时空演变（李涛等，2016）等方面的研究，以及土地变化对生态环境（殷格兰等，2017）、粮食安全（杨勇等，

2017)等的影响的研究。在研究方法上，对土地利用变化结构的研究主要采用动态变化度模型(骆成凤等，2013)、土地利用转移矩阵模型(徐苏等，2017)、土地利用程度模型(代静等，2019)等；对土地利用变化归因及驱动力的研究主要采用逐步多元回归方法(彭睿文等，2017)、Mann-Kendall 检验方法(艾则孜提约麦尔•麦麦提等，2018)、Logistic 模型(Wagner and Waske，2016)、回归分析方法(Kindu et al.，2015)等；对土地利用变化的模拟预测研究主要采用元胞自动机模型(Lantman et al.，2011)、马尔可夫链模型(Mishra and Rai，2016；裴亮等，2017)、CLUE-S 模型(Mohammady et al.，2018)等。在研究尺度上，多基于国家、省、市视角，较少学者从典型区域的微型尺度对土地利用的演化进行研究。在影响因素上，多以定性、定量研究为主(李京京，2017；娄和震等，2014)，忽视了不同区域影响因子之间的空间异质性。基于此，大量研究尝试深化对土地动态变化的关键过程和驱动因素的理解，以探究由人地矛盾转向人地协调的发展路径。

1.4 国外研究概况

1.4.1 国外关于土地变化的研究概况

Lambin 和 Meyfroidt(2011)研究指出，人口增长和不断变化的消费模式导致全球范围的土地变化，土地变化逐渐成为影响陆地循环系统的主要因素。土地变化集中表现在城市化进程加快、耕地保护与开发以及林地资源减少，Seto 等(2012)预测，2030 年城市人口将增加到近 30 亿人，全球城市土地总面积将超过 $150\times10^4km^2$，城市作为人类主要的生产、生活场所，其扩张必然导致满足人类生存需要的基本物质资源——耕地发生变化。Ramankutty 和 Foley(1999)研究表明，近 3 个世纪以来，全球耕地面积呈增加趋势，且多数以牺牲草地和林地为代价。Lambin 等(2003)研究发现，全球森林退化面积在 1990～1997 年达 $2.3\times10^4km^2$，尤以东南亚地区最为明显。到 2000 年以后，林地退化趋势才得到有效缓解(Hansen et al.，2014)，可见土地与地球生物系统息息相关，其变化所带来的衍生问题不容小觑。

土地变化在改变陆地表层形态的同时，也通过直接或间接的方式对陆地内部土壤质量造成影响(IGLP，2005)，如土地利用变化、土地管理措施及土地退化(盐碱化、被侵蚀等)(Smith et al.，2016)。Arneth 等(2017)研究表明，土地开垦、树木砍伐等过程未被考虑，导致历史遗留土地利用变化产生的 CO_2 排放量可能被低估，从而进一步增加了预测未来陆地碳吸收和损失的不确定性。Bakker 等(2005)研究了希腊 Lesvos 岛的废弃农田问题，认为土壤侵蚀是导致土地变化的原因之一。

土地变化既是生物物理循环过程的一部分，也是社会经济发展进程的起因和结果，一方面，土地变化必然使地表形态发生改变以及对生态环境产生影响，另一方面，土地变化通过吸引劳动力和刺激贸易来影响社会经济发展进程，如 Verburg 等(2011)提出农作物生长取决于当地的土壤和气候条件，而人类活动则通过影响地表形态来应对全球市场的变化。随着地理信息、遥感技术的研究和推广，为进一步加深对土地变化演变历程和未来趋势的了解，土地变化模型应运而生，并逐渐应用于协助全球环境评估，如 IPCC 评估(Smith et al.，2009)、全球生物多样性评估(Pereira et al.，2010)。Clarke(2004)认为，历史经验关系可较好地预测未来土地变化模型，并得到了较多学者的验证(Brown and Goovaerts，2002；Pontius and Malanson，2005)。Gilmore 等(2005)则提出了一种预测土地利用/覆被变化的预测精度技术，通过模拟当前地图，采用经验数据计算客观验证量，并利用预测精度对未来趋势进行预测，该模型经验证较为准确。也有学者从政策、制度角度出发，考虑到区域土地变化受商品需求的驱动，进而影响土地制度变迁。Asselen 和 Verburg(2013)在模型预测的基础上引入了土地制度因素，为进一步改善人类-环境相互作用的土地系统做出了贡献。

国际上关于土地变化的研究起步较早，且从多个角度对土地变化进行探索，通过文献检索、总结后发现，传统的土地单功能管理模式已无法满足人类日趋多元化的需求，从土地多功能视角探索新型土地管理模式已成为国际关注的热点。

1.4.2 国外关于土地利用碳排放的研究概况

国际方面，土地利用的碳排放研究有以下几个趋势：一是侧重大时间尺度的陆地生态系统碳蓄积、模拟和复原；二是侧重碳排放机理研究，分析自然活动机制、土地利用类型转变机制对生态系统碳排放的影响；三是侧重标准研究，以 IPCC 为代表的国际组织致力于归纳观测实验和研究成果，制定土地利用的碳排放核算标准，作为决策辅助支撑。国外对土地利用碳排放量的核算可以分为全球、国家、城市三个层面，在全球层面，多位学者从全球尺度分析了不同时期的土地利用变化对碳排放的影响。就全球层面而言，Bolin(1977)最早在 *Science* 刊登的文章表明，全球林地面积较大使得碳排放量增加，就是土地利用变化引起的，此后，关于土地利用变化引起的碳排放研究迅速开展起来。国外关于土地利用碳排放的影响因素研究主要集中在三个方面：一是土地利用类型间的转化；二是生产活动造成的影响，一些直接作用在土地上的生产活动造成碳排放变化，如耕地施肥、森林砍伐等，另外一些间接作用在土地上的生产活动也造成碳排放变化，包括城市拓展、能源消耗等；三是土地利用管理活动，如对退化土地进行治理，可以有效地提高土壤的碳含量。许多研究表明，碳源和碳汇会受到土地利用类型相关管理活动的影响，如加强森林保护、牧场退化草地治理恢复等。

就未来的发展趋势而言，土地利用碳排放应朝着广度和深度两个方向发展，尤其是要对土地利用碳排放的内在机理进行研究，而不仅仅局限于土地利用表象的碳排放估算。此外，土地利用转移过程碳排放的研究仍处于一种灰箱状态，而土地利用转移过程不是一蹴而就的，不是简单地由一种土地转变为另一种土地，而是在人类投入的基础上所发生的渐变性变化，因而未来的土地利用碳排放研究应朝着更深层次的方向发展。

1.4.3 国外关于土地承载力和生态足迹的研究概况

随着“人地关系论”、“地理决定论”和“人口论”等理论议题的提出，西方学者对土地承载力的认识由最初的生产实践逐渐晋升到理论概念的高度(靳相木和柳乾坤，2017；David et al.，2015)。随着工业社会的来临，人口、资源、环境之间的问题日益突出，为解决全球范围内资源与发展之间的矛盾，各国学者在不同领域针对相关问题进行研究，主要经历了概念形成和深化研究两个阶段。20 世纪初期，土地承载力的研究核心在于粮食生产对人口增长的限制作用的探讨，主要集中在经济学和人口学领域。学者们普遍认为，区域人口的承载力取决于区域内粮食的生产能力。1933 年，Park 和 Burgess 提出承载力的概念，指出在某一特定环境条件下，区域内某个个体存在数量的最高极限即生态承载力(Park and Burgess，1933)。1948 年，Vogt 在其《生存之路》中首次提到土地承载力的概念，将其表述为土地资源人口承载力，并通过具体的方程式表述自己的观点，即 $C=B:E$，其中，C 表示土地承载力，一般指土地所能供养的人口数量；B 表示土地所能提供的粮食产量；E 表示土地生产力受环境制约的程度(Vogt，1948)，这一论证公式与当前的标准公式基本一致。Allan 对概念做了进一步完善，将其定义为在保障土地不发生退化的条件下，区域土地能够持续供养的最大人口数量，提出以粮食为核心的土地资源人口承载力计算公式，通过计算可以得到某一区域通过集约化生产获得的粮食能够供养的最大人口数量(Allan，1965)。土地承载力思想的萌芽逐渐产生，并引发大量学者的持续研究。到 20 世纪 50 年代，粮食危机成为全球面临的重要问题，广大学者从人口-粮食-土地关系角度对土地所能承载的人口限度进行探讨。Odum(1953)在其《生态学原理》中首次将承载力概念和 Logistic 曲线的理论最大值常数相结合，为研究赋予数学思考，推进土地承载力研究的发展进程。70 年代以后，随着社会经济的快速发展，粮食问题逐步得以解决，但由此带来的人口膨胀、环境恶化、资源短缺等负面效应逐渐显现。粮食对于人口增长的制约作用不断弱化，人地矛盾凸显，土地承载力研究开始向多目标、定量化的资源评价方向转移，并逐步扩展到整个资源领域，实现了土地承载力研究的纵深发展(Millington and Gifford，1973；FAO，1982；UNESCO and FAO，1985)。Milliugton 和 Gifford(1973)在综合考虑水、土地、气候等多种资源的基础上，采用多目标决策方法研究土地承载力的动态变化，并对不同发展前景下的土地承载力进行分析。1977 年，FAO(1982)开展有关土地生产潜力和承载力的研究，提出确定土地生产潜力的农业生态区(agro-ecological zone，AEZ)法，该方法可根据生态区土地资源特征，估算土地生产潜力，结合生产条件和消费水平计算土地资源人口承载力。1979 年，FAO(1981)在“未来人口的土地资源”专家咨询会议上提出以土壤评价为基础的土地资源分析法。80 年代，关于土地承载力和土地生产潜力等的研究受到广大学者的关注。80 年代初，苏格兰特洛赫里研究所在联合国教育、科学及文化组织(简称联合国教科文组织)(UNESCO)的资助下，提出了提高承载力的策略(enhancement of carrying capacity options，ECCO)模型，该模型基于系统动力学，综合考虑人口、资源、环境与发展的相互关系，动态模拟了不同发展模式下，人口数量与土地承载力之间的动态关系(King，1988)。Catton(1986)对土地承载力概念给出了新的定义，即区域所能持续承受的最大负担，这个负担不仅包含人口的函数，而且涵盖人均消费的函数。将土地承载力的定量化描述由最大人口转变为最大负担，学术界对土地承载力的研究进入一个新的阶段。Slesser(1990)对 ECCO 模型做了进一步完善和改进。该模型更加强调长期性和持续性，将土地承载力研究与可持续发展战略相结合，其建立标志着承载力研究由静态分析逐渐向动态预测转移。Wachernagel 和 Rees(1996)将土地承载力研究与生态学研究相结合，从生态学角度探讨资源供给与人类需求之间的关系。自此，土地承载力研究开始由自然资源单一支持子系统转变为自然资源-社会经济-生态环境多种支持子系统，逐渐发展形成资源承载力(Martire et al.，2015；

Ait-Aoudia and Berezowska-Azzag，2016）、环境承载力（Widodo et al.，2015；Dorini et al.，2016）、资源环境综合承载力（Ye et al.，2016；Wang et al.，2017）等，土地承载力研究进入一个全面、系统的阶段。

20 世纪 90 年代初，Rees（1992）首次提出生态足迹的概念，从生物生产角度对区域发展的生态可持续性程度进行定量评估。通过生态生产性土地面积来核算人类资源的消耗数量，以表征人类自然资源消耗对土地所施加的负担。1996 年，在 Wackernagel（1994）的协助下，生态足迹概念得到进一步完善，逐步发展成为一种测度和衡量人类可持续发展状况的有效工具。随后，Niccolucci 等在原有研究的基础上，引入足迹深度和足迹广度两项指标，从时间轴面和空间截面两个维度构建三维生态足迹模型，突出资源存量在区域可持续发展中所占据的重要地位，由二维拓展为三维，将生态足迹转变为一个表征体积的物理量（Niccolucci et al.，2009，2011；周涛等，2015）。随着生态足迹理论和方法的不断完善和改进，该方法已在环境评估、区域贸易、旅游业、水产业等领域得以应用，其研究领域涉及全球、国家、城市等不同尺度。

1.4.4 国外关于土壤重金属污染的研究概况

就土壤重金属尺度而言，Wlicke（2000）在微尺度下、1m^{2}范围内采集了 10 个样品点，对 Ni、Cu、Mn、Al、Cd、Pb 和 Zn 重金属含量进行了测定，发现这些重金属之间有较大的变异性。土壤质量的好坏、污染程度如何，需要对土壤质量进行评价，才能掌握农田土壤重金属的基本情况。国内外对土壤重金属的评价进行了一系列的研究，提出了很多分类标准。从目前来看，农田土壤重金属评价方法主要有内梅罗综合污染指数法（薛志斌等，2018）、地累积指数法（于云江等，2010）、污染负荷指数法（罗浪等，2016）、模糊数学评价法（朱青等，2004）、RBF 神经网络评价法（李杨等，2017）、潜在生态风险评价法（吴健等，2018）等。每种评价方法都有其优点和缺点以及适用范围。国外学者 Srinivasa 等（2010）运用地累积指数法、污染负荷指数法和富集因子法对印度北方邦坎普尔的 Jajmau 和 Unnao 工业区的土壤重金属污染进行了评估，发现 Cr、Ba、Cu、Pb、Sr、Zn 等重金属污染严重，Cr 含量为 161.8～6227.8mg/kg（平均值 2652.3mg/kg）、Ba 含量为 44.1～780.9mg/kg（平均值 295.7mg/kg）、Cu 含量为 1.7～126.1mg/kg（平均值 42.9mg/kg）、Pb 含量为 10.1～67.8mg/kg（平均值 38.3mg/kg）、Sr 含量为 46.6～150.6mg/kg（平均值 105.3mg/kg）、Zn 含量为 43.5～687.6mg/kg（平均值 159.9mg/kg）。工业污染是造成土壤重金属超标的主要原因，污染物主要通过雨水和风进入土壤。Obiora 等（2016）运用地累积指数法、富集因子法和污染负荷指数法对尼日利亚东南部 Enyigba 地区的 Pb、Zn、As、Cd、Mn、Fe、Se、Sb、Cu 和 Bi 重金属元素进行了评价分析，结果表明，10 种重金属含量均高于国际农业土壤背景值，采用地累积指数法和富集因子法分析后表明，越靠近矿区，土壤污染累积越严重，但 Cd、Bi 和 Cr 共 3 种重金属元素富集相比靠近矿区的更严重，采用污染负荷指数法分析后表明，该地区的土壤质量已经恶化，需要采取补救措施来遏制这一情况。

就流域土壤重金属污染研究来看，Singh 和 Kumar 对印度的阿杰伊河流域重金属污染途径和人体健康风险进行了研究，指出该地区的重金属主要来源于人类活动和大气沉降，且污染严重，超过了背景值。Chung 等（2016）对韩国的洛东江流域重金属污染来源进行分析，指出该流域重金属污染主要来源于工业废水、农业污水和下水道废水。Souza等(2016)通过巴西圣弗朗西斯科河下游流域重金属浓度来评估城市化和工业化对水资源环境的影响。

1.4.5　国外关于生态安全的研究概况

虽然生态安全的研究已经广泛开展，但指标仍无法被大众所解读并融入社会经济发展当中。而生态系统服务的引入使得非专业人士可以更好地感知其生活环境中所存在的生态安全问题和生态系统的基本服务情况。《千年生态系统评估报告》表明，全球有2/3以上的生态系统服务已经呈现下降趋势，且这种趋势可能在未来50年内仍然不能有效扭转(Millennium Ecosystem Assessment，2005)，而生态系统的不合理开发是引起这种现象的主要原因(王军等，2014)。生态系统服务在一定程度上直观地表达了同一生态系统相同服务类型或不同生态系统不同服务类型的基本安全状况，但由于其结果只具有科学意义，无法融入社会未来经济发展当中，因此其应用具有一定的限制性，而生态经济学的兴起解决了这个问题。将生态系统服务进行价值化(货币化)，构成生态系统服务价值指标。生态系统服务价值指生态系统与生态过程所形成及所维持的人类赖以生存的自然效用(Costanza et al.，1997)，其评价结果具有科学性、直观性，并易于理解和纳入区域社会发展体系当中。Rapoprt 和 Costanza 首先对全球生态系统服务价值和自然资本价值进行了评估，然后对全球多类生态系统不同服务功能的价值量进行了评价，发现生态系统的服务能力已有所衰退，并且对人类未来的发展构成潜在威胁(Costanza et al.，1998)。在此之后，生态系统服务价值评价的研究逐步成为全球的研究热点。Costanza 等(2014)针对全球生态系统服务价值的变化进行了系统的梳理，并在时间和空间两方面对全球生态系统服务价值进行了更为精确的评估。值得注意的是，将生态系统的服务量化为经济指标，使得生态系统本身的特质与经济社会相融合，将会更明了地对区域生态安全程度进行表达。随着地理信息技术的发展和兴起，生态安全的研究方法逐步增多。尤其是地理信息系统(GIS)的发展为生态安全空间可视化评价提供了契机，逐栅格的生态系统服务价值评估更有利于对区域生态安全的空间差异进行风险评价，而就目前来看，国际上已利用各类遥感指数来对森林(Sloan and Sayer，2015)、草地(Rolando et al.，2017)、流域(Yi et al.，2018)等进行生态系统评价与监测。但从整体而言，生态安全评价仍存在很多问题，生态安全评价的科学性随着区域研究的不断加深和指标体系的不断增加而不断增强。因此，扩充生态安全的评价指标体系、充实生态安全评价内容(Gupta et al.，2012；Imhoff et al.，2010)，是未来生态安全研究的重点所在。

1.5　国内研究概况

1.5.1　国内关于土地变化的研究概况

近年来，国内研究取得了一定的进展，总体来看，国内土地变化在长期探索过程中逐渐形成带有中国特色的研究特点，提高了公众对土地资源的保护意识，同时，也为相应的城市规划、土地管理等提供了指导。

尺度相关性是驱动因子在土地变化过程中最突出的特征，且已成为未来土地变化驱动因子研究的重要部分(严祥等，2010)。只有通过多尺度综合研究才能反映变化的实质，从而才能对其变化进行预测模拟(李秀彬，2002)。因此，国内学者的研究方向逐渐由全国向地方发展，并取得了长足进步，在研究尺度上有遵循中国—省域(吕晖等，2017)—市域(胡莹洁等，2018)—县域(杨爽等，2009)展开的研究，也有针对长江三角洲(史慧慧等，2019)、城市圈(雷征和董捷，2010)等社会经济发展较活跃地区的研究，此外，对自然禀赋“薄弱区”，如自然保护区(满苏尔•沙比提等，2017)、农牧交错区(李旭亮等，2018)、典型流域(应弘和李阳兵，2017)等的研究也层出不穷。在全国尺度上，刘纪远等(2018，2014，2009，2003)分别对我国20世纪80年代末以来、20世纪90年代、21世纪初和2010～2015年四个时期土地变化的演变格局、成因及特征进行了分析，提出了我国土地利用的动态区划方法，分析了形成土地变化时空规律的自然、经济和政策成因，并基于遥感图像和人机交互解译的方法，揭示了全国和分区土地利用变化的时空特征。此外，自十八大提出“促进生产空间集约高效、生活空间宜居适度、生态空间山清水秀”(即“三生空间”)以来，国土空间优化进一步明确了方向，刘继来等(2017)在此基础上，依据土地利用现状分类标准，分析了土地功能与土地利用类型之间的辩证关系。在区域尺度上，钱大文等(2016)将绿洲化-荒漠化作为整体，对临泽县的土地利用变化和时空变化指数进行对比研究，认为未来绿洲需在因地制宜的基础上开发利用，以避免土地盐碱化扩张及荒漠化逆转。满苏尔•沙比提等(2017)通过遥感和 GIS 技术，对托木尔峰自然保护区土地变化特征进行分析，结果表明不同土地利用类型之间相互转换的趋势日趋平缓，其中，气候及土地利用政策是促使生态环境质量改善的首要因素。马丰伟等(2017)则从更小的村镇尺度出发，认为土地变化是由社会经济和区位因素的共同作用生成的。

分析目前国内相关研究成果可知，有关土地变化的研究主要是在 3S①技术和相关模型的辅助下，进行时空演变、环境响应以及不同土地利用类型间转换趋势及时空尺度上变化特征的研究。土地变化驱动因子主要是基于模型模拟、定量评估等方法，对自然、经济、社会的影响进行分析。土地变化的驱动因子具有综合性、动态性、层次性等特征，各因子对土地变化的动态作用需置于相应的区域背景下进行考证(陈睿山和蔡运龙，2010)，其研究可为揭示变化规律、预测变化趋势以及制定土地可持续利用方案提供理论支撑和实践基础(王军和顿耀龙，2015)。

1.5.2 国内关于土地利用碳排放的研究概况

国内对于土地利用碳排放的研究相比国外起步较晚，研究内容主要包括土地利用碳排放量测算及驱动机制研究、土地利用碳排放与经济发展之间的关系，以及基于低碳经济的土地利用结构优化调控机制等方面。土地利用和土地利用/覆被变化可以直接影响陆地生态系统与大气之间温室气体交换及碳循环过程，主要包括农用地与非农用地之间相

① 3S，即 RS(遥感)、GIS(地理信息系统)、GPS(全球定位系统)。

互转换、农用地内部土地利用变化和非农用地内部土地利用变化对碳排放的影响三个方面。其中，农用地与非农用地之间相互转换对碳排放的影响包含直接碳排放影响和间接碳排放影响；农用地内部土地利用变化对碳排放的影响主要是直接碳排放影响，另有部分间接碳排放影响，包含用地类型转换和管理措施变化对碳排放的影响；非农用地内部土地利用变化对碳排放的影响主要是产业用地配置变化对能源消耗需求差异所引致的碳排放变化，其归属于间接碳排放影响。

土地利用类型转换对碳排放的影响主要表现在：①快速的工业化和城市化进程导致大量的农用地向建设用地转换。在这一转换过程中，农作物对碳的固化作用减弱，同时土壤对有机碳的固化吸收作用也减弱，因而农用地向建设用地转换会直接造成大量的碳排放。相反地，当非农用地向农用地转换时，植被对碳的固化作用使得碳排放量降低。②农田耕种措施的采用加速了土壤有机质的分解速率，故当森林转换为农田后会有一定比例的土壤有机碳排放到大气中，但不同农田管理措施和作物种类的影响有所差异。③产业用地的配置变化将直接导致产业结构的调整，而不同用地类型所承载的不同产业的能源消耗水平是存在较大差异的，从而使碳排放量也存在显著差异。

因而，未来区域土地利用碳排放的研究应着眼于土地附着物及土地两个方面，在调整区域土地利用结构的基础上，充分合理安排不同土地利用类型上的资本投入结构是实现区域低碳发展的重要环节。因此，科学合理地管理和利用土地是实现区域低碳发展的关键所在(卢俊宇等，2013)，土地利用碳排放的影响机理研究对制定差别化的区域碳排放政策具有重要的理论和现实意义。

1.5.3　国内关于土地承载力和生态足迹的研究概况

国内对于土地承载力的研究始于20世纪50年代，主要涉及农业地理和自然地理领域，集中于农业自然生产潜力的研究。80年代，我国土地承载力研究逐渐兴起，并迅速呈现出蓬勃发展的态势，主要集中于土地人口承载力的研究。1986～1990年，中国科学院自然资源综合考察委员会主持完成了“中国土地资源生产能力及人口承载量研究”，该研究明确定义了土地承载力的概念，不仅探讨了影响我国粮食产量的限制因素，而且对不同时期我国粮食生产能力及能够持续供养的最大人口数量等问题进行解答，并针对我国土地承载力水平提出了重要建议，将我国的土地承载力研究推向新的高潮(《中国土地资源生产能力及人口承载量研究》课题组，1991)。1989～1994年，国家土地管理局与联合国粮食及农业组织(FAO)合作引进农业生态区技术(AEZ技术)，开展“中国土地资源食物生产潜力和人口承载潜力研究”，得出在低投入水平、中投入水平和高投入水平情况下的可承载人口数量，并提出保护耕地、提高投入和控制人口的措施(郑振源，1996)。1996～2000年，中国科学院地理科学与资源研究所(原中国科学院地理研究所)对中国不同尺度的农业资源综合生产能力和人口承载力展开系列评估，指出要充分利用和挖掘耕地资源与非耕地资源的生产潜力，以满足全国富裕生活条件下的粮食需求，其进一步拓展了我国土地承载力研究的领域和范围(陈百明，2001)。这三次土地承载力研究对承载力总量、地域类型和空间格局进行重点研究，从而为后续研究奠定了基础。到21世纪，人口、资源、环境与发展之间的矛盾日益突出，仅限于粮食生产能力的研究难以反映区域土地与人口、粮食及社会经济之间的复杂关系。土地承载力研究逐渐向多目标、综合性、可持续方向发展，关于土地综合承载力的指标体系、评价方法、时空分布及影响因素等方面的研究逐渐受到广大学者的关注。

1.5.4 国内关于土壤重金属污染的研究概况

就土壤重金属研究尺度而言，王学军等(1997)以北京东郊污灌区面积0.5km^{2}为研究区，以50m×40m为间隔，共采集190个样品，测定Co、Cr、Cu、Fe、Mn、Ni、Pb和Zn元素的含量，发现研究区重金属含量高于北京地区潮土背景值，且各重金属含量的变异系数偏大。刘庆等(2009)以鲁西北阳谷县十五里园镇的农田土壤为研究对象，以0.2km×1km网格法采集100个样品，对Cu、Zn、Cr、Ni、Cd和Pb进行了测定，发现研究区6种重金属含量平均值与当地背景值相比均没有超标，处于清洁或尚清洁水平，但研究区不同重金属之间存在较大的变程差异。胡孙等(2015)以宁镇城郊农田为研究对象，从小、中、大尺度(用采样密度的高低来表示空间尺度的大小)三个方向研究该区的土壤重金属，其中，小尺度下采样174个、中尺度下采样88个、大尺度下采样44个；对重金属Cr、Ni、Cu、Zn、As、Pb进行研究，结果表明，只有Ni元素含量高于南京土壤背景值；重金属的空间分布有很大不同，小尺度下的采样结果相对较好(胡孙等，2015)。姜会敏(2017)对山东省土壤重金属元素Cu、Hg、As、Cd、Pb、Ni、Cr和Zn进行研究，与中国土壤背景值相比，这些重金属含量平均值全部超标，潜在生态风险评价结果表明研究区处于轻度水平。还有学者在大尺度上选择西北干旱区吉兰泰盐湖盆地作为研究对象，分别从0～10cm、10～50cm和50～100cm三层共采集120个土壤样品，对Cr、Hg和As重金属进行测定，运用污染负荷法和健康风险评估模型对其进行研究，发现局部3种重金属含量高于内蒙古土壤背景值，3种深度下重金属含量差异较小，整体上吉兰泰盐湖盆地表现为轻微污染，且重金属元素不存在致癌的风险(张阿龙等，2018)。

国内学者方淑波等(2012)以盐城海岸带为研究区，运用Hakanson潜在生态风险指数法对106个土壤样品中的Cr、Cu、Ni、Zn、Cd重金属进行了研究，发现除Cu元素外，Cr、Ni、Zn、Cd 4种重金属含量平均值均高于《土壤环境质量标准》(GB 15618—1995)中规定的背景值，潜在生态风险评价的空间特征表现为自陆向海降低，自南向北升高，空间变异性较强，导致重金属南北分异的主要因素是地形因素和人为因素。郭广慧和张航程(2011)运用累积污染指数法对四川省宜宾市(工业区、交通区、商业区、居民区、风景区)的土壤重金属Zn进行了研究，在不同功能区上采集63个土壤样品，结果表明，工业区、交通区和商业区Zn重金属含量超过了四川省土壤背景值，宜宾市Zn元素的污染累积平均值为1.6，整体上为轻度污染，但空间分布存在较大差异。肖致强等(2019)运用模糊贴近度-灰色关联法研究了贵州省8个典型菜地的重金属As、Hg、Cr、Cd、Pb的污染情况，以《土壤环境质量标准》(GB15618—1995)为依据，结果表明，重金属污染以

Cd污染为主，研究区大部分重金属污染处于Ⅰ级水平。郭伟等(2011)运用单因子污染指数法和内梅罗综合污染指数法对包头铁矿区(尾矿区和铁矿开采区)土壤重金属Pb、Cu、Zn、Mn进行了研究，结果表明，尾矿区4种重金属含量均超过了内蒙古土壤背景值，采用单因子污染指数法研究后得出，Mn的污染程度最大，Cu最小，Zn和Pb次之；采用内梅罗综合污染指数法研究后得出，尾矿东南方向污染最为严重，达到了重度污染，东北方向为中等污染，西南和西北方向均为轻度污染；受西北风的影响，东南方向污染较为严重。从铁矿区看，6个区域中重金属含量差异较大，均高于土壤背景值；采用单因子污染指数法研究后得出，4种重金属均受到了不同程度的污染，其中采矿区内和排土场内污染最严重；采用内梅罗综合污染指数法研究后得出，铁矿区6个区域内的重金属污染程度都比较高，其中场区外围也达到了重度污染，除受下风向影响外，铁路运输也是造成这一区域污染的主要原因。还有学者基于改进的物元可拓模型评价了鄱阳湖区农田土壤重金属Hg、As、Pb、Cd、Cu、Cr、Zn的污染情况，结合土壤背景值，土壤重金属含量平均值均超标，改进的物元可拓模型表明，研究区的土壤重金属污染情况处于尚清洁状态，其评价结果与传统方法的评价结果相比更为合理(赵杰等，2019)。另外，也有学者采用多种评价方法对新疆绿洲棉田的土壤质量进行了研究，在新疆主要棉区采集1355个土壤样品，与国家二级标准相比，土壤重金属Cr、Cu、Zn、As、Pb平均值含量均未超标，但与新疆土壤背景值相比，Cu、Zn、As平均值含量均超标。采用模糊综合评价法(FCE)研究后得出，棉田土壤质量为中等变异，土壤综合质量总体偏低；采用基于内梅罗综合污染指数的加权综合污染指数法(N-PI)研究后得出，研究区土壤质量较差，受到轻度污染；采用土壤综合质量指数法(SQI)研究后得出，土壤质量水平较低，总体处于一般水平；对比分析可知，3种评价方法得到的污染程度为SQI＞FCE＞N-PI(郑琦等，2019)。

就流域土壤重金属污染研究来看，国内多集中在对流域内的农田土壤重金属评价进行研究。宋波等(2018)对西江流域2187个农田土壤样品的7种重金属(Pb、Zn、As、Cd、Cu、Ni和Cr)进行了分析，指出7种重金属均有不同程度的富集，Cd最为明显，旱地和水田的土壤重金属含量有显著性差异，旱地土壤中的As、Pb、Cu、Zn元素含量平均值高于水田土壤中各元素含量平均值，而水田土壤Cd和Ni元素含量平均值高于旱地土壤Cd和Ni元素含量平均值，研究区上、中、下游遭到了不同程度的污染，上游污染最为严重。郑国璋(2008)以泾河流域为研究对象，对重金属元素Cd、As、Cr、Pb的含量进行测定，以泾河流域黄绵土、黑垆土为背景值，得出泾河流域土壤重金属污染程度为Pb最大，As和Cd次之，Cr最小，造成重金属累积污染严重的主要原因是人类长期不合理地使用农药化肥。蒲瑞丰等(2007)研究了黑河流域农田的Hg、As、Pb、Cd、Cr和Cu土壤重金属，发现在人为因素影响下，如长期施肥、农药和污水灌溉等，黑河流域的重金属元素与当地背景值相比发生了很大变化，6种元素均超过了背景值，其中Hg高出了2.76倍，Pb、Cd、Cr、Cu和As分别高出了0.46倍、0.32倍、0.16倍、0.12倍和0.1倍，土壤受到了轻微的人为污染，修正的富集因子更能准确判断干旱区的农田土壤污染情况。

张兆永等(2015)对艾比湖流域农田土壤 As、Cd、Cr、Cu、Hg、Ni、Pb 和 Zn 重金属进行了分析，以新疆土壤背景值为标准，8 种重金属元素含量平均值均超标，Cd、Pb、Hg 和 Zn 主要受人为污染因素影响，Cu、Ni、Cr 和 As 主要受自然因素影响，不同元素的超标区域差异较大，Cd、Hg、Pb 和 Zn 的较高风险区在研究区的中部，而研究区南部是 As、Cr、Cu 和 Ni 的较高风险区。裴廷权等(2010)对三峡库区小江流域的 Cr、Cu、Zn、Pb、Cd、Ni 重金属元素进行了研究，发现与重庆市土壤背景值相比，只有 Zn、Pb、Ni 平均值含量超标，Cr 与 Cd、Cu 与 Zn、Cu 与 Cd、Cu 与 Ni 呈正相关，重金属污染最严重的是 Ni 元素，Ni 元素是该区域土壤污染的主要因子，总体上看，该区域污染水平为清洁水平，潜在生态风险等级为轻度危害。还有学者对九龙江流域(王燕云等，2018)、长江流域(魏晓等，2017)、湘江流域(秦治恒等，2018)、伊犁河流域(陈洪等，2013)、太湖流域(李良忠等，2013)等流域进行了农田土壤重金属污染情况研究。

1.5.5 国内关于生态安全的研究概况

我国的生态安全研究由环境安全研究入手，并逐步提出生态安全的概念。1990 年对环境安全的深入研究为我国生态安全研究的兴起提供了契机(夏军和朱一中，2002)。《全国生态环境保护纲要》中首次提出的“维护国家生态环境安全”标志着我国生态安全保护工作进入了新的历史阶段。而 2011 年《国务院关于加强环境保护重点工作的意见》(国发〔2011〕35 号)的出台，更意味着生态安全已提升为国家生态保护战略的核心组成部分(林勇等，2016；李明晶等，2015)。

我国学者对生态安全的研究起始于对生态安全基本内涵的讨论，而明确生态安全的概念及特点是该领域发展的先驱因素。程漱兰和陈淡(1999)分别从概念、特点及标准入手，提出了实现国家生态安全的条件和机制，在此基础上曲格平(2002)对我国所存在的生态安全问题及其特点进行了探讨；肖笃宁对生态安全基本内涵的研究具有里程碑意义，其对生态安全研究的主要内容进行了划定(Xiao et al.，2002)，并对绿洲景观的生态安全进行了分析(肖笃宁和布仁仓，1997)；黄青和任志远(2004)对生态承载力与生态安全间的相关关系展开了讨论，通过对比生态承载力需求和供给来说明人类对自然生态系统的压力是否超出生态阈值范围，进而判断生态系统是否安全；陈星和周成虎(2005)则对前人的研究成果进行了综合评述；方创琳(2000)提出了区域生态安全格局的概念，并依此提出了区域生态安全设计的基本理论方法，进而对区域生态过程进行有效调控，从而保障生态功能的充分有效发挥，以实现区域协调有序发展，最终实现生态安全(彭建等，2017；欧定华等，2015)。

构建生态安全评价体系是较为传统的生态安全评估方法，其评价不是单一的、独立的，而是系统的、综合的，在清楚认知区域基本生态状况的基础上，根据区域主要的生态安全影响因子，全面考虑不同指标对生态环境的影响，对研究区整体生态安全程度进行把握，从而得出区域生态安全评价结果，评价体系内容越广泛，评价结果越精确。我国学者开展了大量以土地资源、水资源为切入点的生态安全评价研究。田鹏等(2018)、苏正国等(2018)、李政等(2018)在生态安全评价体系的基础上对土地资源生态安全状况进行了评估；刘志有等(2018)、王晓晴等(2018)则对西部地区土地资源生态安全进行了深入研究；李益敏等(2017)、柳思等(2018)对流域生态安全以及水资源可持续利用等进行了深入研究。3S技术的快速发展为生态安全的研究提供了技术平台，使得传统生态安全指标评价结果得以空间可视化，从而可以对生态安全的空间格局进行规划。GIS技术的应用，使得逐栅格的生态安全评价得以实现，并突破了以统计年鉴为主的传统评价方式，使生态安全的空间可视化成为可能；左伟等(2003)则从空间尺度推演的视角出发，提出了不同区域生态安全评价的最佳尺度单位，这为后来空间尺度上的生态安全评价提供了重要的理论依据；在生态安全指标空间评价的基础上，卢金发等(2004)运用模糊聚类法，对不同地类生态安全等级进行评定，并绘制生态安全评价图。

生态安全评价是对区域过去和现在的生态系统安全状况进行评价，其对区域生态安全的一般状况进行了描述，但缺乏对安全影响因素的定量化研究。生态风险损失量作为影响区域生态安全程度的重要指标，从生态安全对立角度出发，阐述了区域非安全因素的发生概率和损失程度，其大致可以分为景观生态风险损失、灾害风险损失、污染风险损失三大类。谢花林(2008)从景观格局视角出发，分析了不同粒度下内蒙古翁牛特旗地区的景观生态风险，并在此基础上结合其他风险指标，对区域生态安全程度进行了评价；土地作为景观的一种表现形式，也是开展生态风险研究的重点所在，刘勇等(2009)运用空间计量方法，对土地利用变化视角下的生态风险进行了评估；杨勇和任志远(2015)将指数评价法运用至土地利用生态风险评价当中，依托3S技术对西安市土地利用生态风险进行评价。

与风险对立，生态系统本身所具有的服务能力是区域整体生态安全程度高低的重要体现。区域生态系统服务能力强、类型多，区域生态安全程度高，但传统生态系统服务的概念晦涩难懂，而生态系统服务价值的提出为生态安全的直观表达提供了有利条件，生态系统服务价值的高低直接反映了生态安全的强弱。在中国，谢高地首先引进了生态系统服务价值这一概念。谢高地等(2011)基于我国陆地生态系统实际情况，对Costanza等(1998)提出的生态系统服务价值当量表进行改进并制定出一套适合我国生态系统服务价值评估的标准，并运用该标准对我国陆地生态系统服务价值进行了评估。在此基础上，戴君虎等(2012)、周晨等(2015)均从价值量出发，对生态系统的安全程度进行了研究。

生态系统服务收益与生态风险损失量作为生态安全两个重要的方面，分别从不同的方向对生态安全进行了诠释，二者的结合不仅体现了区域所能够提供的生态系统服务能力，也体现了由于多种原因而损失的价值。未来生态安全的研究将仍需从生态系统服务收益和生态风险损失量两个方面入手，将生态安全研究与空间大数据紧密结合，建立生态安全指标体系，并对评估方法进行完善，从而为国家和地区的生态文明建设提供有力依据。

1.6 技术路线

本书技术路线如图1-1所示。

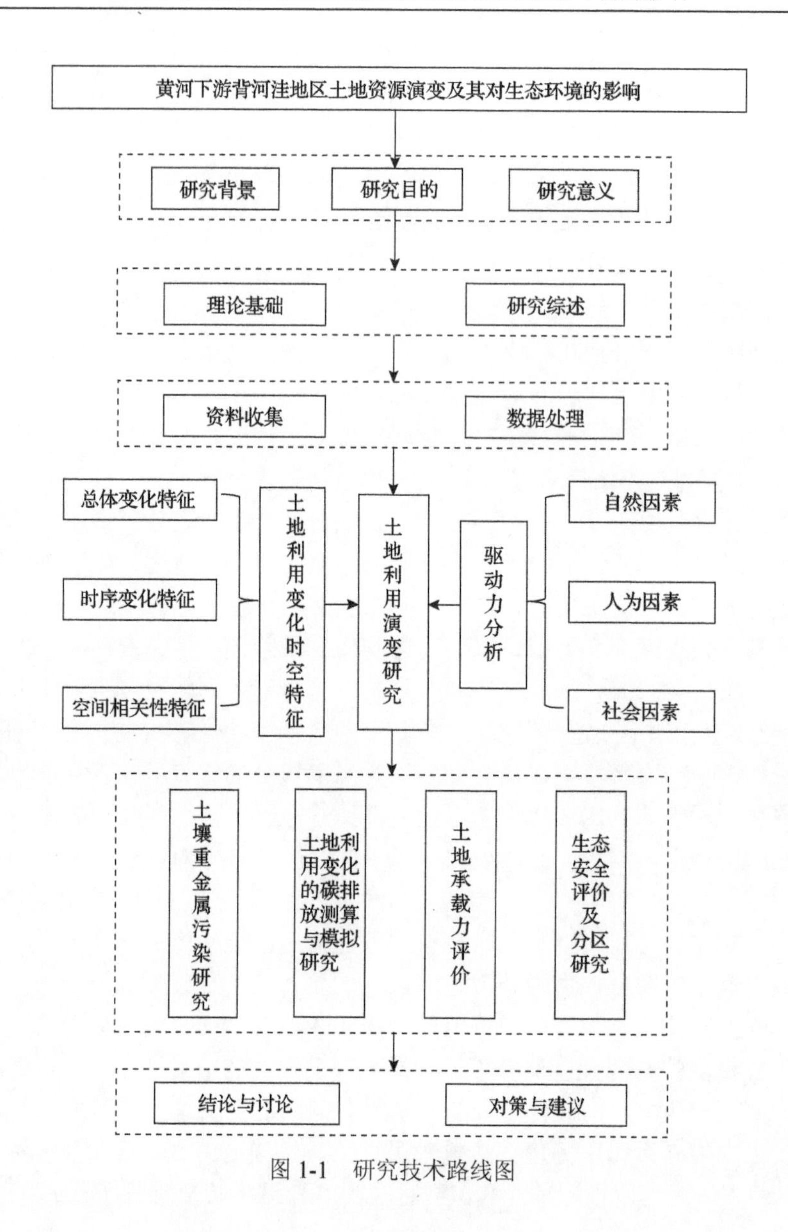

图 1-1　研究技术路线图

1.7　研究区概况

1.7.1　自然环境条件

1. 地理位置

本书选取黄河下游背河洼地区（开封段）作为研究区，开封市自然资源和规划局提供的资料显示，该区域西起开封市回回寨村，东至与山东省曹县交界的兰考县许河乡，北至黄河大堤南岸，南至兰考县全境内。地理分布范围为 114°13′E～115°16′E，34°44′N～35°01′N，宽度为 1～23km，东西横距 95km，总面积 1327.86km^2，沿黄河大堤呈东西向带状分布(图 1-2 和表 1-1)。

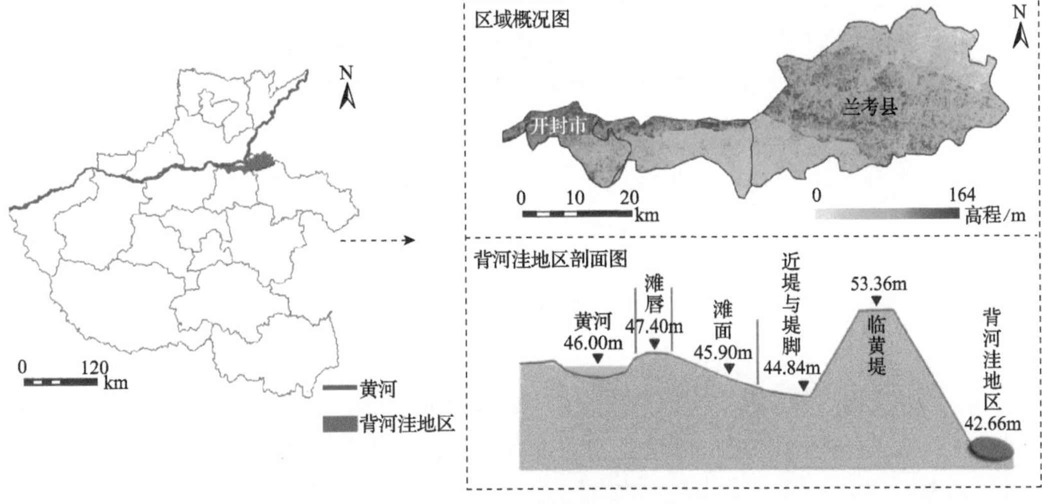

图 1-2 研究区概况图

表 1-1 研究区所辖乡镇①

市辖区(县)	所辖乡镇
祥符区	曲兴镇、罗王乡、杜良乡、刘店乡、袁坊乡
龙亭区	北郊乡、水稻乡、柳园口乡
顺河区	东郊乡、土柏岗乡
兰考县	城关镇、堌阳镇、南彰镇、张君墓镇、红庙镇、城关乡、三义寨乡、坝头乡、谷营乡、爪营乡、小宋乡、孟寨乡、许河乡、葡萄架乡、闫楼乡、仪封乡

2. 自然条件

1) 地形地貌

研究区内地形平坦，地势较低，呈西北高、东南低的特点。地面高程为 67～78m，地貌类型为背河洼地，易发生旱涝，盐渍化严重。研究区内洼地、沙丘和沙地相间，一般洼地中心比周围边缘地区低 1～2m，湖泊、洼地曾是该研究区突出的自然地貌，但现在已经被平整为农田(张鹏岩，2013)。越远离大堤，地貌组合特点差异越大，地面起伏也相对较大。

2) 气象气候

研究区属于温带大陆性季风气候，四季分明，春秋少雨干旱，夏季多雨，冬季少雪。年平均气温为 14℃，7 月最热，为 27.1℃，1 月最冷，为 0.6℃，无霜期为 180～210 天，日照时数为 2500～3100h，年平均降水量为 634.3mm，四季分配不均，降雨多集中于夏

① 兰考县行政区有如下调整，即(1)2016 年，爪营乡、谷营乡合并成立谷营镇，故该年内谷营镇数据由爪营乡和谷营乡数据统计构成；(2)2015 年，兰考县撤销城关镇、城关乡，并增设兰阳街道办事处、桐乡街道办事处、惠安街道办事处；(3)2014 年，张君墓镇更名为考城镇。为便于分析及统一口径，下文分析中均以 2001 年行政区划名称为准。

季的 7 月、8 月，夏季降水量占全年的 60%左右。研究区内多风，风速较大，平均风速为 4m/s，最大风速达 28m/s。研究区内多沙土，容易造成风沙灾害，尤其是春冬两季比较严重；研究区全年湿度(降水量/蒸发量)较小。研究区缺水严重，需要加大对水利设施的修建。

3) 水文

研究区地下水位较浅，处于 1～5m，分布较为稳定，易受降水和渠系渗漏补给，开采较为方便，利于灌溉。黄河水质本身有较高的矿化度，加上黄河水的大量补给，造成研究区内矿化度也较高，导致土壤中盐分较高。在旱季，地下水沿着土壤毛细管上升到地面，蒸发后，盐分在土壤表面聚集，造成土壤盐渍化。

4) 土壤

研究区地处黄河冲积平原，土壤由黄河泥沙冲淤堆积而成，土壤质地较为松散，黏结性较差，矿物质较为缺乏。土壤类型主要有潮土、风沙土和水稻土 3 个土类。其中，潮土分布面积最广，风沙土次之，水稻土最少。潮土主要是指黄河沉积物经地下水和耕作活动等综合因素形成的一种土壤，该类土壤有机质和矿物质养分较少。风沙土主要是指黄河泥沙经风力搬运、堆积形成的沙丘和沙地类土壤，风沙土土质较为疏松，适合耕种，但风沙土有机质含量少，矿物质缺乏，大孔隙多，毛细孔隙少，土壤保水性差，易蒸发，容易出现干旱。水稻土是指发育在自然土壤上、经人为耕种水稻而成的土。该类土壤有机质较为丰富，但由于缺氧，微生物活动较弱。总的来说，水稻土是一种较为稳定稳产的土壤。

1.7.2　社会经济条件

研究区隶属农业大省，近年来，其境内社会经济发展迅速，综合实力显著提升。农业方面，研究区多以小麦、玉米、花生、大豆等农作物为主，兼以稻物种植，其中，研究区主要区域——兰考县于 2010 年成为河南省首批省直管县之一，为社会经济发展提供了基础支撑，同时，还是全国商品粮基地县，其生产的粮、棉、油产量位居全国百强，为当地发展农产品加工业打下基础。交通方面，研究区地处中原地区，是河南省东北部的重要门户，区位优越、交通便利，内含的陇海铁路、连霍高速以及四通八达的公路网络是带动区域社会经济发展的主要动力之一。

研究区紧邻黄河，旅游资源较为丰富，且历史文化价值高，如黄河故道、引黄灌溉以及兰考县作为焦裕禄精神文化的发祥地等，均具有较强的影响力，为旅游业发展提供了较好的基础。

参 考 文 献

艾则孜提约麦尔•麦麦提，玉素甫江•如素力，拜合提尼沙•阿不都克日木，等. 2018. 近 22 年叶尔羌河-喀什噶尔河三角洲绿洲土地利用结构变化及其驱因分析[J]. 草业科学，35(2)：244-255.

陈百明. 2001. 中国农业资源综合生产能力与人口承载能力[M]. 北京：气象出版社.

陈洪，特拉津•那斯尔，杨剑虹. 2013. 伊犁河流域土壤重金属含量空间分布及其环境现状研究[J]. 水土保持学报，27(3)：100-105.

陈睿山, 蔡运龙. 2010. 土地变化科学中的尺度问题与解决途径[J]. 地理研究, 29(7): 1244-1256.
陈星, 周成虎. 2005. 生态安全: 国内外研究综述[J]. 地理科学进展, 24(6): 8-20.
程漱兰, 陈淡. 1999. 高度重视国家生态安全战略[J]. 生态经济, (5): 9-11.
池源, 石洪华, 孙景宽, 等. 2018. 近 30 年来黄河三角洲植被净初级生产力时空特征及主要影响因素[J]. 生态学报, 38(8): 2683-2697.
代静, 王小燕, 杜文强. 2019. 济南市土地利用变化及生态服务价值时空演变分析[J]. 环境保护科学, 45(2): 6-15.
戴尔阜, 马良. 2018. 土地变化模型方法综述[J]. 地理科学进展, 37(1): 152-162.
戴君虎, 王焕炯, 王红丽, 等. 2012. 生态系统服务价值评估理论框架与生态补偿实践[J]. 地理科学进展, 31(7): 963-969.
段宝玲, 卜玉山. 2014. 全球土地计划第二次开放科学大会(GLP 2nd Open Science Meeting)会议述评[J]. 生态学报, 34(10): 2796-2799.
方创琳. 2000. 西北干旱区生态安全系统结构与功能的监控思路初论[J]. 中国沙漠, 20(3): 326-328.
方淑波, 贾晓波, 安树青, 等. 2012. 盐城海岸带土壤重金属潜在生态风险控制优先格局[J]. 地理学报, 67(1): 27-35.
傅伯杰, 冷疏影, 宋长青. 2015. 新时期地理学的特征与任务[J]. 地理科学, 35(8): 939-945.
郭广慧, 张航程. 2011. 宜宾市城市土壤锌含量的空间分布特征及污染评价[J]. 地理研究, 30(11):125-133.
郭伟, 赵仁鑫, 张君, 等. 2011. 内蒙古包头铁矿区土壤重金属污染特征及其评价[J]. 环境科学, 32(10):3099-3105.
韩骥, 周翔, 象伟宁. 2016. 土地利用碳排放效应及其低碳管理研究进展[J]. 生态学报, 36(4): 1152-1161.
何凡能, 李美娇, 刘浩龙. 2016. 北宋路域耕地面积重建及时空特征分析[J]. 地理学报, 71(11): 1967-1978.
胡孙, 袁旭音, 陈红燕. 2015. 城郊农业土壤重金属不同尺度空间分布及源分析——以宁镇交界带为例[J]. 农业环境科学学报, 34(12): 2295-2303.
胡莹洁, 孔祥斌, 张宝东. 2018. 30 年来北京市土地利用时空变化特征[J]. 中国农业大学学报, 23(11): 1-14.
黄青, 任志远. 2004. 论生态承载力与生态安全[J]. 干旱区资源与环境, 18 (2): 11-17.
姜会敏. 2017. 山东省表层土壤重金属来源及风险评估[J]. 中国人口•资源与环境, 27(5):48-50.
靳相木, 柳乾坤. 2017. 基于三维生态足迹模型扩展的土地承载力指数研究——以温州市为例[J]. 生态学报, 37(9): 2982-2993.
赖力. 2010. 中国土地利用的碳排放效应研究[D]. 南京: 南京大学.
雷征, 董捷. 2010. 武汉城市圈土地利用结构演变规律及驱动因素分析[J]. 农业现代化研究, 31(2): 147-151.
李晨瑞, 李发源, 马锦, 等. 2017. 黄河中游流域地貌形态特征研究[J]. 地理与地理信息系统, 33(4): 107-112.
李京京. 2017. 黄土高原地区土地利用/覆被变化及其驱动力分析研究[D]. 杨凌: 西北农林科技大学.
李良忠, 杨彦, 蔡慧敏, 等. 2013. 太湖流域某农业活动区农田土壤重金属污染的风险评价[J]. 中国环境科学, 33(S1): 60-65.
李明晶, 刘洁贞, 李颖, 等. 2015. 新型城镇化背景下生态控制线划定与管控方法: 以肇庆市生态控制线规划为例[J]. 规划师, 31(9): 51-55.
李涛, 甘德欣, 杨知建, 等. 2016. 土地利用变化影响下洞庭湖地区生态系统服务价值的时空演变[J]. 应用生态学报, 27(12): 3787-3796.
李小康, 王晓鸣, 华虹. 2018. 土地利用结构变化对碳排放的影响关系及机理研究[J]. 生态经济, 34(1): 14-19.
李新, 石建屏, 吕淑珍, 等. 2011. 中国水泥工业 CO_2 产生机理及减排途径研究[J]. 环境科学学报, 31(5): 1115-1120.
李秀彬. 2002. 土地利用变化的解释[J]. 地理科学进展, 21(3): 195-203.
李旭亮, 杨礼箫, 田伟, 等. 2018. 中国北方农牧交错带土地利用/覆被变化研究综述[J]. 应用生态学报, 29(10): 3487-3495.
李杨, 李海东, 施卫省, 等. 2017. 基于神经网络的土壤重金属预测及生态风险评价[J]. 长江流域资源与环境, 26(4): 591-597.
李益敏, 朱军, 余艳红. 2017. 基于 GIS 和几何平均数模型的流域生态安全评估及在各因子中的分异特征——以星云湖流域为例[J]. 水土保持研究, 24(3): 167-178.
李玉玲, 李世平, 祁静静. 2018. 陕西省土地利用碳排放影响因素及脱钩效应分析[J]. 水土保持研究, 25(1): 382-390.
李政, 何伟, 潘洪义, 等. 2018. 基于熵权 TOPSIS 法与 ARIMA 模型的四川省耕地生态安全动态预测预警[J]. 水土保持研究, 25(3): 217-223.

林勇, 樊景凤, 温泉, 等. 2016. 生态红线划分的理论和技术[J]. 生态学报, 36(5): 1244-1252.
刘纪远, 匡文慧, 张增祥, 等. 2014. 20 世纪 80 年代末以来中国土地利用变化的基本特征与空间格局[J]. 地理学报, 69(1): 3-14.
刘纪远, 宁佳, 匡文慧, 等. 2018. 2010—2015 年中国土地利用变化的时空格局与新特征[J]. 地理学报, 73(5): 789-802.
刘纪远, 张增祥, 徐新良, 等. 2009. 21 世纪初中国土地利用变化的空间格局与驱动力分析[J]. 地理学报, 64(12): 1411-1420.
刘纪远, 张增祥, 庄大方, 等. 2003. 20 世纪 90 年代中国土地利用变化时空特征及其成因分析[J]. 地理研究, 22(1): 1-12.
刘继来, 刘彦随, 李裕瑞. 2017. 中国“三生空间”分类评价与时空格局分析[J]. 地理学报, 72(7): 1290-1304.
刘庆, 臧宏伟, 史衍玺. 2009. 小尺度农田土壤重金属污染评价与空间分布——以鲁西北阳谷县为例[J]. 土壤通报, 40(3): 673-678.
刘慰, 王随继. 2019. 黄河下游河道断面沉积速率的时段变化及其原因分析[J]. 水土保持研究, 26(2): 167-174.
刘亚香, 李阳兵, 易兴松, 等. 2017. 贵州典型坝子土地利用强度空间演变及景观格局相应[J]. 应用生态学报, 28(11): 3691-3702.
刘永强, 龙花楼. 2017. 长江中游经济带土地利用转型时空格局及其生态服务功能影响[J]. 经济地理, 37(11): 161-170.
刘勇, 张红, 尹京苑. 2009. 基于土地利用变化的太原市土地生态风险研究[J]. 中国土地科学, 23(1): 52-57.
刘志有, 蒲春玲, 闫志明, 等. 2018. 基于生态文明视角新疆绿洲土地生态安全影响因素及管控机制研究——以塔城市为例[J]. 中国农业资源与区划, 39(3): 155-160.
柳思, 张军, 田丰, 等. 2018. 2005-2014 年疏勒河流域土地生态安全评价[J]. 生态科学, 37(3): 114-122.
娄和震, 杨胜天, 周秋文, 等. 2014. 延河流域 2000-2010 年土地利用/覆盖变化及驱动力分析[J]. 干旱区资源与环境, 28(4): 15-21.
卢金发, 尤联元, 陈浩, 等. 2004. 内蒙古锡林浩特市生态安全评价与土地利用调整[J]. 资源科学, 26(2): 108-114.
卢俊宇, 黄贤金, 陈逸,等. 2013. 基于能源消费的中国省级区域碳足迹时空演变分析[J]. 地理研究, 32(2): 326-336.
吕晖, 郭雪白, 赵万东. 2017. 河南省土地利用变化特征及其空间格局[J]. 中国农业资源与区划, 38(7): 142-145.
罗来军. 2017. 中国要建设人与自然和谐共生的现代化[EB/OL]. [2017-12-20]. http://www.china.com.cn/opinion/think/2017-10/20/content_41765939.htm.
罗浪, 刘明学, 董发勤, 等. 2016. 某多金属矿周围牧区土壤重金属形态及环境风险评测[J]. 农业环境科学学报, 35(8): 1523-1531.
骆成凤, 许长军, 游浩妍, 等. 2013. 2000-2010 年青海湖流域草地退化状况时空分析[J]. 生态学报, 33(14): 4450-4459.
马丰伟, 王丽群, 李格, 等. 2017. 村镇尺度土地利用变化特征及人文驱动力分析[J]. 北京师范大学学报(自然科学版), 53(6): 705-712.
马晓哲, 王铮. 2015. 土地利用变化对区域碳源汇的影响研究进展[J]. 生态学报, 35(17): 5898-5907.
满苏尔•沙比提, 马国飞, 张雪琪. 2017. 托木尔峰国家级自然保护区土地利用/覆被变化及驱动力分析[J]. 冰川冻土, 39(6): 1241-1248.
欧定华, 夏建国, 张莉, 等. 2015. 区域生态安全格局规划研究进展及规划技术流程探讨[J]. 生态环境学报, 24(1): 163-173.
潘竟虎, 文岩. 2015. 中国西北干旱区植被碳汇估算及其时空格局[J]. 生态学报, 35(23): 7718-7728.
裴亮, 陈晨, 戴激光, 等. 2017. 基于马尔科夫模型的大凌河流域土地利用/覆被变化趋势研究[J]. 土壤通报, 48(3): 525-531.
裴廷权, 王里奥, 包亮, 等. 2010. 三峡库区小江流域土壤重金属的分布特征与评价分析[J]. 土壤学报, 41(1): 206-211.
彭建, 赵会娟, 刘焱序, 等. 2017. 区域生态安全格局构建研究进展与展望[J]. 地理研究, 36(3): 407-419.
彭睿文, 罗娅, 陈起伟, 等. 2017. 石漠化治理区小尺度土地利用变化及其驱动机制分析——以花江石漠化治理区为例[J]. 长江流域资源与环境, 26(12): 2073-2082.
蒲瑞丰, 康尔泗, 艾贤嵩, 等. 2007. 黑河流域农业土壤重金属人为污染的富集因子分析[J]. 干旱区资源与环境, 21(5): 108-111.
钱大文, 巩杰, 贾珍珍. 2016. 绿洲化-荒漠化土地时空格局变化对比研究——以黑河中油临泽县为例[J]. 干旱区研究, 33(1): 80-88.
秦治恒, 师华定, 王明浩, 等. 2018. 湘江流域主要支流土壤 Cd 污染空间分布与相关性[J]. 环境科学研究, 31(8): 1399-1406.

曲格平. 2002. 关注生态安全之一: 生态环境问题已经成为国家安全的热门话题[J]. 环境保护, (5): 3-5.
史慧慧, 程久苗, 费罗成, 等. 2019. 1990—2015 年长三角城市群土地利用转型与生态系统服务功能变化[J]. 水土保持研究, 26(1): 301-307.
宋波, 张云霞, 庞瑞, 等. 2018. 广西西江流域农田土壤重金属含量特征及来源解析[J]. 环境科学, 39(9): 4317-4326.
宋小青. 2017. 论土地利用转型的研究框架[J]. 地理学报, 72(3): 471-487.
苏正国, 李冠, 陈莎, 等. 2018. 基于突变级数法的土地生态安全评价及其影响因素研究——以广西壮族自治区为例[J]. 水土保持通报, 38(4): 148-167.
谭永忠, 何巨, 岳文泽, 等. 2017. 全国第二次土地调查前后中国耕地面积变化的空间格局[J]. 自然资源学报, 32(2): 186-197.
田鹏, 史小丽, 李加林, 等. 2018. 杭州市土地利用变化及生态风险评价[J]. 水土保持通报, 38(4): 280-287.
田智慧, 张丹丹, 郝晓慧, 等. 2019. 2000—2015 年黄河流域植被净初级生产力时空变化特征及其驱动因子[J]. 水土保持研究, 26(2): 255-262.
王贵霞, 夏江宝, 王景元. 2016. 黄河下游引黄灌区弃土区土地利用方式改良土壤功能评价[J]. 水土保持研究, 36(2): 264-269.
王军, 顿耀龙. 2015. 土地利用变化对生态系统服务的影响研究综述[J]. 长江流域资源与环境, 24(5): 798-808.
王军, 严慎纯, 余莉, 等. 2014. 土地整理的生态系统服务价值评估与生态设计策——以吉林省大安市土地整理项目为例[J]. 应用生态学报, 25(4): 1093-1099.
王晓晴, 牛志君, 康薇, 等. 2018. 基于土地生态要素分区的坝上生态用地生态服务价值分析[J]. 中国生态农业学报, 164(6): 117-129.
王学军, 邓宝山, 张泽浦. 1997. 北京东郊污灌区表层土壤微量元素的小尺度空间结构特征[J]. 环境科学学报, 17(4): 412-416.
王燕云, 林承奇, 黄华斌, 等. 2018. 福建九龙江流域水稻土重金属污染评价及生态风险[J]. 环境化学, 37(12): 1-9.
魏晓, 吴鹏豹, 张欢, 等. 2017. 长江安徽段江心洲土壤重金属的分布特征及来源分析[J]. 环境科学学报, 37(5): 1921-1930.
温小洁, 姚顺波, 赵敏娟. 2018. 基于降水条件的城镇化与植被覆盖协调发展研究[J]. 地理科学进展, 37(10): 1352-1361.
吴健, 王敏, 张辉鹏, 等. 2018. 复垦工业场地土壤和周边河道沉积物重金属污染及潜在生态风险[J]. 环境科学, 39(12): 5620-5627.
夏军, 朱一中. 2002. 水安全的度量:水资源承载力研究与挑战[J]. 自然资源学报, 17(3): 453-461.
肖笃宁, 布仁仓. 1997. 生态空间理论与景观异质性[J]. 生态学报, 17(5): 453-461.
肖致强, 林绍霞, 林昌虎. 2019. 模糊贴近度——灰色关联法评价菜地土壤重金属污染[J]. 环境科学导刊, 38(2):80-84.
谢高地, 鲁春霞, 成升魁. 2011. 全球生态系统服务价值评估研究进展[J]. 资源科学, 6(23): 5-9.
谢花林. 2008. 基于景观结构和空间统计学的区域生态风险分析[J]. 生态学报, 28(10): 5020-5026.
徐苏, 张永勇, 窦明, 等. 2017. 长江流域土地利用时空变化特征及其径流效应[J]. 地理科学进展, 36(4): 426-436.
许文龙, 赵广举, 穆兴民, 等. 2018. 近 60 年黄河上游干流水沙变化及其关系[J]. 中国水土保持科学, 16(6): 38-47.
薛志斌, 李玲, 张少凯, 等. 2018. 内梅罗指数法和复合指数法在土壤重金属污染风险评估中的对比研究[J]. 中国水土保持科学, 16(2): 119-125.
严祥, 蔡运龙, 陈睿山, 等. 2010. 土地变化驱动力研究的尺度问题[J]. 地理科学进展, 29(11): 1408-1413.
杨青, 逯承鹏, 周锋, 等. 2016. 基于能值-生态足迹模型的东北老工业基地生态安全评价——以辽宁省为例[J]. 应用生态学报, 27(5): 1594-1602.
杨爽, 冯晓明, 陈利顶. 2009. 土地利用变化的时空分异特征及驱动机制——以北京市海淀区、延庆县为例[J]. 生态学报, 29(8): 4501-4511.
杨勇, 邓祥征, 李志慧, 等. 2017. 2000-2015 年华北平原土地利用变化对粮食生产效率的影响[J]. 地理研究, 36(11): 2171-2183.
杨勇, 任志远. 2015. 城市近郊区土地利用生态风险评价——以西安市长安区为例[J]. 土壤通报, 46(3): 519-525.
殷格兰, 邵景安, 郭跃, 等. 2017. 南水北调中线核心区土地利用变化及其生态环境响应研究[J]. 地球信息科学, 19(1): 59-69.

应弘, 李阳兵. 2017. 三峡库区腹地草堂溪小流域土地功能格局变化[J]. 长江流域资源与环境, 26(2): 227-237.

于云江, 胡林凯, 杨彦, 等. 2010. 典型流域农田土壤重金属污染特征及生态风险评价[J]. 环境科学研究, 23(12): 1523-1527.

张阿龙, 高瑞忠, 张生, 等. 2018. 兰泰盐湖盆地土壤铬、汞、砷污染的负荷特征与健康风险评价[J]. 干旱区研究, 35(5): 1057-1067.

张丽娟, 姚子艳, 唐世浩, 等. 2017. 20 世纪 80 年代以来全球耕地变化的基本特征及空间格局[J]. 地理学报, 72(7): 1235-1247.

张鹏岩, 秦明周, 闫江虹, 等. 2013. 黄河下游滩区开封段土壤重金属空间分异规律[J]. 地理研究, 32(3): 421-430.

张鹏岩. 2013. 基于引黄灌区土地变化的可持续性评价研究——以开封市黑、柳灌区四乡为例[D]. 开封: 河南大学.

张冉, 王义民, 畅建霞, 等. 2019. 基于水资源分区的黄河流域土地利用变化对人类活动的响应[J]. 自然资源学报, 34(2): 274-287.

张兆永, 吉力力 • 阿不都外力, 姜逢清, 等. 2015. 艾比湖流域农田土壤重金属的环境风险及化学形态研究[J]. 地理科学, 35(9): 1198-1206.

赵杰, 罗志军, 赵弯弯, 等. 2019. 基于改进物元可拓模型的鄱阳湖区耕地土壤重金属污染评价[J]. 农业环境科学学报, 38(3):521-533.

赵荣钦, 黄贤金. 2010. 基于能源消费的江苏省土地利用碳排放和碳足迹[J]. 地理研究, 29(9): 1639-1649.

赵荣钦, 刘英, 郝仕龙, 等. 2010. 低碳土地利用模式研究[J]. 水土保持研究, 17(5): 190-194.

赵晓东, 赵义民. 2016. 河南黄河流域湿地现状与保护管理[J]. 湿地科学与管理, 12(2): 27-29.

郑国璋. 2008. 泾河流域农业土壤重金属污染调查与评价[J]. 干旱区研究, 25(5):626-630.

郑琦, 王海江, 董天宇, 等. 2019. 基于不同评价方法的绿洲棉田土壤质量综合评价[J]. 灌溉排水学报, 38(3):90-98.

郑振源. 1996. 中国土地的人口承载潜力研究[J]. 中国土地科学, 10(5): 32-35.

周晨, 丁晓辉, 李国平, 等. 2015. 南水北调中线工程水源区生态补偿标准研究——以生态系统服务价值为视角[J]. 资源科学, 37(4): 792-804.

周涛, 王云鹏, 龚健周. 2015. 生态足迹的模型修正与方法改进[J]. 生态学报, 35(14): 4592-4603.

朱青, 周生路, 孙兆金, 等. 2004. 两种模糊数学模型在土壤重金属综合污染评价中的应用与比较[J]. 环境保护科学, 30(3): 53-57.

左伟, 张桂兰, 万必文, 等. 2003. 中尺度生态评价研究中格网空间尺度的选择与确定[J]. 测绘学报, 32(3): 267-271.

《中国土地资源生产能力及人口承载量研究》课题组. 1991. 中国土地资源生产能力及人口承载量研究[M]. 北京: 中国人民大学出版社.

Ait-Aoudia M N, Berezowska-Azzag E. 2016. Water resources carrying capacity assessment: The case of Algeria's capital city[J]. Habitat International, 58: 51-58.

Allan W. 1965. The African Husbandman[M]. Edinberg: Oliver and Boyd.

Ang B W, Su B. 2016. Carbon emission intensity in electricity production: A global analysis[J]. Energy Policy, 94: 56-63.

Arneth A, Sitch S, Pongratz J, et al. 2017. Historical carbon dioxide emissions caused by land-use changes are possibly larger than assumed[J]. Nature Geoscience, 10(2): 79-84.

Asselen S, Verburg P H. 2013. Land cover change or land-use intensification: Simulating land system change with a global-scale land change model[J]. Global Change Biology, 19(12): 3648-3667.

Bakker M M, Govers G, Kosmas C, et al. 2005. Soil erosion as a driver of land-use change[J]. Agriculture Ecosystems and Environment, 105(3): 467-481.

Bolin B. 1977. Changes of land biota and their importance for the carbon cycle[J]. Science, 196: 613-615.

Borrelli P, Robinson D A, Fleischer L R, et al. 2017. An assessment of the global impact of 21st century land use change on soil erosion[J]. Nature Communications, 8(1): 2013.

Brown D G, Goovaerts P. 2002. Stochastic simulation of land-cover change using geostatistics and generalized additive models[J]. Photogrammetric Engineering and Remote Sensing, 68(10): 1051-1062.

Catton W. 1986. Carrying Capacity and the Limits to Freedom[C]. New Delhi: XI World Congress of Sociology.

Chung S Y, Venkatramanan S, Park N, et al. 2016. Evaluation of physico-chemical parameters in water and total heavy metals in sediments at Nakdong River Basin, Korea[J]. Environmental Earth Sciences, 75(1): 1-12.

Clarke K C. 2004. The Limits of Simplicity: Toward GeoComputational Honesty in Urban Modeling in GeoDynamics[M]. Boca Raton: CRC Press.

Costanza R, Arge R, Groot R, et al. 1997. The value of the world's ecosystem services and natural capital[J]. Nature, 386(6630): 253-260.

Costanza R, Arge R, Groot R, et al. 1998. The value of ecosystem services: Putting the issues in perspective[J]. Ecological Economics, 25(1): 67-72.

Costanza R, Groot R D, Sutton P, et al. 2014. Changes in the global value of ecosystem services[J]. Global Environmental Change, 26(1): 152-158.

Darnes A D, Jochum M, Mumme S, et al. 2014. Consequences of tropical land use for multitrophic biodiversity and ecosystem functioning[J]. Nature Communications, 5: 5351.

David G S, Carvalho E D, Lemos D, et al. 2015. Ecological carrying capacity for intensive tilapia (*Oreochromis niloticus*) cage aquaculture in a large hydroelectrical reservoir in Southeastern Brazil[J]. Aquacultural Engineering, 66: 30-40.

Deng Y, Wang S, Bai X, et al. 2018. Relationship among land surface temperature and LUCC, NDVI in typical karst area[J]. Scientific Reports, 8(1): 641.

Dorini F A, Cecconello M S, Dorini L B. 2016. On the logistic equation subject to uncertainties in the environmental carrying capacity and initial population density[J]. Communications in Nonlinear Science and Numerical Simulation, 33: 160-173.

FAO. 1981. Report on Agroecological Zones Project[R]. Rome: World Soil Resources Report Rome.

FAO. 1982. Potential Population Supporting Capacities of Lands in the Developing World[M]. Rome: FAO.

Fargione J, Hill J, Tilman D, et al. 2008. Land clearing and the biofuel carbon debt[J]. Science, 319(5867): 1235-1238.

Foley J A, Defries R, Asner G P, et al. 2005. Global consequences of land use[J]. Science, 309: 570-574.

Fu Y H, Zhao H, Piao S, et al. 2015. Declining global warming effects on the phenology of spring leaf unfolding[J]. Nature, 526(7571): 104-107.

Fuchs R, Herold M, Verburg P H, et al. 2012. A high-resolution and harmonized model approach for reconstructing and analyzing historic land changes in Europe[J]. Biogeosciences, 9(10): 1543-1559.

Garmendia E, Mariel P, Tamayo I, et al. 2012. Assessing the effect of alternative land uses in the provision of water resources: Evidence and policy implications from southern Europe[J]. Land Use Policy, 29(4):761-770.

Gilmore R, Smith P, Spencer J. 2005. Uncertainty in extrapolations of predictive land-change models[J]. Environment and Planning B: Planning and Design, 32(2): 211-230.

Gomez S A, González G A. 2007. A comprehensive assessment of multifunctional agricultural land-use systems in Spain using a multi-dimensional evaluative model[J]. Agriculture Ecosystems and Environment, 120(1): 82-91.

Gupta K, Kumar P, Pathan S K, et al. 2012. Urban Neighborhood Green Index—A measure of green spaces in urban areas[J]. Landscape & Urban Planning, 105(3): 325-335.

Hansen M, Potapov P, Margono B, et al. 2014. High-resolution global maps of 21st-century forest cover change[J]. Science, 344(6187): 981.

Hoegh G O, Bruno J F. 2010. The impact of climate change on the world's marine ecosystems[J]. Science, 328(5985): 1523-1528.

Houghton R A. 1999. The annual net flu of carbon to the atmosphere from changes in land use 1850—1990[J]. Tellus, 51(2): 298-313.

Huang J, Yu H, Guan X, et al. 2016. Accelerated dryland expansion under climate change[J]. Nature Climate Change, 6(2): 166.

Imhoff M L, Zhang P, Wolfe R E, et al. 2010. Remote sensing of the urban heat island effect across biomes in the continental USA[J]. Geoscience & Remote Sensing Symposium, 114(3): 504-513.

IPCC. 2014. Climate Change 2014: Impacts, Adaptation, and Vulnerability[R]. Cambridge: Cambridge University Press (IPCC Secretariat).

Jongeneel R A, Polman N B P, Slangen L H G. 2008. Why are Dutch farmers going multifunctional?[J]. Land Use Policy, 25(1): 81-94.

Kindu M, Schneider T, Teketay D, et al. 2015. Drivers of land use/land cover changes in Munessa-Shashemene landscape of the south-central highlands of Ethiopia[J]. Environmental Monitoring and Assessment, 187: 452.

King J. 1988. Beyond Economics Choice[M]. Paris: UNESO.

Kirschbaum M U F, Saggar S, Tate K R, et al. 2013. Quantifying the climate-change consequences of shifting land use between forest and agriculture[J]. Science of the Total Environment, 465: 314-324.

Lal R. 2004. Soil carbon sequestration impacts on global climate change and food security[J]. Science, 304(5677): 1623-1627.

Lambin E F, Geist H J, Lepers E. 2003. Dynamics of land-use and land-cover change in tropical regions[J]. Annual Review of Environment and Resources, 28(1): 205-241.

Lambin E F, Meyfroidt P. 2011. Global land use change, economic globalization, and the looming land scarcity[J]. Proceedings of the National Academy of Sciences of the United States of America, 108(9): 3465-3472.

Lantman J P V S , Verburg P H , Bregt A K , et al. 2011. Core Principles and Concepts in Land-Use Modelling: A Literature Review[M]. New York: Springer.

Liu Z, Guan D, Wei W, et al. 2015. Reduced carbon emission estimates from fossil fuel combustion and cement production in China[J]. Nature, 524(7565): 335-338.

Martire S, Castellani V, Sala S. 2015. Carrying capacity assessment of forest resources: Enhancing environmental sustainability in energy production at local scale[J]. Resources, Conservation and Recycling, 94: 11-20.

McGlade C, Ekins P. 2015. The geographical distribution of fossil fuels unused when limiting global warming to 2℃[J]. Nature, 517(7533): 187.

Millennium Ecosystem Assessment. 2005. Ecosystems and Human Well-being: Biodiversity Synthesis[R]. Washington DC: World Resources Institute.

Millington R, Gifford R. 1973. Energy and How We Live[M]. Sydney: Australian UNESCO Seminar.

Mishra V N, Rai P K. 2016. A remote sensing aided multi-layer perceptron-Markov chain analysis for land use and land cover change prediction in Patna district (Bihar), India[J]. Arabian Journal of Geosciences, 9(4): 249.

Misra V, Mishra A, Bhardwaj A, et al. 2018. The potential role of land cover on secular changes of the hydroclimate of Peninsular Florida[J]. Npj Climate and Atmospheric Science, 1(1): 5.

Mohammady M, Moradi H R, Zeinivand H, et al. 2018. Modeling and assessing the effects of land use changes on runoff generation with the CLUE-s and WetSpa models[J]. Theoretical and Applied Climatology, 133: 459-471.

Mooney H A, Duraiappah A, Larigauderie A. 2013. Evolution of natural and social science interactions in global change research programs[J]. Proceedings of the National Academy of Sciences of the United States of America, 110(S1): 3665-3672.

Moran E, Ojima D S, Buchmann B, et al. 2005. Global Land Project: Science Plan and Implementation Strategy[M]. Stockholm: IGBP Secretariat.

Mottet A, Ladet S, Coque N, et al. 2006. Agricultural land-use change and its drivers in mountain landscapes: A case study in the Pyrenees[J]. Agriculture Ecosystems and Environment, 114(2): 296-310.

Niccolucci V, Bastianoni S, Tiezzi E B P, et al. 2009. How deep is the footprint? A 3D representation[J]. Ecological Modelling, 220(20): 2819-2823.

Niccolucci V, Galli A, Reed A, et al. 2011. Towards a 3D national ecological footprint geography[J]. Ecological Modelling, 222(16): 2939-2944.

Nosetto M D, Jobbágy E G, Brizuela A B, et al. 2012. The hydrologic consequences of land cover change in central Argentina[J]. Agriculture, Ecosystems and Environment, 154: 2-11.

Obiora S C, Achukwu, Toteu S F, et al. 2016. Assessment of heavy metal contamination in soils around lead (Pb)-Zinc (Zn) mining areas in Enyigba, Southeastern Nigeria[J]. Journal of the Geological Society of India, 87: 453-462.

Odum E P. 1953. Fundamentals of Ecology[M]. Philadelphia: W. B. Saunders.

Park R F, Burgess E W. 1933. Introduction to the Science of Sociology[M]. Chicago: Chicago University Press.

Pereira H M, Leadley P W, Proneca V, et al. 2010. Scenarios for global biodiversity in the 21st century[J]. Science, 330: 1496-1501.

Pontius G R, Malanson J. 2005. Comparison of the structure and accuracy of two land change models[J]. International Journal of Geographical Information Science, 19 (2) : 243-265.

Ramankutty N, Foley J A. 1999. Estimating historical changes in global land cover: Croplands from 1700 to 1992[J]. Global Biogeochemical Cycles, 13 (4) : 997-1027.

Rees W E. 1992. Ecological footprints and appropriated carrying capacity: What urban economics leaves out[J]. Environment and Urbanization, 4 (2) : 121-130.

Rolando J L, Turin C, David A, et al. 2017. Key ecosystem services and ecological intensification of agriculture in the tropical high-Andean Puna as affected by land-use and climate changes[J]. Agriculture, Ecosystems & Environment, 236 (1) : 221-233.

Rudel T K, Coomes O T, Moran E, et al. 2005. Forest transitions: Towards a global understanding of land use change[J]. Global Environmental Change, 15 (1) : 23-31.

Schuur E A G, McGuire A D, Schädel C, et al. 2015. Climate change and the permafrost carbon feedback[J]. Nature, 520 (7546) : 171-179.

Seto K C, Reenberg A, Boone C G, et al. 2012. Urban land teleconnections and sustainability[J]. Proceedings of the National Academy of Sciences of the United States of America, 109 (20) :7687.

Shuai C, Shen L, Jiao L, et al. 2017. Identifying key impact factors on carbon emission: Evidences from panel and time-series data of 125 countries from 1990 to 2011[J]. Applied Energy, 187: 310-325.

Singh U K, Kumar B. 2017. Pathways of heavy metals contamination and associated human health risk in Ajay River basin, India[J]. Chemosphere, 174 (5) : 183-199.

Slesser M. 1990. Enhancement of carrying capacity options-ECCO[J]. The Resource Use Institute, 10: 5.

Sloan S, Sayer J A. 2015. Forest resources assessment of 2015 shows positive global trends but forest loss and degradation persist in poor tropical countries[J]. Forest Ecology and Management, 352 (7) : 134-145.

Smith J B, Schneider S H, Oppenheimer M, et al. 2009. Assessing dangerous climate change through an update of the Intergovernmental Panel on Climate Change (IPCC) "reasons for concern" [J]. Proceedings of the National Academy of Sciences of the United States of America, 106 (11) : 4133-4137.

Smith P, House J I, Bustamante M, et al. 2016. Global change pressures on soils from land use and management[J]. Global Change Biology, 22 (3) : 1008-1028.

Solomon S, Plattner G K, Knutti R, et al. 2009. Irreversible climate change due to carbon dioxide emissions[J]. Proceedings of The national Academy of Sciences of the United States of America, 6 (6) : 1704-1709.

Solow A R. 2013. Global warming: A call for peace on climate and conflict[J]. Nature, 497 (7448) : 179-180.

Souza A M, Salviano A M, Melo J F, et al. 2016. Seasonal study of concentration of heavy metals in waters from lower São Francisco River basin, Brazil[J]. Brazilian Journal of Biology, 76 (4) : 967-974.

Srinivasa G S, Ramakrishna R M, Govil P K. 2010. Assessment of heavy metal contamination in soils at Jajmau (Kanpur) and Unnao industrial areas of the Ganga Plain, Uttar Pradesh, India[J]. Journal of Hazardous Materials, 174 (1-3) :113-121.

Tao B, Tian H Q, Chen G S, et al. 2013. Terrestrial carbon balance in tropical Asia: Contribution from cropland expansion and land management[J]. Global and Planetary Change, 100 (1) : 85-98.

Tesfaw A T, Pfaff A, Kroner R E G, et al. 2018. Land-use and land-cover change shape the sustainability and impacts of protected areas[J]. Proceedings of the National Academy of Sciences of the United States of America, 115 (9) : 2084-2089.

Turner B L, Lambin E F, Reenberg A. 2007. The emergence of land change science for global environmental change and sustainability[J]. Proceedings of the National Academy of Sciences of the United States of America, 104 (52) : 20666-20671.

UNESCO, FAO. 1985. Carrying Capacity Assessment with a Pilot Study of Kenya: A Resource Accounting Methodology for Exploring National Options for Sustainable Development[M]. Paris, Rome: UNESCO, FAO.

Urban M C. 2015. Accelerating extinction risk from climate change[J]. Science, 348 (6234) : 571-573.

Verburg P H, Ellis E C, Letourneau A. 2011. A global assessment of market accessibility and market influence for global environmental change studies[J]. Environmental Research Letters, 6(3): 1-12.

Vitousek P M, Mooney H A, Lubchenco J, et al. 1997. Human domination of earth's ecosystems[J]. Science, 277(5325): 494-499.

Vogt W. 1948. Road to Survival[M]. London: Victor Gollancz Ltd.

Wachernagel M, Rees W. 1996. Our Ecological Footprint: Reducing Human Impact on the Earth[M]. Gabriola Island: New Society Publisher.

Wackernagel M. 1994. Ecological footprint and appropriated carrying capacity: A tool for planning toward sustainability[D]. Columbia: University of British Columbia.

Wagner P D, Waske B. 2016. Importance of spatially distributed hydrologic variables for land use change modeling[J]. Environmental Modelling & Software, 83: 245-254.

Wang S P, Li K Q, Liang S K, et al. 2017. An integrated method for the control factor identification of resources and environmental carrying capacity in coastal zones: A case study in Qingdao, China[J]. Ocean and Coastal Management, 142: 90-97.

Watts N, Adger W N, Agnolucci P, et al. 2015. Health and climate change: Policy responses to protect public health[J]. The Lancet, 386(10006): 1861-1914.

Widodo B, Lupyanto R, Sulistiono B, et al. 2015. Analysis of environmental carrying capacity for the development of sustainable settlement in Yogyakarta urban area[J]. Procedia Environmental Sciences, 28: 519-527.

Wilcke W. 2000. Small-scale variability of metal concentrations in soil leachates[J]. Soil Science Society of America Journal, 64(1): 138-143.

Xiao D N, Chen W B, Guo F L. 2002. On the basic concepts and contents of ecological security[J]. Journal of Applied Ecology, 13(3): 354-358.

Yang Y Y, Zhang S W, Liu Y S, et al. 2017. Analyzing historical land use changes using a historical land use reconstruction model: A case study in Zhenlai County, northeastern China[J]. Scientific Reports, 7: 41275.

Ye W, Xu X Y, Wang H X, et al. 2016. Quantitative assessment of resources and environmental carrying capacity in the northwest temperate continental climate ecotope of China[J]. Environmental Earth Sciences, 75: 868-882.

Yi H, Güneralp B, Kreuter U P, et al. 2018. Spatial and temporal changes in biodiversity and ecosystem services in the San Antonio River Basin, Texas, from 1984 to 2010[J]. Science of the Total Environment, 619(4): 1259-1271.

Zhao J, Yang Y Z, Zhao Q X, et al. 2017. Effects of ecological restoration projects on changes in land cover: A case study on the Loess Plateau in China[J]. Scientific Reports, 7: 44496.

第2章　黄河下游背河洼地区(开封段)土地利用变化的时空特征及驱动力分析

2.1　研究方法与数据来源

2.1.1　研究方法

本书的研究拟采用以下4种方法：

1) 文献分析法

文献分析是科学研究的首要工作，广泛查阅并整理国内外相关文献资料，有助于吸收前人研究精华，总结现有土地变化特征，为本书研究思路、方法提供实证借鉴，为进一步创新提供理论依据。

2) 定性分析与定量分析结合法

定性分析与定量分析相辅相成，定性分析是研究的基础，定量分析可进一步验证定性分析的可靠性。本书通过对黄河下游背河洼地区(开封段)土地利用变化数据和资料的收集整理分析，定性和定量地揭示研究区土地变化特征，并对其变化的驱动机制进行分析。

3) 数学模型分析法

针对本书的研究对象和内容，首先，选用不同土地利用类型面积差值、土地利用开发度、土地利用耗减度来探讨土地数量变化；选用单一土地利用动态度、综合土地利用动态度分析土地速度变化；选用土地利用转移矩阵识别土地利用类型变化。其次，选用ESDA模型揭示研究区整体与局部土地变化的空间特征。最后，选用空间计量模型、GWR模型揭示土地变化的影响因子。

4) 地理信息技术法

地理信息技术是进行空间分析的常用方法之一。本书基于ArcGIS 10.2软件，结合研究区矢量数据与遥感影像数据，采用转移矩阵、叠加分析等方法揭示研究区土地变化时空特征，并借助可视化手段对导致该地区土地变化的驱动因子进行空间可视化表达，以准确定位不同土地单元的影响因子分布格局。

2.1.2　数据来源

1. 土地利用数据

参照《土地利用现状分类》(GB/T 21010—2017)标准以及中国土地利用遥感制图分类系统(刘纪远等，2018)，结合研究区实际情况，在已解译土地覆被体系的基础上，剔除面积较小的地类斑块，结合Google Earth卫星影片、野外实地调查及研究需要，并参考相关研究资料(祖拜代•木依不拉等，2019；罗娅等，2014；刘纪远等，2003)，将研究区土地利用类型重分类为 5 类，分别为耕地、林地、未利用地、水域、建设用地(表 2-1)。

表 2-1　研究区土地利用类型分类详情

一级类	二级类
耕地	水田、旱地
林地	其他林地
未利用地	裸土地、沙地、内陆滩涂
水域	河流水面、湖泊水面、坑塘水面
建设用地	城镇建设用地、农村居民地、交通用地、工矿用地

土地覆被数据：研究中所用三期(2001 年、2008 年、2016 年)黄河下游背河洼地区(开封段)土地覆被数据由中国科学院资源环境科学与数据中心(http:www.resdc.cn/)提供，并参考美国地质勘探局(http://glovis.usgs.gov/)，在没有云、雾、积雪等影响的前提下，对其进行裁剪并经过坐标转换、大气校正、几何校正等预处理后，基于地学知识及遥感图像处理软件进行监督分类，获取三期 30m×30m 分辨率栅格土地利用数据集(经 Kappa 系数检验和实地验证，精度达 80%以上，满足精度要求)(杨清可等，2018)，生成研究区 2001～2016 年土地利用数据库，并提取相应时期的土地利用变化图斑，通过制图、统计分析，研究过去 16 年研究区土地利用变化的时空演变特征及空间分异格局。同时，将研究区的土地利用数据与行政边界数据进行叠置分析，通过斑块计算及统计分析获取各乡镇地类面积(图 2-1)。

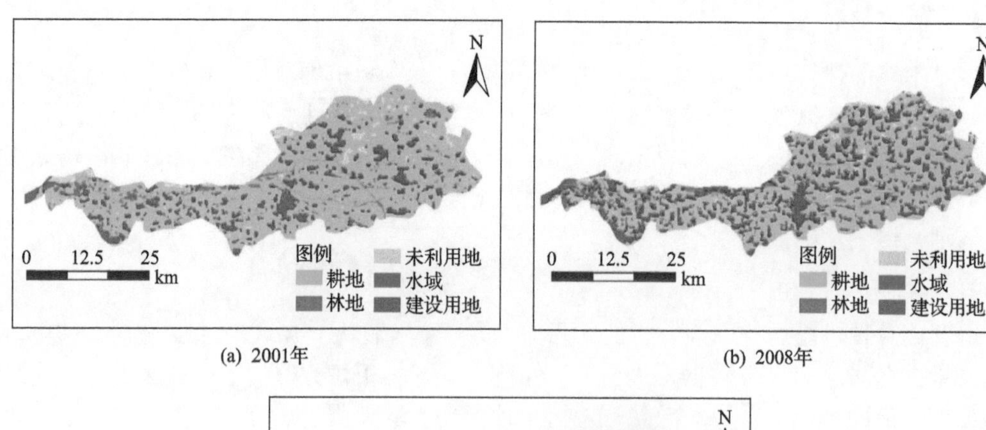

(a) 2001年　　(b) 2008年

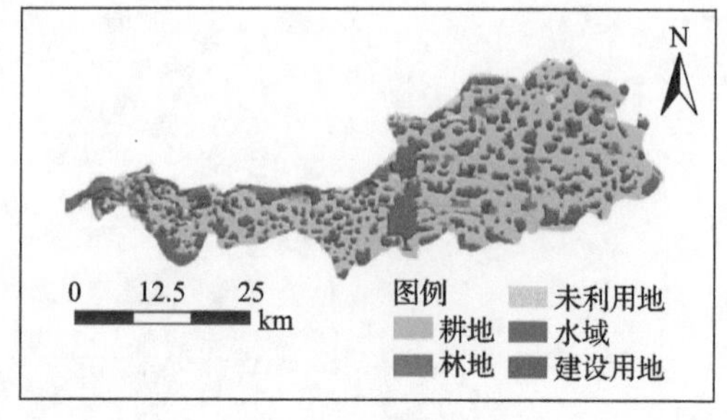

(c) 2016年

图 2-1　研究区土地利用变化空间分布图

2. 区域矢量数据

县域乡镇行政区域矢量数据来源于国家科技基础条件平台——国家地球系统科学数据中心黄河中下游分中心(http://henu.geodata.cn/)。对该数据做如下处理：①研究对象为河南省开封市部分县域乡镇行政单元，对该区域背河洼地以外单元进行裁剪；②由于个别辖区边界有所变化，统一以 2001 年中国行政区划为准。

3. 社会经济数据

社会经济数据主要来源于 2002～2017 年《中国县域统计年鉴(县市卷)》《中国县域统计年鉴(乡镇卷)》《河南统计年鉴》《河南农村统计年鉴》《开封年鉴》《兰考县统计年鉴》，以及各区域统计机构发布的国民经济和社会发展统计公报。此外，本书研究所需的黄河下游背河洼地区(开封段)行政区划图、道路交通图、居民点分布图等从开封市国土资源局、民政局、统计局网站获取。受少数乡镇社会经济数据缺失的影响，为保证数据区域空间范围的统一，部分缺失数据结合相应地市、县区数据进行补充。

2.2　土地利用类型的时空演变

地理学的重要特征之一即综合，而“格局与过程”则是其综合研究的主要方法和途径(傅伯杰，2014)，土地利用类型面积的变化可充分体现土地利用/覆被变化的过程，也可直观反映研究期内土地利用类型的变化程度(Pontius et al.，2004)。基于此，本书的研究从多种土地覆被变化评价指标(研究区土地利用变化数量、变化速度、变化类型)和空间演变趋势两方面揭示研究区土地利用变化的时空格局特征。

2.2.1　总体特征

2001～2016 年黄河下游背河洼地区(开封段)土地利用结构变化表明(图 2-2)，耕地

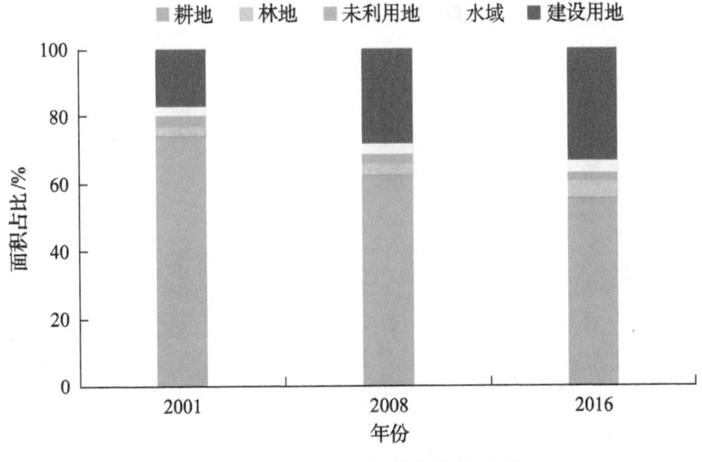

图 2-2　研究区土地利用结构变化

是全区面积占比最高的土地利用类型，研究期内占比均达 50%以上，同时也是降幅最大的地类，由 2001 年的 74.40%降至 2016 年的 55.60%。相反，建设用地面积增幅最大，由 16.85%增至 33.14%。与此同时，林地和水域面积小幅增加且林地增幅稍快，未利用地则小幅下降，由 2001 年的 3.36%下降至 2016 年的 2.60%。

2.2.2　土地利用时空变化

1. 时序变化

1) 土地利用数量变化

本书的研究基于各土地利用面积变化 (ΔL) 和幅度变化 (P_i)，以全面评价不同时期黄河下游背河洼地区（开封段）土地利用变化特征，其评价指标计算公式如下（朱会义等，2001）：

$$\Delta L = L_{i,t_0} - L_{i,t_1} \tag{2-1}$$

$$P_i = \frac{L_{i,t_0} - L_{i,t_1}}{L_{i,t_0}} \times 100\% \tag{2-2}$$

式中，ΔL 为土地利用面积变化；P_i 为幅度变化；L_{i,t_0} 和 L_{i,t_1} 分别为第 i 种土地利用类型在 t_0 和 t_1 时期的面积。

由图 2-3、图 2-4 可得，研究期间，黄河下游背河洼地区（开封段）土地利用类型以耕地为主、建设用地次之，林地、未利用地和水域较少。总体上看，2001～2016 年，林地、水域、建设用地呈递增趋势，耕地和未利用地呈减少趋势，其中，建设用地和耕地变化最为剧烈，耕地面积由 987.91km^2 减少至 738.25km^2，减少面积达 249.66km^2，建设用地面积由 223.71km^2 增加至 440.06km^2，增加面积达 216.35km^2，且以年均约 13.52km^2 的速度不断扩张。林地、水域和未利用地面积变化趋势也较明显，其中林地和水域增加面积分别为 32.64km^2 和 10.69km^2，而未利用地呈逐年减少的变化趋势，减少面积达 10.02km^2。

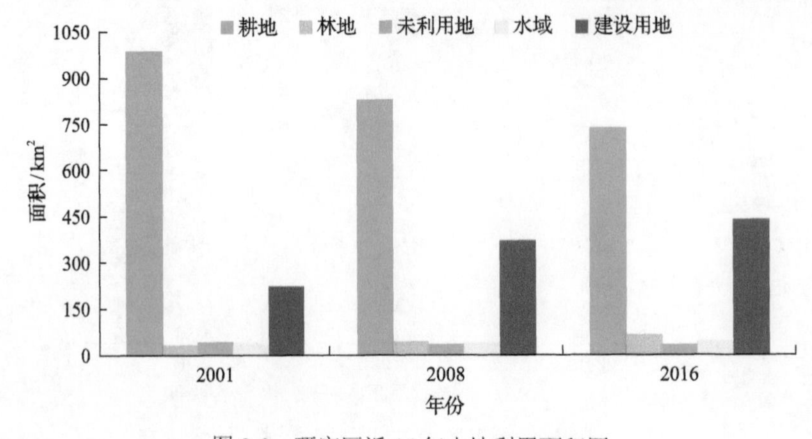

图 2-3　研究区近 16 年土地利用面积图

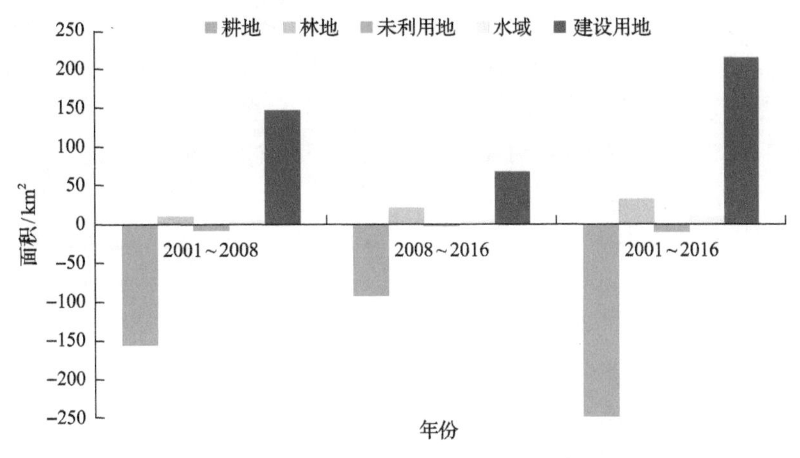

图 2-4　研究区近 16 年土地利用面积变化图

由表 2-2 可得，总体来看，研究区土地利用类型以耕地为主，且耕地、未利用地均呈递减趋势，林地、水域、建设用地则相反，其中：

(1)2001～2008 年，建设用地面积增加幅度最高，达 66.31%，共新增 148.34km^2，即以年均约 18.54km^2 的速度不断扩张；林地面积增加幅度次之，达 31.36%，其面积占比由 2.61%增至 3.43%，共新增 10.88km^2；水域增幅最小，达 15.14%，新增面积达 5.60km^2；而该阶段，未利用地面积减少幅度最高，达−17.64%，即以每年约 0.98km^2 的速度在不断递减；耕地面积虽在研究区内占比最高，但受经济社会发展的推动，其减少幅度次之，8 年间耕地面积变化幅度为−15.89%，共减少 156.96km^2。由上可知，该阶段建设用地是土地利用变化的主导类型。

表 2-2　2001～2016 年黄河下游背河洼地区(开封段)土地利用变化统计表(%)

年份	类型	耕地	林地	未利用地	水域	建设用地
2001	土地利用比例	74.40	2.61	3.36	2.79	16.85
2008		62.58	3.43	2.76	3.21	28.02
2016		55.60	5.07	2.60	3.59	33.14
2001～2008	最终变化幅度	−15.89	31.36	−17.64	15.14	66.31
2008～2016		−11.16	47.75	−5.89	11.95	18.28
2001～2016		−25.27	94.09	−22.49	28.89	96.71

注：土地利用比例为各土地利用类型面积占研究区土地总面积的比例；最终变化幅度(即 P_i)为三段时期内研究期末与研究期初的面积之差占研究期初面积的比例。

(2)2008～2016 年，为响应国家生态文明建设及开封市土地利用总体规划的要求，该阶段林地面积增加幅度最高，达 47.75%，共新增 21.76km^2，以每年约 2.72km^2 的速度扩张；建设用地增幅次之，达 18.28%，共新增 68.01km^2；水域增幅仍最小，达 11.95%，共新增 5.09km^2；该阶段耕地递减幅度最大，达−11.16%，共减少 92.70km^2，平均每年减少约 11.59km^2；未利用地递减幅度次之，达−5.89%，共减少 2.16km^2。该阶段在促进经济社会发展的同时重视生态环境保护，林地成为该阶段土地利用变化的主导类型。

(3) 2001～2016 年，城市化的快速推进使建设用地成为研究期间增幅最大的土地利用类型，达 96.71%，16 年来共新增 216.35km^2，其面积占比由 16.85%增至 33.14%，以每年近 13.52km^2 的速度扩张；其次为林地，增幅达 94.09%，共新增 32.64km^2；水域增幅最小，达 28.89%，年均增速约 0.67km^2；耕地递减幅度最大，达–25.27%，共减少 249.66km^2；未利用地递减幅度次之，达–22.49%，共减少 10.02km^2。由此可知，耕地、建设用地是研究期间土地利用变化的主导类型，其中，受耕地保护红线和经济社会发展、城市化进程加快的影响，2008～2016 年林地(递增)、耕地(递减)、未利用地(递减)最终变化幅度均高于 2001～2008 年，而建设用地(递增)、水域(递增)最终变化幅度均低于 2001～2008 年。

2) 土地利用速度变化

A. 评价指标

a. 单一土地利用动态度模型

一定时间内不同地区土地数量的变化程度不同，因此，采用单一土地利用动态度模型揭示研究区土地结构变化程度及趋势特征，以直观反映其土地利用变化的速度和幅度。其计算公式如下(满苏尔•沙比提等，2017)：

$$K = \frac{(U_{\mathrm{b}} - U_{\mathrm{a}})}{U_{\mathrm{a}}} \times \frac{1}{T} \times 100\% \tag{2-3}$$

式中，K 为研究期间某种土地利用动态度；U_{a} 和 U_{b} 分别为研究期初和研究期末某种土地利用类型的面积；T 为研究时长。其中，K 值越小，则该类土地转化为其他土地利用类型的数量越少。

b. 综合土地利用动态度模型

单一土地利用动态度模型仅在土地利用变化的速度和幅度上进行评价，忽视了不同地类之间转移的整体情况(范泽孟等，2012)，基于此，引入综合土地利用动态度模型，以全面揭示研究期内区域土地利用变化的聚类程度。其计算公式如下：

$$S = \frac{\sum_{i=1}^{n} \Delta \mathrm{out}_i}{2\sum_{i=1}^{n} U_{\mathrm{a}i}} \times \frac{1}{T} \times 100\% \tag{2-4}$$

式中，S 为研究区综合土地利用动态度；$\Delta\mathrm{out}_i$ 为研究期间其他土地利用类型转变为某种土地利用类型的面积之和；$U_{\mathrm{a}i}$ 为研究初期第 i 种土地利用类型的面积；其余指标解释同式(2-3)。

c. 土地利用开发度

土地利用开发度表示单位时间内某种地类的实际开发程度(孙嘉欣等，2018)。其计算公式如下：

$$\mathrm{LUD}=\frac{D_{\mathrm{ab}}}{U_{\mathrm{a}}}\times\frac{1}{T}\times 100\% \tag{2-5}$$

式中，LUD 为土地利用开发度；D_{ab} 为其他土地利用类型转变为该土地利用类型的面积，即某土地利用类型的新开发面积；其余指标解释同式(2-3)。

d. 土地利用耗减度

土地利用耗减度表示单位时间内某种地类的实际耗减程度，即被开发程度(杨霞等，2015)。其计算公式如下：

$$\mathrm{LUC}=\frac{C_{\mathrm{ab}}}{U_{\mathrm{a}}}\times\frac{1}{T}\times 100\% \tag{2-6}$$

式中，LUC 为土地利用耗减度；C_{ab} 为某种土地利用类型转变为其他土地利用类型的面积；其余指标解释同式(2-3)。

B. 结果分析

根据式(2-3)～式(2-6)，计算得出 2001～2016 年黄河下游背河洼地区(开封段)土地利用动态度变化结果(表 2-3)，由表 2-3 可知：

2001～2008 年，建设用地变化速度最快，其单一土地利用动态度最高，达 8.29%，即该阶段建设用地以年均 8.29%的速度不断增长；林地变化幅度次之，单一土地利用动态度达 3.92%，共转入 27.52km^2；水域变化幅度相对较小，单一土地利用动态度达 1.89%，共转入 18.39km^2；而耕地和未利用地变化呈逐年减少趋势，单一土地利用动态度分别为–1.99% 和–2.21%。

2008～2016 年，林地变化最为剧烈，单一土地利用动态度为 5.97%，相比 2001～2008 年提高了 2.05%，共转入 12.56km^2；建设用地受土地增减挂钩政策影响，其单一土地利用动态度相比前一阶段下降 6.01%，该阶段共转入 101.05km^2；水域变化较前一阶段变化不大，单一土地利用动态度为 1.49%；耕地和未利用地单一土地利用动态度分别为–1.39% 和–0.74%。

2001～2016 年，整个研究期间，建设用地和林地单一土地利用动态度较高，分别为 6.04%和 5.88%；水域次之，共转入 17.16km^2；而耕地单一土地利用动态度为–1.58%；未利用地单一土地利用动态度为–1.41%，研究期间共转出 29.33km^2。

不同阶段土地利用变化速率经比较可知，2001～2008 年，单一土地利用动态度除水域和建设用地之外，耕地、林地、未利用地均低于 2008～2016 年，由此表明这三种地类在第二阶段变化较为剧烈。就土地利用开发度和土地利用耗减度而言，2001～2008 年，除耕地耗减度低于第二阶段外，其余各地类土地利用开发度、土地利用耗减度均高于 2008～2016 年。研究区综合土地利用动态度计算结果表明，2001～2008 年土地利用变动较为剧烈，而 2008～2016 年各土地利用类型之间相互转移的程度逐渐平缓。

其中，值得注意的是，由于耕地为研究区内的主导类型，面积基数最大，故其转入量和转出量相对于耕地总面积来说并不大，因此使其单一土地利用动态度指标呈现低值趋势发展，但对整个研究区而言，其变化及所带来的影响仍不容忽视。

表 2-3 2001～2016 年各土地利用动态变化(%)

年份	评价指标	耕地	林地	未利用地	水域	建设用地	综合土地利用动态度
2001～2008	单一土地利用动态度	−1.99	3.92	−2.21	1.89	8.29	1.55
	土地利用开发度	3.29	9.92	—	6.21	4.24	
	土地利用耗减度	1.30	13.84	8.99	8.10	12.53	
2008～2016	单一土地利用动态度	−1.39	5.97	−0.74	1.49	2.28	0.89
	土地利用开发度	3.16	3.45	—	2.96	3.40	
	土地利用耗减度	1.76	9.41	5.29	4.45	5.68	
2001～2016	单一土地利用动态度	−1.58	5.88	−1.41	1.81	6.04	1.22
	土地利用开发度	2.09	4.99	—	2.90	1.74	
	土地利用耗减度	0.51	10.87	4.11	4.70	7.78	

注：由土地利用开发度的定义可得未利用地不适用于该指标。

3) 土地利用类型变化

A. 评价指标

土地利用时序变化模型仅揭示不同土地利用类型在整体上的变化趋势，而忽视其具体的转移动向和数量，因此，本书的研究基于土地利用转移矩阵模型，分别揭示研究期初和研究期末的土地流失动向及其变化来源，从而为下文土地利用空间变化提供实证基础，并以期为研究区土地利用与经济社会耦合协调发展提供借鉴。其计算公式如下(吴琳娜等，2014)：

$$S_{ij}=\begin{vmatrix} S_{11} & S_{12} & \cdots & S_{1n} \\ S_{21} & S_{22} & \cdots & S_{2n} \\ \vdots & \vdots & \vdots & \vdots \\ S_{n1} & S_{n2} & \cdots & S_{nn} \end{vmatrix} \tag{2-7}$$

式中，S 为土地面积；i、j 分别为某种土地转移前和转移后的土地利用类型(其中，i、j=1，2，…，n)；n 为土地利用类型总数。

此外，基于式(2-7)的转移矩阵结果，可得各地类间的转入率和转出率，其计算公式如下(张鹏岩，2013)：

$$A_{ij}=\frac{S_{ij}}{\sum_{i=1}^{n}S_{ij}}\times 100\% \tag{2-8}$$

$$B_{ij}=\frac{S_{ij}}{\sum_{j=1}^{n}S_{ij}}\times 100\% \tag{2-9}$$

式中，A_{ij}、B_{ij} 分别为转入率和转出率；其余指标解释同式(2-7)。

当前研究表明，土地利用类型面积和研究期初土地利用类型向研究期末的转化概率(即 Markov 转移概率矩阵)(程磊等，2009)均可用来表示土地利用转移矩阵，结合本书研究的实际情况，采用前者进行分析。

B. 结果分析

基于 ArcGIS 10.2 软件平台的空间分析工具，对 2001 年、2008 年和 2016 年研究区土地利用类型矢量分类图进行矩阵运算，得到研究期内土地利用类型转移矩阵(表 2-4～表 2-6)。

表 2-4 2001～2008 年土地利用类型转移矩阵

土地利用类型	指标	耕地	林地	未利用地	水域	建设用地	2008 年
耕地	面积/km^2	727.85	9.68	13.79	9.55	70.08	830.95
	转出率/%	87.59	1.16	1.66	1.15	8.43	
	转入率/%	73.68	27.90	30.95	25.81	31.33	
林地	面积/km^2	32.33	7.17	2.91	1.22	1.94	45.57
	转出率/%	70.95	15.73	6.39	2.68	4.26	
	转入率/%	3.27	20.67	6.53	3.30	0.87	
未利用地	面积/km^2	30.04	0.33	4.64	0.65	1.03	36.69
	转出率/%	81.88	0.90	12.65	1.77	2.81	
	转入率/%	3.04	0.95	10.42	1.76	0.46	
水域	面积/km^2	17.42	0.68	3.09	18.61	2.80	42.60
	转出率/%	40.89	1.60	7.25	43.69	6.57	
	转入率/%	1.76	1.96	6.94	50.30	1.25	
建设用地	面积/km^2	180.27	16.83	20.12	6.97	147.86	372.05
	转出率/%	48.45	4.52	5.41	1.87	39.74	
	转入率/%	18.25	48.52	45.16	18.84	66.09	
2001 年		987.91	34.69	44.55	37.00	223.71	

表 2-5 2008～2016 年土地利用类型转移矩阵

土地利用类型	指标	耕地	林地	未利用地	水域	建设用地	2016 年
耕地	面积/km^2	620.98	6.54	10.13	6.64	93.96	738.25
	转出率/%	84.12	0.89	1.37	0.90	12.73	
	转入率/%	74.73	14.35	27.61	15.59	25.25	
林地	面积/km^2	26.26	33.01	3.82	0.49	3.75	67.33
	转出率/%	39.00	49.03	5.67	0.73	5.57	
	转入率/%	3.16	72.44	10.41	1.15	1.01	
未利用地	面积/km^2	12.52	0.82	19.00	0.29	1.90	34.53
	转出率/%	36.26	2.37	55.02	0.84	5.50	
	转入率/%	1.51	1.80	51.79	0.68	0.51	

续表

土地利用类型	指标	耕地	林地	未利用地	水域	建设用地	2016 年
水域	面积/km^2	11.56	1.12	1.06	32.51	1.44	47.69
	转出率/%	24.24	2.35	2.22	68.17	3.02	
	转入率/%	1.39	2.46	2.89	76.31	0.39	
建设用地	面积/km^2	159.63	4.08	2.68	2.67	271.00	440.06
	转出率/%	36.27	0.93	0.61	0.61	61.58	
	转入率/%	19.21	8.95	7.30	6.27	72.84	
2008 年		830.95	45.57	36.69	42.60	372.05	

表 2-6　2001～2016 年土地利用类型转移矩阵

土地利用类型	指标	耕地	林地	未利用地	水域	建设用地	2016 年
耕地	面积/km^2	657.75	7.26	10.86	6.81	55.57	738.25
	转出率/%	89.10	0.98	1.47	0.92	7.53	
	转入率/%	66.58	20.93	24.38	18.41	24.84	
林地	面积/km^2	53.17	6.98	3.28	1.54	2.36	67.33
	转出率/%	78.97	10.37	4.87	2.29	3.51	
	转入率/%	5.38	20.12	7.36	4.16	1.05	
未利用地	面积/km^2	27.21	0.61	5.20	0.20	1.31	34.53
	转出率/%	78.80	1.77	15.06	0.58	3.79	
	转入率/%	2.75	1.76	11.67	0.54	0.59	
水域	面积/km^2	19.64	0.85	4.38	19.84	2.98	47.69
	转出率/%	41.18	1.78	9.18	41.60	6.25	
	转入率/%	1.99	2.45	9.83	53.62	1.33	
建设用地	面积/km^2	230.14	18.99	20.83	8.61	161.49	440.06
	转出率/%	52.30	4.32	4.73	1.96	36.70	
	转入率/%	23.30	54.74	46.76	23.27	72.19	
2001 年		987.91	34.69	44.55	37.00	223.71	

由表 2-4～表 2-6 可知：

耕地面积在 2001～2008 年由 987.91km^2 减少至 830.95km^2，其转出和转入面积分别为 103.10km^2、260.06km^2，各占研究区总面积的 7.76%、19.58%，该阶段耕地面积共减少 156.96km^2，主要转移至建设用地，净转移量为 70.08km^2，而转移至林地、未利用地、水域占比较小，且转出率大致相同，分别为 1.16%、1.66%和 1.15%。从耕地的转入来源分析，转入类型主要为建设用地，转入率为 18.25%，而林地、未利用地和水域转入面积相差不大。2008～2016 年，耕地面积减少至 738.25km^2，转出和转入面积分别为 117.27km^2 和 209.97km^2，约占研究区总面积的 8.83%和 15.81%，主要向建设用地转移，转出率明显高于 2001～2008 年，达 12.73%，转移至林地、未利用地、水域的趋势同 2001～2008

年。2001～2016 年，研究区耕地面积共减少 249.66km^2，其主要向建设用地转移。可以看出，建设用地面积的增加是由经济社会发展所引起的，受工矿用地及城镇建设用地增加的影响，该阶段耕地成为建镇扩乡的主要土地来源，导致黄河下游背河洼地区（开封段）耕地非农化趋势明显，乡镇发展占据较多的耕地，未来将在一定程度上加剧土地纠纷以及对生态环境的影响。

林地面积在 2001～2008 年由 34.69km^2 增加至 45.57km^2，转出和转入面积分别为 38.40km^2 和 27.52km^2，各占研究区总面积的 2.89%和 2.07%，共增加 10.88km^2。该阶段林地主要转移至耕地，转出率为 70.95%，转移至未利用地、水域、建设用地范围相对较小，分别为 2.91km^2、1.22km^2、1.94km^2。转入面积主要来源于建设用地，其转入率为 48.52%，而未利用地和水域转入情况均不明显。2008～2016 年，林地面积增加至 67.33km^2，转出和转入面积分别为 34.32km^2 和 12.56km^2，约占总面积的 2.58%和 0.95%，主要转出仍为耕地，其转出率虽较 2001～2008 年降低了 31.95%，但相比其他地类仍较高，转移至建设用地和未利用地的面积基本一致，水域则不明显。转入源主要为耕地，建设用地次之，其转入率分别为 14.35%、8.95%。2001～2016 年林地净增加 32.64km^2，且呈持续上升趋势，表明研究区在促进城镇化发展的同时，注重生态文明建设已取得初步成效。

未利用地在 2001～2008 年由 44.55km^2 减少至 36.69km^2，转出和转入面积分别为 32.05km^2 和 39.91km^2，约各占总面积的 2.41%、3.01%，共减少 7.86km^2。主要向耕地转出，转出面积为 30.04km^2，其余的向其他土地利用类型转出。2008～2016 年未利用地面积共减少 2.16km^2，仍主要向耕地转出，转出面积为 12.52km^2，占研究区总面积的 0.94%，少部分转为建设用地和林地，转出率分别为 5.50%和 2.37%。2001～2016 年未利用地共减少 10.02km^2，呈逐年下降趋势。

水域在 2001～2008 年由 37.00km^2 增加到 42.60km^2，转出和转入面积分别为 23.99km^2 和 18.39km^2，约各占研究区总面积的 1.81%、1.38%。在此期间主要与耕地、未利用地和建设用地相互转换，其中耕地是其主要转出类型，共转出 17.42km^2，未利用地和建设用地转出面积大致相同，分别为 3.09km^2 和 2.80km^2，转移至林地较少，仅 0.68km^2。其转入源中耕地占主导地位，转入率达 25.81%，其次为建设用地，转入率达 18.84%。2008～2016 年水域主要与耕地相互转化，但对耕地的转出、转入率明显低于 2001～2008 年，分别为 24.24%和 15.59%。该阶段转出为林地、未利用地、建设用地相差不大，分别为 1.12km^2、1.06km^2 和 1.44km^2，转入源除耕地外，建设用地相对较高，达 2.67km^2。2001～2016 年，研究区水域面积呈缓慢上升趋势，受研究区特殊区位，黄河水量及河床、河道变迁的影响，水域与耕地之间相互转化较为明显，在未来一段时间内，水域可作为研究区耕地主要的后备资源。

建设用地在 2001～2008 年由 223.71km^2 增加到 372.05km^2，转出和转入面积分别为 224.19km^2、75.85km^2。该期间建设用地主要转移至耕地，达 180.27km^2，未利用地和林地次之，分别为 20.12km^2、16.83km^2，水域则较少，仅 6.97km^2。从其转入源分析，建设用地共增加 148.34km^2，主要由 70.08km^2 的耕地转移而来，水域、林地、未利用地转入均较小，且相差不大，分别为 2.80km^2、1.94km^2、1.03km^2。2008～2016 年，耕地是其主要转移类型，转入、转出率分别为 25.25%、36.27%，均低于 2001～2008 年的 31.33%、48.45%。2001～2016 年建设用地增至 440.06km^2，约占区域总面积的 33.14%，受郑汴一体化及沿黄旅游业的发展，建设用地面积大幅增长，后期严控建设用地盲目扩张，保障土地开发、利用可持续化成为关键。

2. 空间变化

基于 ArcGIS 10.2 平台将解译生成的 2001 年、2008 年和 2016 年土地利用 30m×30m 分辨率栅格图转化为矢量图后，经重分类、空间叠加分析统计，获得研究区 2001～2016 年土地利用变化图及不同时段内地类面积分布图。

在空间分布上，研究区耕地大面积分布于研究区各地，并呈逐年减少趋势；建设用地呈片状较均匀分布于研究区内部，并呈组团状不断扩张趋势，其中，中部兰考县城区建设用地集聚现象较为明显；林地和水域主要分布于研究区北部大堤附近，且均呈逐年扩张趋势；未利用地呈斑块状零星分散于研究区东北部，并逐年减少。在数量结构上，研究区土地利用类型以耕地和建设用地为主，共占土地总面积的 80%以上，且受河南省农业大省发展定位的影响，该土地结构于当前及未来一段时间内不会改变。

总体上看，本书的研究中土地利用类型变化的方向与研究区实际发展趋势及政策要求有明显的一致性，基本符合《开封市土地利用总体规划(2006—2020 年)》中经济社会发展和生态文明建设的客观需求(河南省自然资源厅，2018)，但在发展的同时，仍需遵循耕地红线政策，并积极响应国务院颁布的《关于加强耕地保护和改进占补平衡的意见》以及开封市政府颁布的《关于进一步落实最严格耕地保护制度的实施意见》等耕地保护政策，构建耕地三位一体保护新格局，强化耕地数量、质量和生态的提高与保护。

基于 2.2.2 节第一部分对研究区土地利用时序变化的概述，为进一步揭示其空间演变格局特征，借助 ArcGIS 10.2 软件平台中 Python 逻辑脚本代码编写，对其进行空间可视化表达(图 2-5)。由图 2-5 可知，研究期间，5 种土地利用类型整体可划分为 5 组，即耕地转化为其他地类(林地、未利用地、水域、建设用地)、林地转化为其他地类(耕地、未利用地、水域、建设用地)、未利用地转化为其他地类(耕地、林地、水域、建设用地)、水域转化为其他地类(耕地、林地、未利用地、建设用地)、建设用地转化为其他地类(耕地、林地、未利用地、水域)。

从研究时段来看，2001～2008 年，耕地减少量最多。其中，经济发展、城镇化进程加快，人口规模不断扩大，对居住面积以及基础配套设施的需求急剧增加，使得研究区内建设用地快速扩张，耕地向建设用地转移最为明显，主要在研究初期原有建设用地的基础上，呈片状扩张趋势分散于研究区各地；为积极响应退耕还林政策、提高防灾抗灾能力和保护基本农田，研究区加大林地绿化以及防护林等的建设力度，其中，耕地向林地转移主要分布于研究区北部大堤附近以及小部分位于兰考县东南部水域附近，如刘店乡(+3.51km^2)、葡萄架乡(+0.25km^2)和仪封乡(+5.48km^2)；受黄河沿岸侵蚀的影响，约 13.79km^2 的耕地转变为未利用地，且主要分布在研究区北部大堤附近及东北部地区；同时，为优化“北方水城”建设，大力发展旅游业，开封市加大水利设施建设、水体治理力度，采取如沟渠清淤、水产开发等措施使得全区水域面积增加，其中耕地转变为水域主要分布在研究区西部。

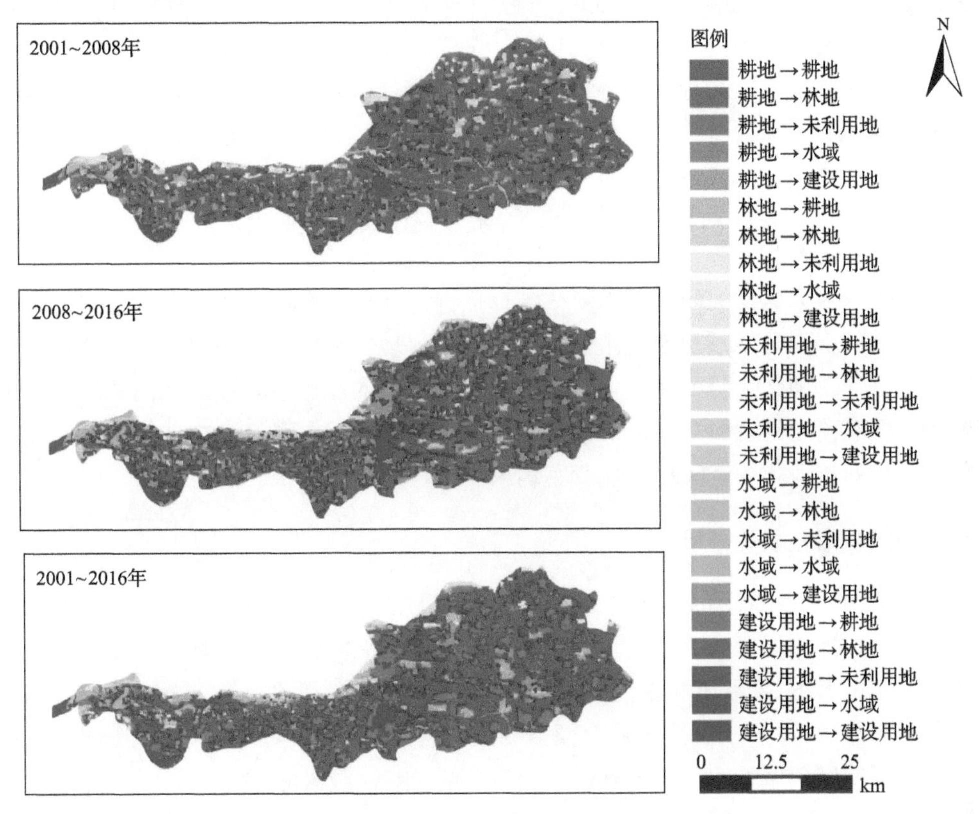

图 2-5 2001～2016 年黄河下游背河洼地区(开封段)土地利用类型空间变化图

2008～2016 年，耕地减少幅度较 2001～2008 年明显下降。其空间在分散扩张的基础上出现小区域集聚扩张的现象，如位居兰考县西部的城关镇和东坝头乡，其原因在于兰考县东部地势低洼，多为基本农田，且相对于东部而言，经济发展吸引力较弱，相反，兰考县西部近邻郑汴新区，且交通便利、地势开阔，同时，该发展趋势符合《兰考县城市总体规划(2013—2030)》中的发展规划要求。此外，受耕地占补平衡政策以及居民生活水平提高对环境绿化要求增加的影响，其他地类向耕地的转移趋势较为明显。其中，建设用地转移至耕地以分散态势分布于研究区各地，未利用地向耕地转移主要集中于东北部地区。同时，该阶段未利用地面积较研究初期仍呈持续减少趋势，其转移至林地的集聚趋势最为明显，主要分布于中北部大堤附近。

2001～2016 年，研究区土地利用变化趋势主要呈现由单一向建设用地转移转变为向耕地、林地、水域多种土地利用类型的相互转化。该阶段除耕地向建设用地转移外，其他地类向耕地和林地的转移也较为明显，其中，受土地节约集约利用方针等的影响，建设用地向耕地转移较多且分散于研究区各地，以转废为耕为主。受黄河河道变迁及亟须提高黄河南岸土壤防风固沙能力的影响，建设用地向林地转移则主要集中在北部大堤附近以及零星分散于研究区东部。

总体而言，研究期内黄河下游背河洼地区（开封段）土地利用类型空间格局演变较为明显，受市场经济的影响，研究初期，耕地非农化以及优质良田抛荒等问题，使得耕地向其他地类的转移最为突出，但研究后期，随着国家有关基本农田保护政策的颁布以及耕地后备资源的开发，其减少趋势正逐年放缓，整体来看，研究区土地利用类型变化正逐渐向受人类影响相对较小的可持续化方向发展。

2.3　土地变化空间相关性验证

我国是农耕大国，河南省是农耕大省，而开封被称为农耕大市，生态文明的建设离不开对耕地的保护。本书土地利用类型主要包括耕地、林地、未利用地、水域、建设用地五大类，而耕地作为研究区其他地类转变的直接输入而影响着地类之间的转变，进而影响整个研究区土地利用格局，因此，基于主导性原则，本章及下文选择研究区面积最大的地类构建该地类的空间相关性及驱动因子进行分析。

2.3.1　全局空间自相关分析

地理学第一定律表明事物在空间分布上是相互联系的（刘纪远等，2018）。而空间自相关可通过数据的集聚性或空间相互作用对变量间的空间依赖性进行检测来揭示空间变量的区域结构形态（陈吕凤和朱国平，2018），全局空间自相关模型可有效反映属性值在空间上的分布状态，本书选用全局空间自相关中的 Moran's I 来表示区域各空间单元耕地面积的关联程度和显著性，其计算公式如下（周晓艳等，2016）：

$$\text{Moran's I}=\frac{m\sum_{i=1}^{m}\sum_{j=1}^{m}W_{ij}(a_i-\overline{a})(a_j-\overline{a})}{\sum_{i=1}^{m}\sum_{j=1}^{m}W_{ij}\sum_{i=1}^{m}(a_i-\overline{a})} \tag{2-10}$$

式中，m 为空间单元总数；a_i、a_j 分别为在 i、j 空间上的取值；W_{ij} 为空间权重；$\overline{a}$ 为 a 的平均值。Moran's I 值区间为[−1,1]，接近于 1，表示其呈空间正相关；反之，则呈空间负相关，同时采用 Z 和 P 进行统计检验。

2.3.2　局部空间自相关分析

Moran's I 指数是一种总体统计指标，仅反映全域耕地在空间上分布的差异程度，并未指明集群所在位置及空间自相关的类型（Anselin，1988），需要空间自相关的局部指标解释局地各邻近单元间的互动关系。本书应用 ArcGIS 中 Hot Analysis 空间分析工具进行 Getis-Ord Gi*指数分析，采用自然断点法对研究区各乡镇单元耕地分布的冷、热点进行空间探索。

2.3.3　空间关联特征分析

1. 全局空间相关性验证

为进一步揭示各空间单元耕地分布的显著性和关联程度，基于耕地总体分异特征，根据式(2-10)，通过对 2001～2016 年黄河下游背河洼地区(开封段)耕地面积进行空间自相关分析，得到其 Moran's I 指数均为正(2001 年、2008 年和 2016 年 Moran's I 指数分别为 0.28、0.25、0.33)，*Z* 值均大于 1.96，且 2001 年、2008 年和 2016 年分别通过 5%、5%、1%的显著性检验，表明其耕地分布并不独立，在空间分布上呈显著集聚特征，且显著性逐年提升，即下文可运用局部空间自相关进行计算。

2. 局部空间相关性验证

在空间相关性验证的基础上，借助 ArcGIS 10.2 平台将 Getis-Ord Gi*指数进行空间可视化表达，以揭示黄河下游背河洼地区(开封段)耕地分布的集聚特征，并直观展示其空间分布冷、热点区域变化趋势(图 2-6)。

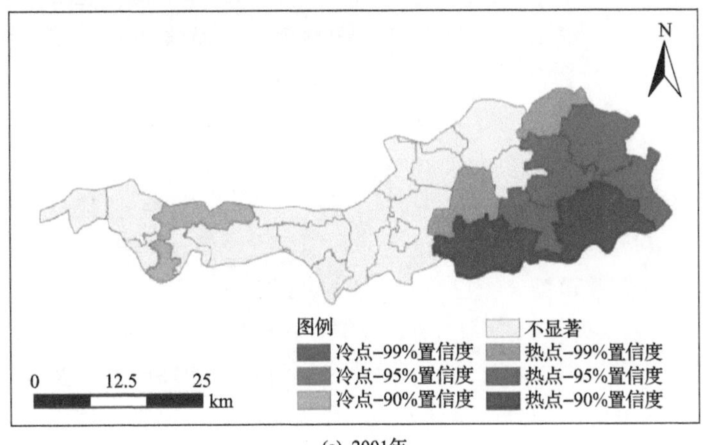

(a) 2001年

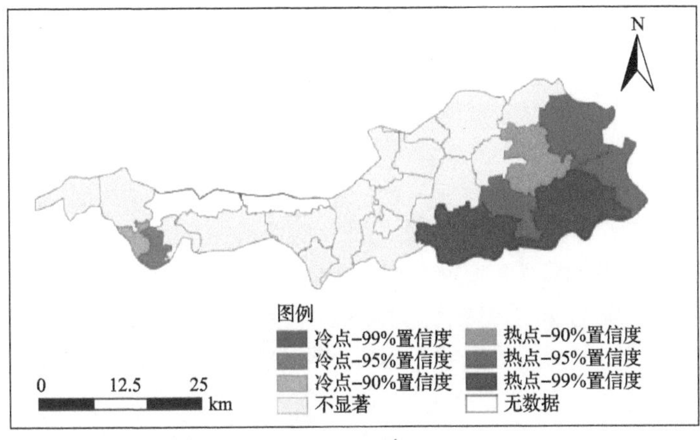

(b) 2008年

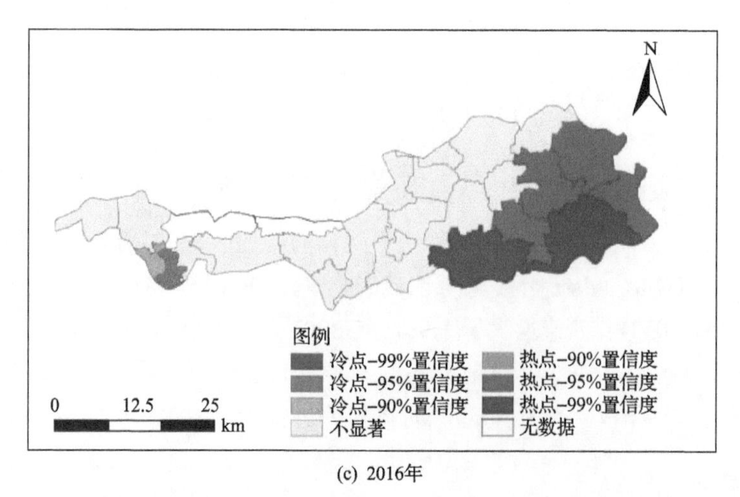

(c) 2016年

图 2-6　2001～2016 年研究区耕地分布热点分析图

由图 2-6 可知，2001～2016 年，研究区耕地分布集聚趋势变化不大。其中，显著性在 0.01 以上的热点区主要集中在东南部县域边界，如仪封乡、张君墓镇、葡萄架乡等地，这些区域的特点是多位于东南部地区，整体经济发展水平以及县域中心乡镇辐射带动能力弱，此外，受黄河河道由瓜营乡和谷营乡逐渐向北延伸的影响，该部分乡镇受黄河沿岸滩涂影响较小，粮食产出相对较高。16 年间耕地热点区在东南部地区出现小幅增强，其余基本未发生明显变化。冷点区主要集中于研究区西部，同时呈现小幅扩张现象，主要涵盖位于开封市主城区附近的北郊乡和东郊乡两地，其中，北郊乡隶属龙亭区，受地理区位影响，其交通便利，此外，工业强市战略实施后，该乡镇工业企业发展迅速，故其整体经济发展对耕地需求程度相对较低。东郊乡受经济社会发展的影响，对耕地需求逐渐降低，具体表现在其耕地面积由 2001 年的 11.43km^2 减少至 8.05km^2，而建设用地面积则由 6.37km^2 增加至 10.10km^2。综上而言，黄河下游背河洼地区（开封段）耕地分布呈现“小集聚大分散”现象，因此，在后续发展中，应进一步加强协调发展规划，严格控制新增建设用地规模，提高耕地质量，提高乡镇间的连带作用，以推动该区域统筹协调发展。

2.4　土地变化驱动因子分析①

土地变化的驱动力由多种动力因素构成，且不同时间和空间尺度上其驱动因子是不同的。耕地是由土地系统中的各个子系统构成的复合系统，其对土地系统中的经济、社会和生态具有承载作用（Zhou et al.，2017），因此，深入探讨耕地变化驱动因子之间的作用关系及变化规律，对预测研究区未来土地变化趋势及制定相应发展规划具有指导意义。黄河下游背河洼地区（开封段）隶属于中国农业大省，对保障国家粮食安全至关重要，但受耕地多功能转型及耕地非农化趋势的影响，其功能退化现象日渐突出（Song et al.，2015）。基于此，本书利用空间计量模型对耕地驱动机制进行定量分析，从而为研究区耕

① 本节 2016 年驱动因子分析中，以谷营乡代表现谷营镇，以城关镇、城关乡代表现兰阳街道办事处、铜乡街道办事处（故该年研究区共涉 23 个乡镇）；此处，鉴于惠安街道办事处多由原城关乡所辖村寨构成，因此未对其进行分析。

地可持续利用提供科学支撑。

2.4.1　变量选择

社会经济发展、人口增长及国家政策等外在作用是决定土地变化方向和趋势的主要驱动力，而土地利用类型的转变在一定程度上受交通和地形条件以及土地利用现状等内在因素的制约。因此，本书基于数据获取的可行性及样本量的充足性、典型性原则(李明薇等，2018)，结合研究区实际情况，选取对研究区土地变化影响较大的驱动因子进行综合分析，从区位、生产、生活三方面选取驱动因子，各指标及内涵如下。

1. 因变量

研究区隶属于河南省的粮食主产区，其粮食产量逐年增加，但随着中原城市群建设逐渐上升为国家战略，加上受“一带一路”倡议的影响，研究区所属的开封市作为著名的旅游城市，其耕地保护形势日趋严峻。因此，本书选取耕地作为因变量。

2. 自变量

由于研究区范围较小，地形、气候等自然生态系统对研究区土地利用变化的影响不大，在结合研究区实际情况并参考相关文献的基础上(刘继来等，2017；刘纪远等，2009)，根据数据的典型性和完整性，选取区位因素、生产因素和生活因素，共 13 个变量进行研究，具体指标见表 2-7。

表 2-7　评价指标体系

指标类型	因子系统		解释变量
因变量	Y		耕地/km^2
自变量	A	B	
	区位因素	X_1	距区域中心距离/km
		X_2	距公路距离/km
		X_3	距河流距离/km
		X_4	距铁路距离/km
	生产因素	X_5	人均 GDP/人
		X_6	固定资产投资/10^4 元
		X_7	工业增加值/10^4 元
		X_8	粮食总产量/t
		X_9	农林牧渔业产值/10^4 元
	生活因素	X_{10}	地区总人口/人
		X_{11}	非农业人口/人
		X_{12}	农村用电量/[10^4(kW · h)]
		X_{13}	人均财政支出/人

注：①区位变量基于 ArcGIS 10.2 平台中的近邻分析工具获取。②由于原始数据量纲之间存在的差异影响数据之间的相互比较，故本章数据均基于 SPSS 软件采用 *Z*-score 法对数据进行标准化处理，以消除因单位差异所带来的影响。③研究区涵盖三区一县的区位差异，其中三区所涉乡镇的 X_1 指距开封市市政府所在地的距离，一县所涉乡镇的 X_1 指距兰考县城中心的距离。

区位因素：在小尺度研究中，区位条件对当地的土地变化数量和方向具有显著影响。综合相关参考文献(马丰伟等，2017)，本书选取距区域中心距离、距公路距离、距河流距离、距铁路距离来反映研究区地理位置特征。

生产因素：耕地变化的主要动力源为社会经济水平的提高，且其发展程度对研究区土地利用变化和方向具有重要的影响，因此，在参考相关研究的基础上(张英男等，2017；娄和震等，2014)，选取人均 GDP、固定资产投资、工业增加值、粮食总产量和农林牧渔业产值来反映区域生产发展对耕地的影响。

生活因素：居民的生产生活状况在一定程度上会对研究区发展水平产生影响，如高的生产生活水平将导致建设用地的刚性需求增加，基于相关研究(刘纪远等，2009；张保华等，2009)，选取地区总人口、非农业人口、农村用电量和人均财政支出作为生活系统的解释变量进行分析。

2.4.2　全域空间计量分析

由于邻近单元耕地分布存在显著的空间相关性，因此，为探讨耕地变化的影响因素，引入空间计量模型，以弥补传统计量模型在空间溢出效应下未能反映耕地变化的影响因素的不足(Anselin，1988)。本书基于传统最小二乘回归模型(OLS)，选用空间滞后模型(SLM)和空间误差模型(SEM)(Zhao et al.，2017)，以进一步揭示研究区耕地的空间相关性并选取最优空间模型。

1. 计量模型

参考 Anselin 提出的选择空间模型的决策规则(Anselin et al.，1996)，在模型分析的基础上考虑空间依赖性，基于 OLS 模型，判断是否存在空间依赖性，并根据结果选择恰当的空间计量模型。SLM 模型主要揭示不同变量间是否存在空间相关性，以及邻近区域是否对研究区存在扩散(溢出)效应；SEM 模型主要用于验证邻近区域因变量误差对局部区域观测值的影响，其计算公式如下(陈江涛等，2018)。

$$\text{SLM：}\ y=\rho Wy + X\beta + \varepsilon \tag{2-11}$$

$$\text{SEM：}\ y=X\beta + \varepsilon\text{，其中，}\ \varepsilon = \lambda W\varepsilon + \mu \tag{2-12}$$

式中，y 为因变量；ρ 为回归系数；W 为权重矩阵；β 为自变量 X 的相关系数；ε 为随机误差项；λ 为空间误差系数；μ 为随机误差向量。模型选择的基本原则为：在统计学上，LM-LAG 较 LM-ERR 显著，且 Robust LM-LAG 显著 Robust LM-ERR 不显著时，应使用 SLM 模型；反之，则使用 SEM 模型(Griffith，1988)。

2. 空间计量模型检验

由 2.3 节可知，研究区耕地变化在空间上存在明显的集聚特征，为进一步判断空间依赖性，对其进行空间计量模型检验，由表 2-8 可知，空间计量模型 R^2 均达 0.75 以上，拟合结果较好，可对其进行分析。其中，2001 年、2016 年黄河下游背河洼地区(开封段)的 Robust LM-ERR 均较 Robust LM-LAG 显著，即 SEM 模型对于揭示 2001 年、2016 年的耕地变化更为合适，由此表明，研究区耕地的空间变化不仅受本底变量的影响，而且更多依赖于邻近乡镇不同因素之间的相互作用。因此，对研究区耕地变化的管理不仅依赖于当地政策的指导，而且应注重邻近单元的互通性，充分发挥各乡镇间的连带作用。而 2008 年耕地变化的 LM-LAG 更为显著，即用 SLM 模型来解释 2008 年耕地变化更为合适。

表 2-8　2001 年、2008 年、2016 年耕地驱动因子 OLS 估计

变量	2001 年	2008 年	2016 年
R^2	0.839	0.903	0.793
LM-LAG	0.044	3.135*	0.170
Robust LM-LAG	3.941**	6.939***	1.745
LM-ERR	1.817	0.331	2.140
Robust LM-ERR	5.712**	4.135**	3.715*
LM-SARMA	5.757	7.270**	3.885

***、**、*分别表示通过 1%、5%、10%显著性检验。

注：为充分展示各变量的影响差异，该表及下文对回归系数的估计均保留不同位数。

3. 全域空间模型检验结果分析

根据以上验证结果，对影响耕地变化的相关因子进行回归分析。由表 2-9 可知，2001 年、2016 年耕地变化 SEM 模型以及 2008 年耕地变化 SLM 模型拟合度分别为 0.857、0.863、0.927，均高于 OLS 模型，且赤池信息准则(AIC)、施瓦茨准则(SC)值均较 OLS 模型有明显降低[其中，OLS 模型 AIC、SC 值分别为：2001 年(51.104 和 68.717)、2008 年(37.807 和 55.420)和 2016 年(55.587 和 73.200)]，综合判断可知考虑空间因素的 SEM 模型和 SLM 模型优于 OLS 模型。

表 2-9　2001 年、2008 年、2016 年耕地变化驱动因子的空间回归结果

变量	2001 年 SEM	2008 年 SLM	2016 年 SEM
自变量	0.009	0.418***	0.101**
X_1	0.808***	−0.066	1.064***
X_2	−0.043	0.729***	−0.189*
X_3	−0.068	−0.193**	−0.198
X_4	−0.704***	−0.683***	−1.081***
X_5	0.082	0.254	0.424
X_6	0.313***	−0.204	−0.030
X_7	0.178*	0.273**	0.068
X_8	−0.603**	−0.505***	−0.195
X_9	0.103	0.650***	0.435**
X_{10}	1.370***	0.816***	0.375**

续表

变量	2001 年 SEM	2008 年 SLM	2016 年 SEM
X_{11}	-1.228^{***}	-0.565^{***}	−0.003
X_{12}	−0.038	0.107	0.097
X_{13}	0.113	−0.337	-1.024^{***}
R^2	0.857	0.927	0.863
AIC	32.817	34.075	49.880
SC	50.430	52.947	67.494

***、**、* 分别表示通过 1%、5%、10%显著性检验。

由表 2-9 可知，2001～2016 年，耕地变化受 X_4(距铁路距离)、X_{10}(地区总人口)影响最大，且除 2016 年 X_{10}(通过 5%显著性检验)外，其余均通过 1%的显著性检验，其中 X_4 对耕地变化呈负向作用，X_{10} 呈正向作用。其原因在于研究区所处区位内含部分陇海铁路以及郑徐高速铁路，而通常情况下铁路多位于郊区，虽铁路修建必然占用部分耕地，但就研究区整体而言，二者呈反比例趋势发展的结果符合实际情况。此外，受 18 亿亩[①]耕地红线、耕地占补平衡等政策以及研究区所处的粮食生产核心区区位因素的影响，地区总人口增加对人均耕地面积影响较大，而对耕地总面积减少的影响并不大，且其相关性在逐渐减弱。

除此之外，区位因素上，除 2008 年外，X_1(距区域中心距离)对耕地变化的影响逐渐增强，且随着社会经济的发展，研究区受公路里程的影响逐渐明显。生产因素上，X_6(固定资产投资)、X_7(工业增加值)对耕地变化稍有正向影响，但在研究后期影响逐渐消失，其原因可能与耕地自身属性(土壤、地质等原因)以及开封市的“国家历史文化名城”定位有关。而 X_8(粮食总产量)在 2001～2008 年对耕地变化呈负向作用，X_9(农林牧渔业产值)在 2008～2016 年对耕地变化影响较明显，表明经济发展使得单位面积粮食产量逐渐增多，且农林牧渔业产值越高的地区耕地出现的概率越大。生活因素上，除 X_{10} 外，X_{11}(非农业人口)在 2001～2008 年回归系数为负值，表示非业农人口越多的地区耕地越少，即耕地转为其他用地的概率越大，而该趋势受耕地保护政策的影响在 2008～2016 年逐渐消失。其中，2016 年 X_{13}(人均财政支出)的负向作用较为突出，表现为人均财政支出每提升 1 个百分点，耕地降低 1.024%，说明人均财政支出越大的地区，耕地转出概率越大。综上可知，受多种因素的影响，在维持耕地红线的同时，其数量在逐年减少已成为不争的事实，且综合研究区实际情况，其发展定位更多侧重于人文景观方面，这在一定程度上对耕地的扶持力度较弱，因此，后续发展中应根据各乡镇实际情况，科学划定土地用途分区，逐渐将土地整治与高标准农田建设相结合，以提高耕地质量来缓解粮食安全的压力。

2.4.3 局域空间影响分析

空间计量模型虽可从全域角度分析耕地变化的影响因素，但当局部空间存在异质

① 1 亩≈666.7m^2。

性时，典型的空间计量模型并不能准确揭示各变量对不同空间单元的影响，且无法反映耕地在空间上因地理环境的变化而存在的非稳定性现象。地理加权回归模型(geographically weighted regression，GWR)是对传统线性回归模型的改进，在嵌入空间因素的基础上，有效反映了变量的空间异质性，使结果更符合实际情况(高晓光，2016)。本书为检验并消除指标间多重共线性问题，首先通过OLS模型估计，将超过5%显著性水平的变量剔除，并将调整后的变量通过ArcGIS10.2软件中的GWR工具进行GWR建模分析。

1)OLS模型

为保证GWR模型的准确性，在此之前进行OLS线性回归，通过逐步回归筛选出影响耕地变化的因素，其计算公式如下(宫宁等，2016)：

$$y = \beta_0 + \sum_{k=1}^{p} \beta_k \alpha_k + \varepsilon \tag{2-13}$$

式中，y为因变量；β_0为截距常量；k为自变量个数，共p个；β_k为回归系数；α_k为第k个自变量；ε为误差项。

2)GWR模型

GWR模型可定量研究空间非平稳性，且已在相关领域得到广泛应用(Cohen et al., 2015)，其计算公式如下：

$$y_i = \beta_0(u_i, v_i) + \sum_{k} \beta_k(u_i, v_i) x_{ik} + \varepsilon_i \tag{2-14}$$

式中，y_i为观测值；(u_i, v_i)为i地区的地理坐标；$\beta_0(u_i, v_i)$为i点上第k个自变量的回归参数；k为自变量个数；$\beta_k(u_i, v_i)$为连续函数$\beta_k(u, v)$在点(u_i, v_i)处的值；x_{ik}为第k个自变量在i点的值；ε_i为满足正态分布的随机误差。

为避免因乡镇点数较少对估计结果造成影响，本书在计算时采用高斯函数确定权重，其计算公式如下(邱孟龙等，2019)：

$$W_{ij} = \begin{cases} \exp^{-\frac{1}{2}\left(\frac{d_{ij}}{b}\right)^2} \\ 0 \end{cases} \tag{2-15}$$

式中，d_{ij}为点i和j之间的距离；b为带宽。当$d_{ij} < b$时为式(2-15)的上式，$d_{ij} > b$时为式(2-15)的下式。此外，权重计算受带宽影响较大，且相关研究表明，AIC信息准则较其他方法更易于与传统回归模型进行比较(袁玉芸等，2016)，因此，本书以AIC确定最优带宽，其计算公式如下(杨斯棋等，2018)：

$$\mathrm{AIC_c} = 2n\ln(\sigma) + n\ln(2\pi) + n\left(\frac{n + \mathrm{tr}(S)}{n - 2 - \mathrm{tr}(S)}\right) \tag{2-16}$$

式中，n 为观测指标数量；σ 为误差估计标准差；$tr(S)$ 为 GWR 模型 S 矩阵的迹，代表带宽函数。

1. OLS 模型结果分析

根据式(2-13)分别检验 2001 年、2008 年和 2016 年黄河下游背河洼地区(开封段)耕地变化与各变量之间的关系。由运算结果表 2-10 可知，除 2008 年含 X_1(距区域中心距离)外，其余变量对耕地变化的影响趋势与空间计量模型计算结果得到的影响趋势一致，表明研究结果可靠性较高。此外，对数据探析发现，多重共线性问题在研究年份内均存在，加之受自身以及外部因素的影响，最终确定的影响变量稍有差异，具体如下。

表 2-10 OLS 模型运算结果

年份	变量	系数	校正决定系数
2001	X_6	0.29456^{*}	0.66469
	X_{10}	1.32917^{**}	
	X_{11}	-1.16355^{***}	
2008	X_1	1.06473^{**}	0.79893
	X_4	-0.93974^{**}	
	X_8	-0.49842^{*}	
	X_9	0.50156^{*}	
	X_{10}	0.78366^{**}	
2016	X_1	1.04060^{*}	0.56864
	X_4	-1.05354^{*}	
	X_{10}	0.23836^{*}	
	X_{13}	-1.03413^{**}	

***、**、* 分别表示通过 1%、5%、10%显著性检验。

由表 2-10 可知，2001～2016 年，X_{10}(地区总人口)对耕地变化存在正向影响，且其相关性在逐渐减弱，由 2001 年的 1.32917 降低至 2016 年的 0.23836，表明在研究初期人口规模对耕地变化存在较强烈的正向作用，但随着经济发展以及多种因素的综合作用，该正向作用呈降低趋势。2001 年生产和生活因素对耕地变化影响较大，其中 X_6(固定资产投资)、X_{10}(地区总人口)、X_{11}(非农业人口)影响效果较为突出，且 $X_{11}>X_6$，其中除 X_{11} 呈负相关外，其余均呈正相关，表明城镇人口的增加使耕地变化的可能性增大。2008～2016 年，在原有的基础上，区位因素对耕地变化的影响逐渐增强，尤以 X_1(距区域中心距离)、X_4(距铁路距离)变量的影响为主。此外，2008 年，X_8(粮食总产量)呈负向作用，表明耕地面积的减少对耕地质量提高有一定刺激作用，而 X_9(农林牧渔业产值)、X_{10}(地区总人口)则相反，说明农林牧渔业产值的提高与人口规模的扩大在一定程度上可有效促进耕地保护政策的有效落实，如现代化农业中的大棚生产技术等。2016 年增加了 X_{13}(人均财政支出)，表明受城市化、工业化的影响，政府调控更多地侧重第二、第三产业发展，从而导致人均财政支出越高的地区，耕地转出率越大。

2. OLS 模型与 GWR 模型评价

调整后的 R^2 与 AIC_c 可用来比较 OLS 模型与 GWR 对统计参数拟合效果的优越(Su et al.，2012)。其中，R^2 值的范围为[0，1]，值越大表明越能够准确地评估模型的性能，而 AIC_c 可用来反映模型的执行效果，值越小表明模型越具有较好的解释力。同时，本书在此基础上采用 Moran's I 值对自变量残差项是否独立进行判断，Moran's I 值的范围为[–1, 1]，值越接近于 0 表明空间上越呈离散状态，即模型越能满足残差项独立分布的假设。

图 2-7 揭示了 2001～2016 年 OLS 模型与 GWR 模型的 AIC_c、调整后的 R^2、残差的 Moran's I 值，GWR 模型的回归结果整体上优于 OLS 模型。其中，2001 年、2016 年 GWR 模型的 R^2 均高于 OLS 模型，表明该研究期内 GWR 模型对耕地变化影响因素的拟合效果更优，而 2008 年 OLS 模型 R^2 值达到 0.7989，高出 GWR 模型 11.21%，即模型解释了 79.89%的乡镇耕地变化，表明在拟合效果上 OLS 模型较为合适，但其 AIC_c 值却高出 GWR 模型 27.15%，且残差 Moran's I 值为–0.75，即其残差项在空间上存在负相关态势。此外，GWR 模型的 AIC_c 值均明显低于 OLS 模型，且残差较 OLS 模型在空间上呈离散分布的可能性更大，因此，综合比较而言，GWR 模型回归结果的精度较高。

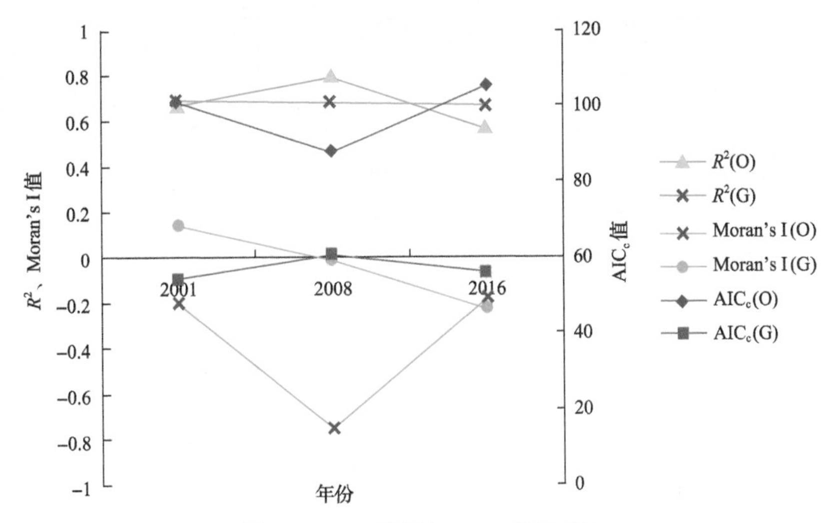

图 2-7　OLS 模型与 GWR 模型对比

“(O)”表示 OLS 模型；“(G)”表示 GWR 模型；“R^2”表示调整后的 R^2；“Moran's I”表示对残差的分析

3. GWR 模型结果分析

依据 OLS 模型筛选出影响耕地变化的主要变量，对其进行多次 OLS 检验并根据各变量显著性水平及方差膨胀因子(VIF)检验是否存在多重共线性问题的变量，结果表明，

OLS 模型所得结果均通过显著性水平检验且不存在多重共线性问题。在此基础上，进行 GWR 模型回归分析，在 GWR 模型结果中，各变量对耕地变化的影响因空间单元的不同而不同，每个乡镇均有其特定的回归系数。

根据式(2-14)得到局域耕地变化空间相关性的检验结果，对各变量的回归系数进行统计，得到最小值、下四分位值、中位值、上四分位值、最大值和平均值。由表 2-11 可知，通过显著性水平检验的相关变量在空间上均较为稳定，对研究区各乡镇耕地变化呈正(负)向影响。其中，从回归系数中位值来看，对耕地变化影响较大的变量分别为 X_{10}(地区总人口)(2001 年)和 X_1(距区域中心距离)(2008 年、2016 年)。

表 2-11　GWR 模型回归系数描述性统计

年份	变量	最小值	下四分位值	中位值	上四分位值	最大值	平均值
2001	X_6	0.32520	0.33446	0.34383	0.35598	0.36184	0.34450
	X_{10}	0.63502	0.67121	0.70732	0.73267	0.76470	0.70316
	X_{11}	–0.82876	–0.82021	–0.81528	–0.80844	–0.79762	–0.81465
2008	X_1	0.72756	0.72782	0.72800	0.72829	0.72862	0.72805
	X_4	–0.41366	–0.41382	–0.41354	–0.41346	–0.41336	–0.41356
	X_8	–0.01735	–0.01712	–0.01698	–0.01675	–0.01643	–0.01694
	X_9	0.37089	0.37155	0.37212	0.37245	0.37295	0.37201
	X_{10}	0.48081	0.48082	0.48083	0.48084	0.48084	0.48083
2016	X_1	1.08841	1.08867	1.08888	1.08920	1.08952	1.08892
	X_4	–0.82079	–0.82077	–0.82074	–0.82071	–0.82069	–0.82074
	X_{10}	0.35534	0.35567	0.35598	0.35618	0.35644	0.35594
	X_{13}	–0.49100	–0.49085	–0.49071	–0.49050	–0.49029	–0.49068

2001 年、2008 年、2016 年各乡镇局域回归模型的标准残差值范围分别为[–1.96548，1.77927]、[–3.05007，2.45819]、[–2.06651，1.97808]，除 2008 年为 96.15%外，其余均以 100%的残差值在[–2.58，2.58]范围内，说明其残差在空间上呈随机独立分布的可能性较大。

4. 局域驱动因素空间异质性分析

由于各估计参数随自变量侧重点的不同而不同，为进一步探究黄河下游背河洼地区(开封段)各乡镇耕地变化影响因素的空间差异性及分异机制，基于 GWR 模型对各影响变量进行空间系数估计，将各空间单元系数估值通过自然断点法进行空间可视化表达，以明确不同变量的影响程度。总体来看，2001～2016 年黄河下游背河洼地区(开封段)区位因素、生产因素、生活因素对土地变化的总体空间格局特征并未发生显著性改变，但其可判定研究区局域不同空间位置模型拟合度的优劣，就各指标对不同乡镇土地变化的影响程度及其空间分布而言，存在较大变化。

1）区位因素影响的空间分异

区位因素主要包括距区域中心距离（X_1）和距铁路距离（X_4）指标，且均在研究后期（2008～2016 年）影响逐渐增强。从距区域中心距离来看（图 2-8），该变量与耕地变化呈正相关趋势。距铁路距离则整体呈现负相关趋势（图 2-9）。从空间差异性来看，两变量的回归系数在空间上差异均不大，距区域中心距离回归系数中高值区主要集中在西部水稻乡、柳园口乡、北郊乡等地，低值区则分布于东部兰考县边界的南彰镇、许河乡、张君墓镇等地，整体呈现出由东部乡镇向西部乡镇递增的递进结构。距铁路距离回归系数分布则相反，高值区集中于东部地区，并逐渐向东北部转移，低值区集中于西部地区，但范围在逐渐缩小，整体呈现出由西向东逐渐递增的趋势。

值得注意的是，距区域中心距离回归系数的空间分布结构与 2008～2016 年耕地分布冷、热点区基本相反，距区域中心距离回归系数的高值区和低值区基本与耕地分布的冷点区（不显著区）和热点区相一致，而距铁路距离回归系数的高值区和低值区则与耕地分布的热点区和冷点区基本一致，表明距区域中心距离对耕地出现概率高的地区有抑制性和对耕地出现概率低的地区有开放性，因此，在推动乡镇经济发展的同时，应注重对耕地的保护，合理规划用地布局，严控耕地非农化趋势，提高土地利用效率。

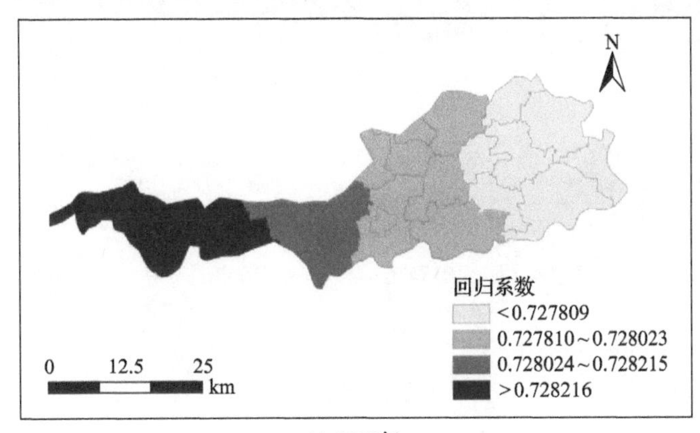

(a) 2008年

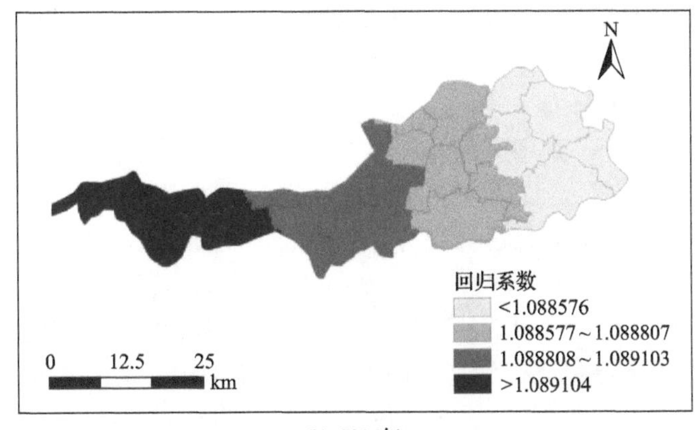

(b) 2016年

图 2-8　距区域中心距离（X_1）回归系数空间分布

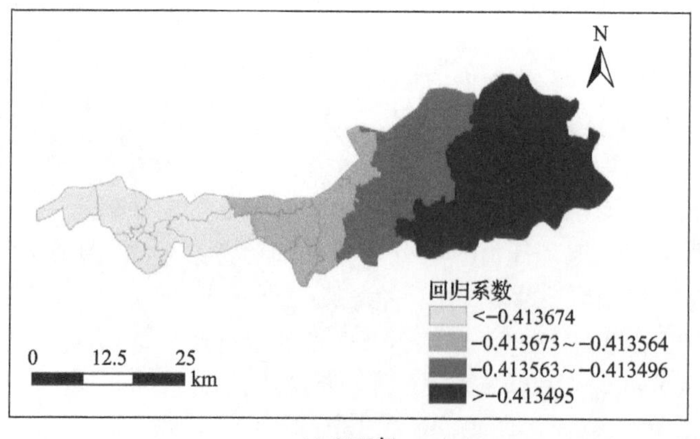

(a) 2008年

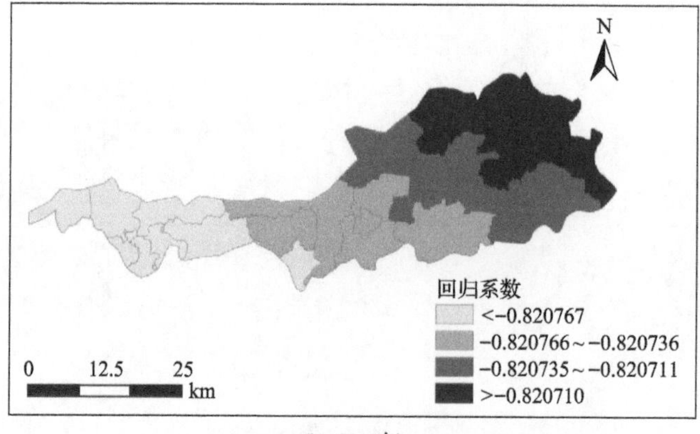

(b) 2016年

图 2-9 距铁路距离(X_4)回归系数空间分布

2)生产因素影响的空间分异

生产因素主要包括固定资产投资(X_6)(2001 年)、粮食总产量(X_8)(2008 年)、农林牧渔业产值(X_9)(2008 年)指标，且其对耕地变化影响的空间异质性主要体现在研究初期(2001～2008 年)。从固定资产投资和农林牧渔业产值来看(图 2-10 和图 2-11)，其对耕地变化的影响均呈正相关趋势，而粮食总产量则呈负相关趋势(图 2-12)。

从其回归系数的空间分布来看，2001 年的固定资产投资和 2008 年的粮食总产量回归系数均呈现从东部向西部递增的趋势，并在西部形成高值集聚区。就 2001 年固定资产投资而言，由图 2-10 及表 2-11 可知，固定资产投资对耕地变化的影响在空间上波动不大，其回归系数的高值区和低值区分别与当年耕地分布的冷点区和热点区存在一定重合区域，如高值区(冷点区)的东郊乡以及低值区(热点区)的南彰镇、许河乡，这体现了耕地转入率低的地区对固定资产投资的高敏感性和转入率高的地区对固定资产投资的低敏感性。就 2008 年粮食总产量而言(图 2-11)，则体现了耕地转入率低的地区对粮食总产量的高敏感性(如东郊乡)以及转入率高的地区对粮食总产量的低敏感性，其原因在于研究区以龙亭区为主，其经济发展水平较 2001 年迅速提高，旅游业如黄河滩区的开发等占用部分耕地，增加单位面积粮食产量逐渐成为缓解粮食安全压力的主要途径。

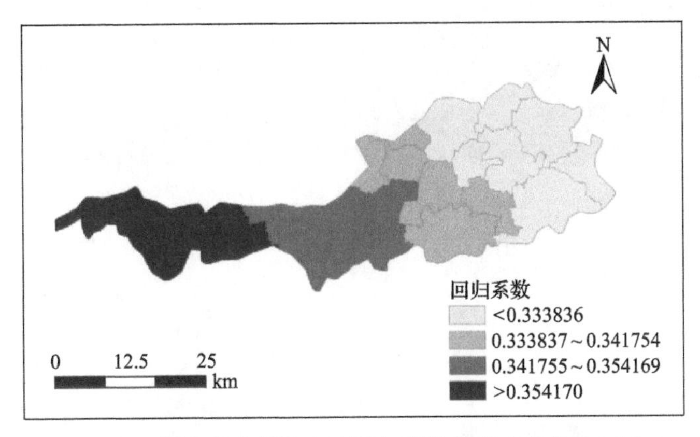

图 2-10　固定资产投资(X_6)回归系数空间分布(2001 年)

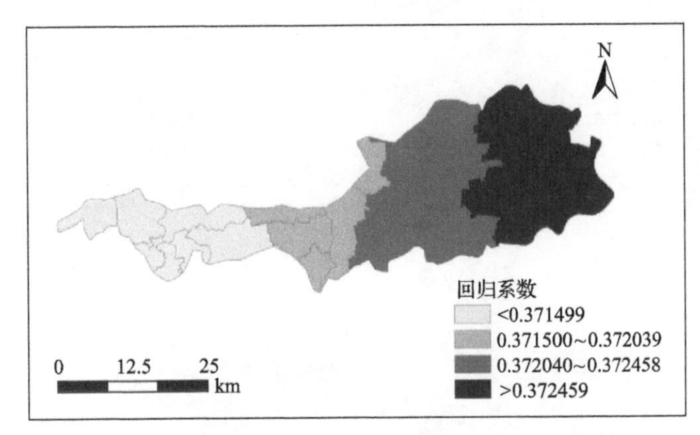

图 2-11　农林牧渔业产值(X_9)回归系数空间分布(2008 年)

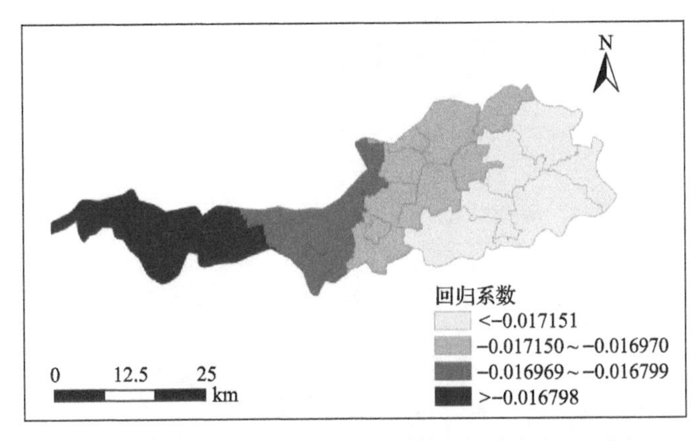

图 2-12　粮食总产量(X_8)回归系数空间分布(2008 年)

而 2008 年的农林牧渔业产值则呈现东高西低的态势，高值区集中在兰考县南彰镇、许河乡和张君墓镇，且其回归系数的低值区和高值区分别与当年耕地分布的热、冷点区较为一致，表明农林牧渔业产值高的地区耕地出现的概率较高，低值区耕地出现概率较低，且其空间分布较为稳定。

3）生活因素影响的空间分异

生活因素主要包括地区总人口（X_{10}）、非农业人口（X_{11}）和人均财政支出（X_{13}）指标。其中，由表 2-11 和图 2-13 可知，地区总人口在 2001～2016 年对耕地变化均存在不同程度的正向影响，但其相关性在逐年降低，即受耕地保护政策（如耕地占补平衡等）的影响，人口规模对耕地变化的影响力在逐渐减弱。而由图 2-14、图 2-15 可以看出，非农业人口

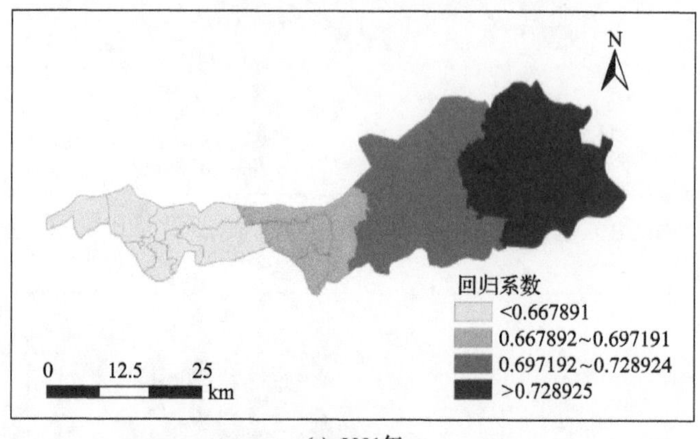

(a) 2001年

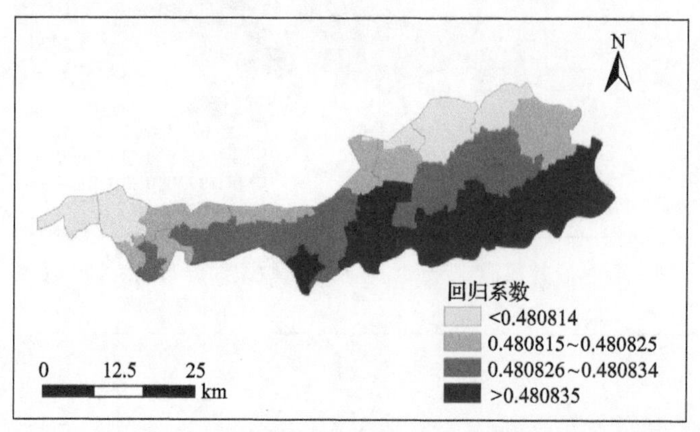

(b) 2008年

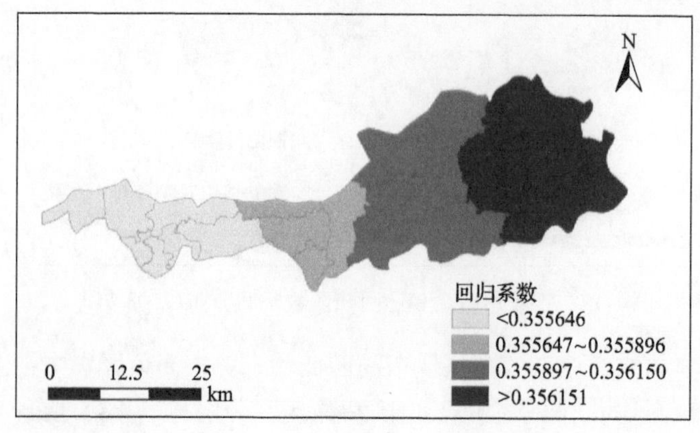

(c) 2016年

图 2-13　地区总人口（X_{10}）回归系数空间分布

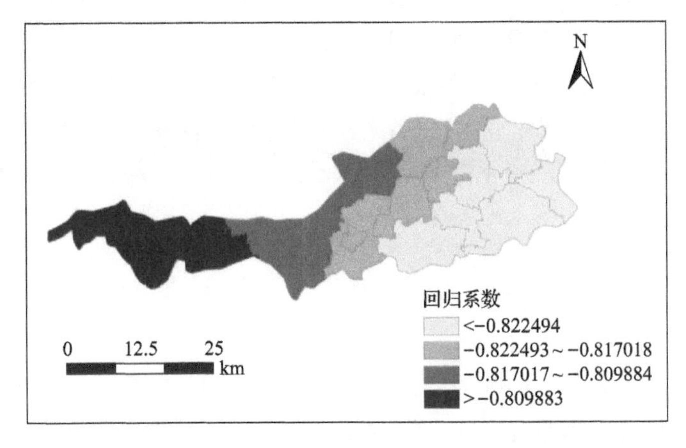

图 2-14　非农业人口(X_{11})回归系数空间分布(2001 年)

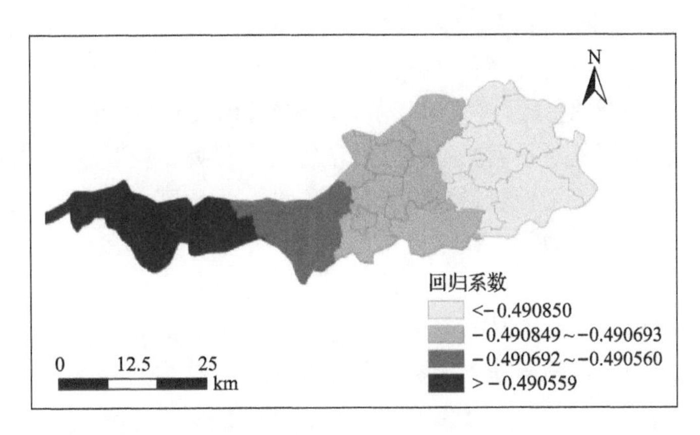

图 2-15　人均财政支出(X_{13})回归系数空间分布(2016 年)

(2001 年)和人均财政支出(2016 年)对耕地变化的影响呈现负相关的趋势，且主要集中于西部开封市主城区附近，表明非农业人口和人均财政支出高的地区耕地转出率较高。

从地区总人口的空间异质性来看，对耕地变化影响整体呈东高西低态势，高值区集中于兰考县东部，除 2008 年向东南部转移外，到 2016 年又逐渐转移回东部，其原因在于自 2009 年实施耕地保护红线以来，研究区耕地面积减少速度明显趋缓，具体表现为由 2001～2008 年减少了 156.96km^2 降低到 2008～2016 年减少了 92.70km^2。其中，2008 年，罗王乡呈现独立的高值区，其原因在于 2008 年罗王乡耕地面积仅占研究区耕地总面积的 1.97%，而地区总人口达 48179 人，较多的人口拥有较少的耕地，但其粮食总产量却高达 46970t(占当年研究区乡镇首位)，说明人口规模的扩大促使耕地质量提高，这在一定程度上缓解了耕地减少对粮食安全带来的不利影响。因此，在后续土地整治过程中，应侧重提升耕地质量，达到优化布局、提高产能的效果。

由此可见，一般线性回归模型将研究区看作一个整体，是对其整体趋势的拟合或平均描述，而 GWR 模型是一种局域空间分析法，可以得到研究区内部空间关系，从而确定不同变量是否对耕地变化存在空间非平稳性。由对图 2-8～图 2-15 的分析可以看出，在区位因素和生产因素对耕地变化的影响下，生活因素的影响正逐渐增强。值得注意的是，总体来看，除固定资产投资(X_6)、地区总人口(X_{10})、非农业人口(X_{11})三个变量外，其余变量对耕地变化的总体影响不大，但仍具有局域空间异质性，表明固定资产投资(X_6)、地区总人口(X_{10})、非农业人口(X_{11})对于背河洼地区耕地变化呈现明显的空间非平稳性。因此，在后续制定黄河下游背河洼地区(开封段)土地利用管理方案及区域发展规划时，应侧重该因素对区域土地变化的影响。

2.5 小 结

本书以黄河下游背河洼地区(开封段)为研究对象，从乡镇视角出发，对该区域土地利用变化的时空特征及驱动力进行分析，研究内容包括研究区土地利用类型的时空演变、土地变化空间相关性验证以及土地变化驱动因子分析三部分，在此基础上揭示研究区内土地变化的内在机制，深入了解土地变化与经济发展、农业生产及生态保护的相互关系，以期为合理配置、利用土地资源和维持经济与农业均衡发展提供依据。结论如下：

(1)利用 Landsat 卫星数据对黄河下游背河洼地区(开封段)近 16 年土地覆被影像进行解译，基于地学知识及遥感图像处理软件进行监督分类，获取三期 30m×30m 分辨率栅格土地利用数据集，经过计算得到，黄河下游背河洼地区(开封段)土地覆被空间格局变化明显，土地资源以耕地为主，建设用地次之，水域、林地和未利用地面积较少。空间布局上，耕地大面积分布于研究区各地，建设用地呈片状集中于研究区内部的乡镇中心区，并呈组团状向外扩张，林地和水域集中于研究区北部大堤附近，未利用地则零星分散在研究区东北部。不同土地利用类型的变化与社会经济的发展、公众生态环境保护意识的提高以及相关政策的颁布实施密不可分。从土地变化数量来看，研究区耕地、未利用地呈递减趋势，而建设用地、水域、林地则相反，其中，耕地的不断缩减主要源于建设用地的急剧扩张。从土地变化速率来看，建设用地和林地增长速率最高，水域次之，而耕地和未利用地则呈相反趋势演变，其中，受耕地基数的影响，其变化率并不大，但由于研究区属传统农业区，农业是社会经济发展的首要推动力，因此其变化所衍生的影响仍不容忽视。从土地利用类型变化来看，在快速城市化、工业化和农业现代化的背景下，受郑汴一体化及沿黄旅游业发展的影响，耕地主要与建设用地相互转换；林地部分转入源来自建设用地；水域主要与耕地、未利用地和建设用地之间相互转换。

(2)基于 ArcGIS 10.2 软件平台，将研究区的土地利用数据与行政边界数据进行叠置分析，通过斑块计算及统计分析获取各乡镇地类面积，并针对耕地这一类型进行空间相关性验证。研究期间，黄河下游背河洼地区(开封段)耕地在空间上呈现“小集聚大分散”现象，空间集聚特征显著，且具有明显的正相关性。就其冷热点分布来看，位于研究区东南部的乡镇受黄河滩涂影响较小，耕地质量相对较高，且热点区呈小幅增强趋势，而冷点区主要集中于西部开封市主城区附近，其整体经济发展对耕地需求不大。在未来发展中需增强乡镇间的连带作用，推动区域统筹协调发展。

(3)本书基于区位因素、生产因素、生活因素三方面共 13 个典型因子，采用空间计量模型对黄河下游背河洼地区(开封段)耕地驱动机制进行全域空间定量分析，经多项指标对比分析，得到空间计量模型明显优于传统 OLS 模型，其中，SEM 模型适用于 2001 年、2016 年耕地驱动因子分析，SLM 模型适用于 2008 年驱动因子分析。具体表现为受区位因素及郑汴一体化发展的影响，地区总人口和距铁路距离对耕地变化的影响较大，在未来发展中应重视土地整治与高标准农田建设的结合，将提高耕地质量作为缓解粮食安全的首要措施。

(4)基于 GWR 模型对黄河下游背河洼地区(开封段)局部耕地变化进行定量分析，经模型验证得到 GWR 模型较 OLS 模型更能准确揭示研究区耕地变化影响因素。整体来看，地区总人口和距区域中心距离对耕地变化影响较大，且三类变量系统中，生活因素对耕地变化的影响正逐渐增强。因此，人类活动仍是耕地变化的主导因素，在后续土地整治过程中，应侧重提升耕地质量，达到优化布局、提高产能的效果。

参考文献

陈江涛, 张巧惠, 吕建秋. 2018. 中国省域农业现代化水平评价及其影响因素的空间计量分析[J]. 中国农业资源与区划, 39(2): 205-213.

陈吕凤, 朱国平. 2018. 基于地理加权模型的南设得兰群岛北部南极磷虾渔场空间分布影响因素[J]. 应用生态学报, 29(3): 938-944.

程磊, 徐宗学, 罗睿, 等. 2009. 渭河流域 1980—2000 年 LUCC 时空变化特征及其驱动力分析[J]. 水土保持研究, 16(5): 1-6, 30.

范泽孟, 张轩, 李婧, 等. 2012. 国家级自然保护区土地覆盖类型转换趋势[J]. 地理学报, 67(12): 1623-1633.

傅伯杰. 2014. 地理学综合研究的途径与方法: 格局与过程耦合[J]. 地理学报, 69(8): 1052-1059.

高晓光. 2016. 中国高技术产业创新效率影响因素的空间异质性——基于地理加权回归模型的实证研究[J]. 世界地理研究, 25(4): 122-131.

宫宁, 牛振国, 齐伟, 等. 2016. 中国湿地变化的驱动力分析[J]. 遥感学报, 20(2): 172-183.

河南省自然资源厅. 2018. 河南省土地利用总体规划(2006—2020 年)调整方案[EB/OL]. [2018-12-30]. http://www.hnblr.gov.cn/sitegroup/root/html/ff8080814d40886d014d426b9c130041/b02fb8721a194c129bd208ed9bd57b8e.html.

李明薇, 郧雨旱, 陈伟强, 等. 2018. 河南省“三省空间”分类与时空格局分析[J]. 中国农业资源与区划, 39(9): 13-20.

刘纪远, 宁佳, 匡文慧, 等. 2018. 2010—2015 年中国土地利用变化的时空格局与新特征[J]. 地理学报, 73(5): 789-802.

刘纪远, 张增祥, 徐新良, 等. 2009. 21 世纪初中国土地利用变化的空间格局与驱动力分析[J]. 地理学报, 64(12): 1411-1420.

刘纪远, 张增祥, 庄大方, 等. 2003. 20 世纪 90 年代中国土地利用变化时空特征及其成因分析[J]. 地理研究, 22(1): 1-12.

刘继来, 刘彦随, 李裕瑞. 2017. 中国“三生空间”分类评价与时空格局分析[J]. 地理学报, 72(7): 1290-1304.

娄和震, 杨胜天, 周秋文, 等. 2014. 延河流域 2000—2010 年土地利用/覆盖变化及驱动力分析[J]. 干旱区资源与环境, 28(4): 15-21.

罗娅, 杨胜天, 刘晓燕, 等. 2014. 黄河河口镇-潼关区间 1998—2010 年土地利用变化特征[J]. 地理学报, 69(1): 42-53.

马丰伟, 王丽群, 李格, 等. 2017. 村镇尺度土地利用变化特征及人文驱动力分析[J]. 北京师范大学学报(自然科学版), 53(6): 705-712.

满苏尔 • 沙比提, 马国飞, 张雪琪. 2017. 托木尔峰国家级自然保护区土地利用/覆被变化及驱动力分析[J]. 冰川冻土, 39(6): 1241-1248.

邱孟龙, 曹小曙, 周建, 等. 2019. 基于 GWR 模型的渭北黄土旱塬粮食单产空间分异及其影响因子分析——以陕西彬县为例[J]. 中国农业科学, 52(2): 273-284.

孙嘉欣, 何杰, 余国良, 等. 2018. 基于 RS 和 GIS 的济南市长清区土地利用时空变化分析[J]. 农业科学研究, 39(3): 44-50.

吴琳娜, 杨胜天, 刘晓燕, 等. 2014. 1976 年以来北洛河流域土地利用变化对人类活动程度的响应[J]. 地理学报, 69(1): 54-63.

杨清可, 段学军, 王磊, 等. 2018. 基于“三生空间”的土地利用转型与生态环境效应——以长江三角洲核心区为例[J]. 地理科学, 38(1): 97-106.

杨斯棋, 邢潇月, 董卫华, 等. 2018. 北京市甲型H1N1流感对气象因子的时空相应[J]. 地理学报, 73(3): 460-473.

杨霞, 卫智军, 运向军. 2015. 北方典型草原区近30年土地覆被变化研究[J]. 中国农业大学学报, 20(4): 196-204.

袁玉芸, 瓦哈普·哈力克, 关靖云, 等. 2016. 基于GWR模型的于田绿洲土壤表层盐分空间分异及其影响因子[J]. 应用生态学报, 27(10): 3273-3282.

张保华, 张金萍, 汤庆新, 等. 2009. 基于RS和GIS的黄河下游沿岸线与土地利用与景观格局演变的驱动力研究——以河南省封丘县为例[J]. 遥感技术与应用, 24(1): 40-45.

张鹏岩. 2013. 基于引黄灌区土地变化的可持续性评价研究——以开封市黑、柳灌区四乡为例[D]. 开封: 河南大学.

张英男, 龙华楼, 戈大专, 等. 2018. 黄淮海平原耕地功能演变的时空特征及其驱动机制[J]. 地理学报, 73(3): 518-534.

周晓艳, 宋祯利, 宋亚男, 等. 2016. 基于地理加权回归模型的长江中游地区人均耕地面积变化影响因素分析[J].水土保持通报, 36(1): 136-142, 150.

朱会义, 李秀彬, 何书金, 等. 2001. 环渤海地区土地利用的时空变化分析[J]. 地理学报, 56(3): 253-260.

祖拜代•木依不拉, 夏建新, 普拉提•莫合塔尔, 等. 2019. 克里雅河中游土地利用/覆被与景观格局变化研究[J]. 生态学报, 39(7): 1-9.

Anselin L. 1988. Spatial Econometrics: Methods and Models[M]. Berlin: Springer.

Anselin L, Bera A K, Florax R, et al. 1996. Simple diagnostic tests for spatial dependence[J]. Regional Science and Urban Economics, 26(1): 77-104.

Cohen J P, Cromley R G, Banach K T. 2015. Are homes near water bodies and wetlands worth more or less? An analysis of housing prices in one Connecticut town[J]. Growth and Change, 46(1): 114-132.

Griffith D A. 1988. Spatial econometrics: Methods and models[J]. Economic Geography, 65(2): 160.

Pontius Jr R G, Shusas E, McEachern M. 2004. Detecting important categorical land changes while accounting for persistence[J]. Agriculture, Ecosystems & Environment, 101(2-3): 251-268.

Song X, Huang Y, Wu Z, et al. 2015. Does cultivated land function transition occur in China?[J]. Journal of Geographical Sciences, 25(7): 817-835.

Su S, Xiao R, Zhang Y. 2012. Multi-scale analysis of spatially varying relationships between agricultural landscape patterns and urbanization using geographically weighted regression[J]. Applied Geography, 32(2): 360-375.

Zhao X F, Deng C L, Huang X J, et al. 2017. Driving forces and the spatial patterns of industrial sulfur dioxide discharge in China[J]. Science of the Total Environment, 577: 279-288.

Zhou D, Xu J C, Lin Z L. 2017. Conflict or coordination? Assessing land use multi-functionalization using production-living-ecology analysis[J]. Science of the Total Environment, 577(15): 136-147.

第3章　黄河下游背河洼地区(开封段)生态安全评价及分区研究

3.1　数据来源与研究方法

3.1.1　数据来源

1. 高程及归一化植被指数数据

遥感数据来源于寒区旱区科学数据中心，包括中国90m×90m分辨率高程(DEM)数据和遥感卫星影像数据。考虑到现有的归一化植被指数(NDVI)数据精度较低，因此NDVI数据选用1990年、2001年、2008年、2016年遥感卫星影像(Landsat TM)进行波段运算，采用最大值合成法对计算的NDVI数据进行合并(张含玉等，2016)，并对异常数据进行修正。考虑到区域总面积为1327.86km^{2}及数据的可获取性和精度的准确性，将DEM数据与NDVI数据进行重采样处理，空间分辨率统一为100m×100m。

2. 气象数据

降水、风速、太阳辐射数据选用中国气象数据网的中国地面气候资料日值数据集(V3.0)，其中河南、山东共包含42个基准监测站，用规范合理的气象数据整理方法将日值数据整理成月值、年值数据，并运用Anusplin软件进行降水数据的空间插值。雪盖因子来源于国家青藏高原科学数据中心(http://westdc.westgis.ac.cn)提供的中国雪深长时间序列数据集。

3. 土壤数据

土壤数据采用世界土壤数据库(harmonized world soil database version 1.1，HWSD)提供的1∶100万土壤数据集。选取土壤沙含量、淤泥含量、黏土含量、土壤容重、有机碳含量5个指标，结合研究区内157个实际采样数据对区域土壤保持功能进行评价，并运用黄河下游背河洼地区(开封段)土壤实测数据进行修正。

4. 土地利用数据

分别选取1990年、2001年、2008年、2016年云量较少的4月Landsat遥感影像并将其作为解译对象。遥感影像分别来自Landsat 5、Landsat 7及Landsat 8卫星。获得遥感影像后，对其进行裁剪并经过大气校正及几何校正后，采用最大似然法对研究区各年的土地利用情况进行解译，解译分类严格按照第二次全国土地调查土地分类进行(国土资源部，2017)，包括耕地、林地、建设用地、未利用地，遥感影像的 Kappa 精度均大于 80%。

5. 统计资料数据

土地农业收益数据来自 1991 年、2002 年、2009 年、2017 年《河南统计年鉴》；经实地调查化肥种类后，根据河南省化肥行业报告选取化肥价格数据；“三废”排放数据来自 1991 年、2002 年、2009 年、2017 年《河南统计年鉴》；污染物排放费用按照《排污费征收使用管理条例》进行确定。

6. 植被类型数据

选用寒区旱区科学数据中心的 1∶100 万中国植被图(中国科学院中国植被图编辑委员会，2001)，考虑到植被分类精度对研究结果的影响，通过 ArcGIS 10.2 重分类功能，将黄河下游背河洼地区(开封段)植被划分为阔叶林、针叶林、灌木林、农业植被四大类。

7. 夜间灯光数据

夜间灯光数据选用美国国家海洋和大气管理局(NOAA)国家地球物理数据中心 MSP/OLS 数据集，由于夜间灯光数据最早只有 1992 年的，因而用 1992 年的代替 1990 年的夜间灯光数据。对夜间灯光数据进行基本处理后，生成 1990 年、2001 年、2008 年、2016 年研究区稳定夜间灯光数据，其空间分辨率 30″×30″，研究区内统一为 100m×100m，时间分辨率 1 年。

3.1.2 研究方法

1. 定性分析

运用定性分析方法，对黄河下游背河洼地区(开封段)的自然环境特征、生态系统整体安全状况、区域土地利用情况及基本经济发展状况进行描述，从表面上对黄河下游背河洼地区(开封段)的生态环境和人居自然环境进行描述，并针对所涉及的相关名词进行解释，如生态安全、生态风险、生态系统服务收益等，从而为进一步的定量分析提供理论基础。

2. 定量分析

在定性分析的基础上，以研究区统计数据、遥感数据等为基础，运用模型对区域生态系统服务收益、生态风险损失量、综合生态安全程度、人居适宜度进行计算和定量分析，从数据的时间特征上分析区域生态安全程度的变化情况。依托 ArcGIS 10.2 与 MATLAB 2010a 软件，对区域生态安全进行空间格局分析及分区，从而为区域进一步的政策制定提供理论依据。

3.2　生态系统服务价值评价

3.2.1　生态系统服务价值评价模型

1. 土壤保持服务价值评价

1) 修正的土壤流失模型(RUSLE)

土壤保持量(A_c)反映了生态系统土壤保持功能的强弱(武国胜等，2017)，RUSLE模型[式(3-1)和式(3-2)]广泛应用于对土壤保持功能的测算，该模型纠正了USLE模型分析中的错误，采用独立参数方法，打破了烦琐的参数计算，方便简捷，预测结果更准确，实用性更强。采用RUSLE模型对流域内潜在土壤侵蚀量(A_p)和现实土壤侵蚀量(A_r)进行估算，二者的差值即生态系统土壤保持量(A_c)(陈龙等，2012)。

$$A_r = R \times K \times LS \times C \times P \tag{3-1}$$

$$A_c = A_p - A_r \tag{3-2}$$

式中，R为降雨侵蚀力因子；K为土壤可蚀性因子；LS为地形因子，L为坡长因子，S为坡度因子；C为植被覆盖因子；P为水土保持因子。当C=P=1时，A_p=A_r。

生态系统在防止土壤侵蚀、保持土壤的同时，还担负着减少土壤养分流失的功能(钟莉娜等，2017)。本书主要考虑土壤中N、P、K养分的流失[式(3-3)]。

$$W_{N,P,K} = \sum_{i=1}^{n}(A_c + S_c) \times C_{N,P,K} \tag{3-3}$$

式中，$W_{N,P,K}$为土壤养分保持总量；S_c为土壤风蚀保持量；$C_{N,P,K}$为土壤中全N、全P、全K的含量。

在RUSLE模型的基础上，对其中各类指标进行计算，模型如下所示。

A. 降雨侵蚀力因子(R)——基于日降水量的降雨侵蚀力模型

降雨是土壤侵蚀当中不可忽视的重要组成部分，其受到降水量、降雨强度、降雨时长等多方面因素的影响(钟莉娜等，2017)。降雨侵蚀力因子的计算方法较多，考虑数据的可获取性和计算结果的精确性，选用由章文波等(2003)提出的基于日降水量的降雨侵蚀力模型对降雨侵蚀力因子进行计算。降水量数据采用薄盘光滑样条法进行插值，该插值方法可以更为准确地反映降水量在空间上的实际分布状况[式(3-4)]。

$$M_i = \alpha \sum_{i=1}^{k}(D_j)^{\beta} \tag{3-4}$$

式中，M_i为第i个半月的降雨侵蚀力月份(i=1,2,…,12)；α、β为模型参数；k为半月内天数；D_j为半月内第j天大于12mm的日降水量[式(3-5)和式(3-6)]。

$$\beta = 0.8363 + \frac{18.144}{P_{d12}} + \frac{24.455}{P_{y12}} \tag{3-5}$$

$$\alpha = 21.586\beta^{-7.1891} \tag{3-6}$$

式中，P_{d12}为日降水量≥12mm 的日平均降水量；P_{y12}为日降水量≥12mm 的年均降水量［式(3-7)］。

$$R = \sum_{i=1}^{24} M_i \tag{3-7}$$

式中，R为降雨侵蚀力。

B. 土壤可蚀性因子(K)——EPIC 模型

土壤可蚀性因子是表征土壤性质对侵蚀敏感程度的指标(陈思旭等，2014)。不同类型土壤特性差异较大，致使其抗侵蚀能力和K值大小存在差异。结合本书实际情况，选用 EPIC 模型对研究区土壤可蚀性因子进行估算［式(3-8)和式(3-9)］。

$$\begin{aligned} K = {} & 0.1317\left\{0.2 + 0.3\exp\left[-0.0256\text{SAN}\left(1 - \frac{\text{SIL}}{100}\right)\right]\right\} \times \left(\frac{\text{SIL}}{\text{CLA} - \text{SIL}}\right)^{0.3} \\ & \times \left(1 - \frac{0.25C}{C + \exp(3.72 - 2.95C)}\right) \times \left(1 - \frac{0.7\text{SN}}{\text{SN} + \exp(-5.51 + 22.9\text{SN})}\right) \end{aligned} \tag{3-8}$$

$$\text{SN} = 1 - \frac{\text{SAN}}{100} \tag{3-9}$$

式中，SAN、SIL、CLA、C 分别为砂粒含量(%)、粉砂含量(%)、黏粒含量(%)、有机碳含量(%)；SN 为常数。

C. 地形因子(LS)——Smith、CSLE 模型

地形因子主要考虑坡长因子L、坡度因子S两个因素。其中，坡度越大，径流越容易将土壤剥离地面；坡长越长，径流的侵蚀时间越长、侵蚀面越大、侵蚀强度越大(李致颖和方海燕，2017)。由 Wischmeier 和 Smith(1978)提出的坡长因子计算方法应用广泛，坡度因子测算选用刘宝元等(1999)结合中国实际提出的 CSLE 模型［式(3-10)和式(3-11)］。

$$L = (\lambda / 22.1)^{(\sin\theta/0.0896)/\left[3(\sin\theta)^{0.8}+0.56\right]/\left\{1+(\sin\theta/0.0896)/\left[3(\sin\theta)^{0.8}+0.56\right]\right\}} \tag{3-10}$$

$$S = \begin{cases} 10.8\sin\theta + 0.03 & \theta < 5^\circ \\ 16.8\sin\theta - 0.50 & 5^\circ \leqslant \theta < 10^\circ \\ 21.9\sin\theta - 0.96 & \theta \geqslant 10^\circ \end{cases} \tag{3-11}$$

式中，λ为单位像元坡长；θ为坡度。

D. 植被覆盖因子(C)——NDVI 指数法

植被作为降雨与地表间的缓冲带，可以有效缓解降雨对地表土壤的冲刷，防止径流将土壤从地表剥蚀开来(王艳莉等，2016)，即植被覆盖与土壤侵蚀量存在极强的负相关关系(查良松等，2015)。NDVI 常被用于表示地表植被覆盖情况，因此选用以 NDVI 为植被覆盖指标的植被覆盖因子计算模型(Quansah et al.，2000)[式(3-12)和式(3-13)]。

$$f_c = \frac{\mathrm{NDVI} - \mathrm{NDVI}_{\min}}{\mathrm{NDVI}_{\max} - \mathrm{NDVI}_{\min}} \tag{3-12}$$

$$C = \begin{cases} 1 & f_c = 0 \\ 0.6508 - 0.3436\lg f_c & 0 < f_c \leqslant 78.3\% \\ 0 & f_c > 78.3\% \end{cases} \tag{3-13}$$

式中，f_c 为植被覆盖度；NDVI 为归一化植被指数；$\mathrm{NDVI}_{\max}$、$\mathrm{NDVI}_{\min}$ 分别为最大值合成法、最小值合成法获得的 NDVI 最大值及 NDVI 最小值。

E. 水土保持因子(P)——混合经验模型

水土保持因子(P)计算模型是一种基于经验和物理过程的混合模型，是采取水土保持措施后的土壤流失量与顺坡种植时土壤流失量的比值(Xu et al.，2013)[式(3-14)]。水土保持因子取值为 0～1，0 表示实施有效的措施后不发生水土侵蚀，1 表示未进行任何保持措施。

$$P = 0.2 + 0.03\theta \tag{3-14}$$

考虑到天然林地不存在任何水土保持措施，因此 P 值为 1。

2)修正的土壤风蚀模型(RWEQ)

土壤风蚀是造成区域土地沙化的主要原因，是黄河下游背河洼地区(开封段)土壤侵蚀的重要成因之一。国际上多采用 RWEQ 模型对土壤风蚀量进行估算(Fryrear et al.，2000)，该模型充分考虑气候条件、土壤质地、植被状况、地形起伏等众多因素，并能够在区域尺度上对土壤风蚀进行准确估算(吴发启等，2004)[式(3-15)～式(3-17)]。

$$S_{\mathrm{SL}} = \frac{2z}{S^z} Q_{\max} \mathrm{e}^{-\left(\frac{z}{s}\right)^z} \tag{3-15}$$

$$S = 150.71(\mathrm{WF} \times \mathrm{EF} \times \mathrm{SCF} \times K' \times C)^{-0.3711} \tag{3-16}$$

$$Q_{\max} = 109.8(\mathrm{WF} \times \mathrm{EF} \times \mathrm{SCF} \times K' \times C) \tag{3-17}$$

式中，S_{SL} 为实际土壤风蚀量；$Q_{\max}$ 为最大转运量；S 为关键地块长度(m)；z 为所计算的下风向距离；WF 为气象因子；EF 为土壤可蚀性因子；SCF 为土壤结皮因子；K'为土壤粗糙度因子；C 为植被覆盖因子。

潜在土壤风蚀量的计算公式如式(3-18)～式(3-20)所示：

$$S_{PL} = \frac{2z}{S_P{}^z} Q_{max} e^{-\left(\frac{z}{s}\right)^z} \tag{3-18}$$

$$S_P = 150.71(\text{WF} \times \text{EF} \times \text{SCF} \times K')^{-0.3711} \tag{3-19}$$

$$Q_{max\,P} = 109.8(\text{WF} \times \text{EF} \times \text{SCF} \times K') \tag{3-20}$$

式中，S_{PL}为潜在土壤风蚀量；$Q_{max\,P}$为潜在最大转运量；S_P为潜在关键地块长度。潜在土壤风蚀量和实际土壤风蚀量之差即实际土壤风蚀保持量(彭建等，2017)。

A. 气象因子(WF)——综合因子法

在自然条件下，风蚀量的大小受多种自然因素共同影响或制约，因而气象因子是各类气象指标对风蚀的综合反应(江凌等，2015)[式(3-21)]。

$$\text{WF} = W_f \times \frac{\rho}{g} \times \text{SW} \times \text{SD} \tag{3-21}$$

式中，WF 为气象因子；W_f为风力因子；ρ为空气密度；g为重力加速度；SW 为土壤湿度因子；SD 为雪盖因子。

B. 土壤可蚀性因子(EF)——经验模型

土壤风蚀量的大小与土壤质地具有密切关系，对于不同粒级的土壤颗粒，颗粒越粗，发生土壤风蚀所需的风速越大。而土壤中有机质、黏土、碳酸钙等物质的存在会使土壤颗粒形成微团聚体，从而降低土壤可蚀性[式(3-22)]。

$$\text{EF} = \frac{29.09 + 0.31\text{SAN} + 0.17\text{SIL} + 0.33(\text{SAN}/\text{CLA}) - 2.59C - 0.95\text{CaCO}_3}{3} \tag{3-22}$$

参考前人研究结果并结合研究区实际，设定 $CaCO_3$ 含量为 0。

C. 土壤结皮因子(SCF)——Hagen 模型

土壤结皮可以有效减少风蚀过程中可侵蚀颗粒的含量，降低土壤颗粒的磨蚀作用，有利于沙丘的固定，防止和减弱土壤风力侵蚀(江凌等，2015)。通过大量的风洞试验，Hagen 等(1991)建立了土壤结皮因子(SCF)的定量方程[式(3-23)]。

$$\text{SCF} = 1/(1 + 0.0066\text{CLA}^2 + 0.021C^2) \tag{3-23}$$

式中，SCF 为土壤结皮因子。

D. 植被覆盖因子(C)——NDVI 指数法

植被的存在可以增加地表糙度，进而提高风蚀发生时起沙风速的临界值。而且植被作为天然的阻挡物，对风沙移动颗粒具有阻碍作用(尚润阳等，2006)。植被覆盖因子计算方法同 RUSLE 模型。

E. 地表粗糙度因子——Smith-Carson 模型

在土壤风蚀流失模型中，地表糙度可以分为随机糙度 C_{rr} 和土垄糙度 K_r，其中随机糙度指由农业耕作而产生的块状土，而土垄糙度指土垄的存在而使地表条件发生改变。考虑到耕作产生的随机糙度数据较难获取，因而研究仅考虑土垄糙度对土壤风蚀的影响[式(3-24)]。

$$K' = e^{(1.86K_r - 2.41K_r^{0.934} - 0.127C_{rr})} \tag{3-24}$$

土垄糙度因子用 Smith-Carson 模型进行计算[式(3-25)]。

$$K_r = 0.2 \times \frac{\Delta H^2}{L} \tag{3-25}$$

式中，K_r 为土垄糙度；C_{rr} 为随机糙度，本书取 0；L 为地形起伏参数；ΔH 为 L 范围内的海拔高差。

3) 土壤保持功能价值化模型

A. 保护土地面积价值量模型——收益替代法

保护土地面积价值量采用收益替代法进行估算。考虑到不同研究年限农业收益的变化，为了使研究结果具有可比性，将农业收益统一为 1990 年不变价后，进行价值量的测算[式(3-26)]。

$$V_{SP} = \frac{(A_c + S_c)}{h_s \times \rho_s} \times P_{AP} \tag{3-26}$$

式中，V_{SP} 为保护土地面积价值；h_s 为表土厚度；ρ_s 为土壤容重；P_{AP} 为土地农业收益。

B. 土壤营养保持价值量模型——市场价格法

土壤营养保持价值量采用市场价格法进行估算。对研究区的实际化肥种类及构成进行调研，选择 N、P、K 三类土壤营养元素对土壤营养保持价值量进行计算，并将化肥价格统一为 1990 年不变价[式(3-27)]。

$$V_{SN} = (W_N \times P_{NF}) + (W_P \times P_{PF}) + (W_K \times P_{KF}) \tag{3-27}$$

式中，V_{SN} 为土壤营养保持价值量；W_N、W_P、W_K 分别为土壤 N、P、K 的保持量；P_{NF}、P_{PF}、P_{KF} 分别为碳酸氢铵、过磷酸钙、硫酸钾中 N、P、K 的市场价格。

C. 减少泥沙淤积价值量模型——影子工程法

减少泥沙淤积价值量采用影子工程法进行估算。库容价值以小浪底工程单位建造费用计算[式(3-28)]。

$$V_{SD} = \frac{A_c}{\rho_s} \times 24\% \times P_r \tag{3-28}$$

式中，V_{SD} 为减少泥沙淤积价值量；24%为参考前人研究(肖寒等，2000)和结合研究区实际的研究区泥沙平均比例；P_r 为单位库容工程费用。

D. 防止沙化废弃价值量模型——收益替代法

本书对仅考虑土壤风蚀对土地沙化的影响，并采用收益替代法对防止土地沙化废弃价值量进行估算[式(3-29)]。

$$V_{SP}=\frac{S_c}{h_s\times\rho_s}\times P_{AP} \tag{3-29}$$

式中，V_{SP}为防止沙化废弃价值量。

2. 植被生态系统服务价值评价

1) 植被净初级生产力模型

植被净初级生产力(net primary product，NPP)是全球气候变化背景下生物地球化学碳循环的重要环节(Reyer et al.，2014)，直接反映植物群落在自然环境条件下的生产能力(Lieth and Whittaker，1975)。CASA 模型是以植被生理过程为出发点，结合植被生长区气候状况而建立的 NPP 估算模型(Potter，1999)，但考虑到地区间的差异，本书选用我国研究人员修正的 CASA 模型对黄河下游背河洼地区(开封段)植被净初级生产力进行估算(朱文泉等，2005)[式(3-30)]。

$$\text{NPP}(x,t)=\text{APAR}(x,t)\times\varepsilon(x,t) \tag{3-30}$$

式中，x 为空间位置；t 为时间；NPP(x, t)为 x 位置上在 t 年的 NPP；APAR 为 x 位置上在 t 年吸收的光合有效辐射；$\varepsilon(x, t)$为像元 x 位置上 t 年的实际光能利用率。

植被吸收的光合有效辐射 APAR 取决于太阳总辐射量和植被对太阳辐射的利用能力(朴世龙等，2001)。在一定范围内，FPAR 与 NDVI 之间存在线性关系(Ruimy et al.，1994)，该线性关系可以由某一植被类型的 NDVI_{max} 和 NDVI_{min} 及所对应的 FPAR_{max} 和 FPAR_{min} 来确定。进一步的研究表明，FPAR 与比值植被指数(SR)存在较好的线性关系(Field et al.，1995)。仅运用 NDVI 估算的 FPAR 高于实测值，而运用 SR 所估算的 FPAR 低于实测值，且误差小于 NDVI 所估算的结果。为了使 FPAR 与实测值之间的误差达到最小，参考前人研究成果，将运用 NDVI 和 SR 所估算的 FPAR 取平均值作为 FPAR 的估算值(Los et al.，1994)[式(3-31)～式(3-34)]。

$$\text{APAR}(x,t)=\text{SOL}(x,t)\times 0.5\times\text{FPAR}(x,t) \tag{3-31}$$

$$\text{FPAR}(x,t)_{\text{NDVI}}=\frac{\left[\text{NDVI}(x,t)-\text{NDVI}_{i,\min}\right]\times(\text{FPAR}_{\max}-\text{FPAR}_{\min})}{\text{NDVI}_{i,\max}-\text{NDVI}_{i,\min}}+\text{FPAR}_{\min} \tag{3-32}$$

$$\text{FPAR}(x,t)_{\text{SR}}=\frac{\left[\text{SR}(x,t)-\text{SR}_{i,\min}\right]\times(\text{FPAR}_{\max}-\text{FPAR}_{\min})}{\text{SR}_{i,\max}-\text{SR}_{i,\min}}+\text{FPAR}_{\min} \tag{3-33}$$

$$\text{SR}(x,t)=\frac{1+\text{NDVI}(x,t)}{1-\text{NDVI}(x,t)} \tag{3-34}$$

式中，$FPAR(x,t)_{NDVI}$ 与 $FPAR(x,t)_{SR}$ 分别为 NDVI 和 SR 估算的植被对入射光合有效辐射的吸收比例；$SOL(x,t)$ 为 x 位置上 t 时间的太阳辐射总量；$FPAR(x,t)$ 为植被对入射光合有效辐射的吸收比例(朴世龙等，2001)；$NDVI_{i,max}$ 和 $NDVI_{i,min}$ 分别为第 i 种植被类型的 NDVI 的最大值和最小值；$SR(x,t)$ 为 x 位置上 t 时间的 SR 值；$SR_{i,max}$ 和 $SR_{i,min}$ 分别为第 i 种植被类型的 SR 最大值和最小值；$FPAR_{max}$ 和 $FPAR_{min}$ 分别为 FPAR 的最大值和最小值，且取值与植被类型无关，分别取 0.950 和 0.001(朱文泉等，2005)。

光能利用率(ε)对 NPP 影响显著且受气温、土壤水分等共同调控[式(3-35)]。

$$\varepsilon(x,t)=T_{\varepsilon1}(x,t)\times T_{\varepsilon2}(x,t)\times W_{\varepsilon}(x,t)\times\varepsilon^{*} \tag{3-35}$$

式中，$T_{\varepsilon1}(x,t)$ 和 $T_{\varepsilon2}(x,t)$ 为温度胁迫系数；$W_{\varepsilon}(x,t)$ 为水分胁迫系数；ε^{*} 为理想条件下植被最大光能利用率(朱文泉等，2005)[式(3-36)]。

$$T_{\varepsilon1}(x)=0.8+0.02\times T_{opt}(x)-0.0005\times\left[T_{opt}(x)\right]^{2} \tag{3-36}$$

式中，$T_{opt}(x)$ 为某一区域一年内 NDVI 值达到最高时的月平均气温，当某一月平均气温≤10℃时，$T_{\varepsilon1}$ 取 0[式(3-37)]。

$$T_{\varepsilon2}(x,t)=1.1814\Big/\left\{1+e^{0.2\times\left[T_{opt}(x)-10-T(x,t)\right]}\right\}\times1\Big/\left\{1+e^{0.3\times\left[-T_{opt}(x)-10+T(x,t)\right]}\right\} \tag{3-37}$$

若某一月平均气温 $T(x,t)$ 比最适宜温度 $T_{opt}(x)$ 高 10℃或低 13℃时，该月的 $T_{\varepsilon2}$ 值等于月平均气温 $T(x,t)$ 为最适宜温度 $T_{opt}(x)$ 时的 $T_{\varepsilon2}$ 值的一半[式(3-38)]。

$$W_{\varepsilon}(x,t)=0.5+0.5\times\frac{EET(x,t)}{PET(x,t)} \tag{3-38}$$

式中，$PET(x,t)$ 为可能蒸散量；$EET(x,t)$ 为估计蒸散量；当月平均温度为 0℃时，认为 PET 和 EET 为 0，则该月的 $W_{\varepsilon}(x,t)$ 等于前一个月的值，即 $W_{\varepsilon}(x,t)=W_{\varepsilon}(x,t-1)$。

2)固碳释氧价值化模型——碳税法、工业制氧法

固碳释氧价值的估算主要由光合作用方程 $6CO_2+6H_2O=C_6H_{12}O_6+6O_2$ 换算，其中植被光合作用有机物合成量以 NPP 进行替代(吕郁彪，2005)，并分别运用碳税法和工业制氧法对固碳、释氧价值进行估算[式(3-39)]。

$$V_{CO_2}=NPP\times1.63\times V_{c} \tag{3-39}$$

式中，V_{CO_2} 为吸收 CO_2 价值；NPP 为净初级生产力所得物质量；V_c 为中国碳交易试点碳税平均值[式(3-40)]。

$$V_{C}=NPP\times1.20\times V_{O_2} \tag{3-40}$$

式中，V_{O_2} 为工业制氧单位成本。

3）滞尘净化空气价值——治理费用法

黄河下游背河洼地区（开封段）生态系统滞尘净化空气价值包括吸收有害物质价值和滞尘价值两类。在对研究区植被类型进行调查后，采用治理费用法对生态系统滞尘净化空气价值进行评估，价值估算系数参考前人研究成果（吕郁彪，2005）［式（3-41）和式（3-42）］。

$$V_{Hs}=Q_{iHs}\times V_s \tag{3-41}$$

式中，V_{Hs}为吸收有害物质价值；Q_{iHs}为各树种有害物质吸收量；V_s为有害物质治理费用。

$$V_{dust}=Q_{id}\times V_d \tag{3-42}$$

式中，V_{dust}为滞尘价值；Q_{id}为各树种滞尘量；V_d为除尘运行成本。

3. 水源涵养价值评价

1）水源涵养物质量评估模型——降水储存模型

生态系统的水源涵养功能可以理解为，相对于裸地降水过程中产流的减少，即仅在降雨强度大于产流降雨时，其水源涵养功能才得以发挥（阳柏苏，2005）。考虑到传统生态系统水源涵养功能评价覆盖面较小，且其主要针对森林生态系统的水源涵养功能进行评价，而且生态系统服务价值系数评价法的科学性较低，因而采用降水储存模型对水源涵养功能物质量进行估算（谢高地等，2001）［式（3-43）和式（3-44）］。

$$Q_{water}=A_E\times J_R\times R_{RE} \tag{3-43}$$

$$J_R=J_0\times K_R \tag{3-44}$$

式中，Q_{water}为径流降雨前后与裸地相比较，林地、耕地等生态系统涵养水分的增加量；A_E为生态系统面积；当降水量大于20mm时，降雨会引起地表径流的发生，J_R为产流降水量；J_0为年降水量；K_R为区产流降雨比例（赵同谦等，2004）（1990年：0.402；2001年：0.304；2008年：0.301；2016年：0.226）；R_{RE}为生态系统减少径流的效益系数（表3-1）。

表3-1　各类生态系统减少径流的效益系数 R_{RE}

生态系统类型	R_{RE}	生态系统类型	R_{RE}	生态系统类型	R_{RE}
常绿阔叶林	0.39	园地	0.14	草甸	0.2
落叶阔叶林	0.28	针阔混交林	0.34	灌木林	0.20
落叶针叶林	0.22	水田	0.19	湿地	0.40
常绿针叶林	0.36	草丛	0.35	灌丛	0.15

考虑到黄河下游背河洼地区（开封段）耕地包括旱田与水田两类，结合前人研究成果与研究区农作物种植情况，将旱田的R_{RE}值设定为0.17、水田的R_{RE}值设定为0.1。

2）水源涵养价值量评估模型——影子工程法

运用影子工程法对黄河下游背河洼地区（开封段）生态系统水源涵养价值量进行评

估。库容价值以小浪底工程单位建造费用计算[式(3-45)]。

$$V_w = Q_{water} \times P_r \tag{3-45}$$

式中，V_w 为生态系统水源涵养价值。

3.2.2　土壤保持量及其价值评价

生态系统土壤保持量，即生态系统潜在土壤侵蚀量(未采取水土保持措施)与现实土壤侵蚀量(采取水土保持措施)的差值(陈龙等，2012)。土壤保持量反映了生态系统土壤保持功能的强弱，而土壤保持功能作为生态系统重要的服务功能之一(Kinnell，2014)，其在维护区域生态系统安全中起到重要作用(Reyer et al.，2014)。利用 GIS 与 RS 技术，对黄河下游背河洼地区(开封段)土壤保持功能的空间分布(Lieth and Whittaker，1976)进行探究，从而为提高区域生态系统土壤保持功能提供意见和建议。

1. 保护土地面积价值

1990 年、2001 年、2008 年、2016 年研究区保护土地面积价值分别为 61.30×10^8 元、34.20×10^8 元、56.17×10^8 元、16.4×10^8 元。2016 年与 1990 年相比，黄河下游背河洼地区(开封段)保护土地面积价值降幅达 73.25%，主要归因于 2016 年黄河下游背河洼地区(开封段)土壤保持量呈下降状态，也就是说，自然因素对保护土地面积价值的影响较大。由图 3-1 可知，1990 年黄河下游背河洼地区(开封段)生态系统保护土地面积价值的高值区主要集中在北部地区及东部低海拔地区，虽然 2016 年保护土地面积价值呈下降状态，但其分布情况与 1990 年差距不大。因此，耕地覆盖范围大的区域更有利于提升保护土地面积价值。

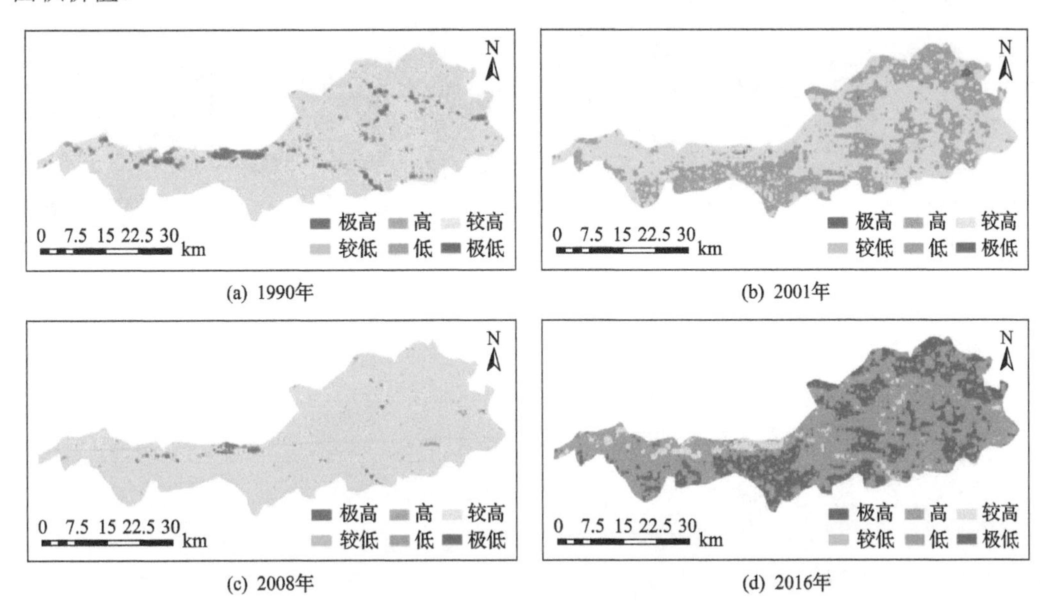

图 3-1　黄河下游背河洼地区(开封段)保护土地面积价值空间分布图

2. 土壤营养保持价值

土壤营养保持功能是土壤生态系统的重要功能之一，土壤中营养成分的高低直接影响了土壤肥力及土壤未来的生产力。将无人为干预的土壤流失量与人为干预的土壤流失量进行求差计算，进而得到区域土壤生态系统的营养成分保持量，使土壤营养保持功能得以实现。1990 年、2001 年、2008 年、2016 年研究区土壤营养保持价值分别为 3.11×10^8 元、1.60×10^8 元、2.50×10^8 元、1.30×10^8 元，均值为 2.13×10^8 元，其年际间呈波动变化态势，这主要是土地利用类型的转变及年际降水量差异共同作用的结果。

由图 3-2 可知，1990 年背河洼地区（开封段）生态系统保护土地面积价值的高值区主要集中在西部及北部地区，东部平原区土壤营养保持价值则相对较低。由此可见，海拔对黄河下游背河洼地区（开封段）土壤营养保持价值的实现具有重要影响，低海拔地区的土壤营养保持价值明显高于高海拔地区。但从时间变化来看，研究区土壤营养保持价值呈现下降趋势，但其分布范围变化不大。结合保护土地面积价值而言，适当的人工干预有利于提升区域土壤营养保持价值，进而提升土壤生态系统服务能力。

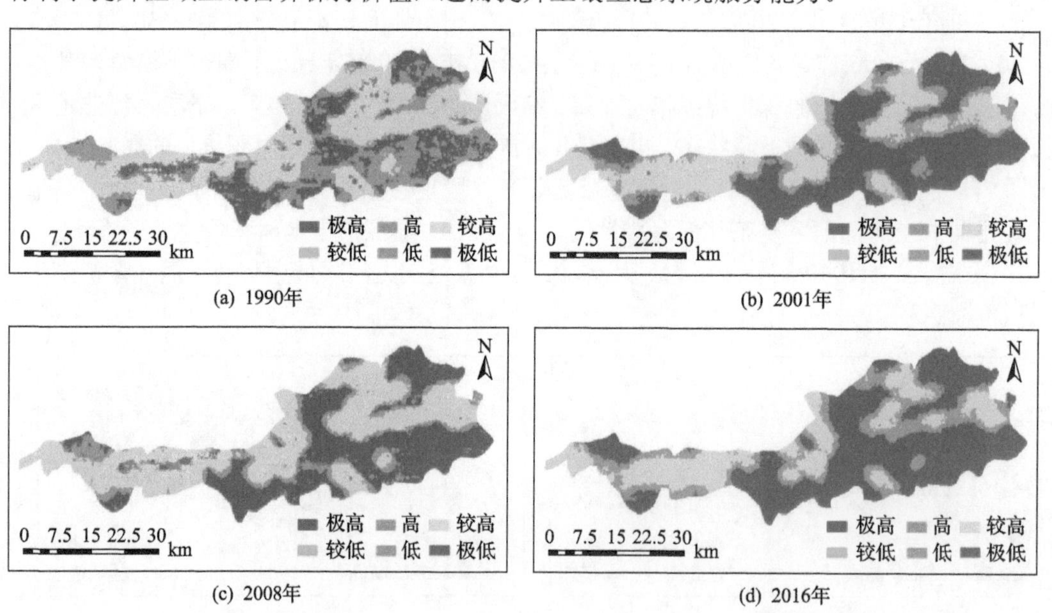

(a) 1990年　(b) 2001年　(c) 2008年　(d) 2016年

图 3-2　黄河下游背河洼地区（开封段）土壤营养保持价值空间分布图

3. 减少泥沙淤积价值

黄河下游背河洼地区（开封段）位于黄河大堤两侧，其对黄河流域生态系统的安全稳定起着重要的作用。由于研究区位于黄河下游河段，地势较缓，黄河所挟带的泥沙易沉积，因此抬升河床将威胁生态系统安全。黄河下游背河洼地区（开封段）作为距离黄河大堤最近的一道防线，如何提升其减少泥沙淤积价值，应是该区域生态系统安全的重点所在。1990 年、2001 年、2008 年、2016 年研究区减少泥沙淤积价值分别为 403.49×10^4 元、225.10×10^4 元、369.67×10^4 元、107.82×10^4 元，均值为 276.52×10^4 元，其年际间呈波动变化态势。由图 3-3 可知，黄河下游背河洼地区（开封段）减少泥沙淤积价值的高值区集中在距离水域较近的地方，主要分布在黄河下游背河洼地区（开封段）北部。从时间变化来看，研究区减少泥沙淤积价值呈现下降趋势，2016 年与 1990 年相比约降低 97.33%，也就是说，降水量的减少使得区域土壤保持量相对减弱，但其高值区分布范围变化不大。

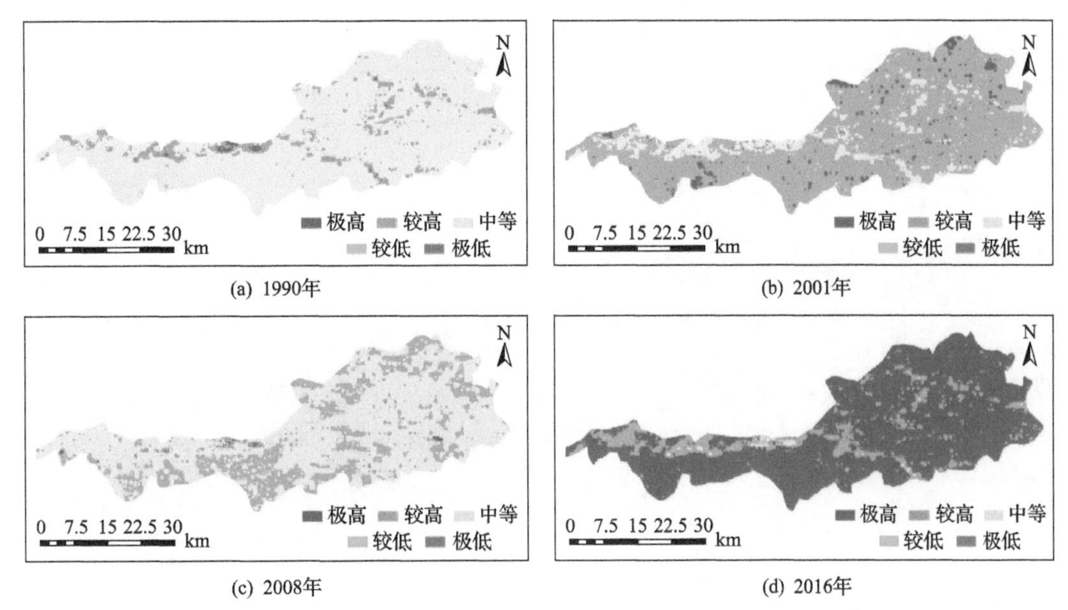

图 3-3　黄河下游背河洼地区（开封段）减少泥沙淤积价值空间分布图

4. 防止土地沙化废弃价值

黄河下游背河洼地区（开封段）是河南省重要的耕地后备资源区，但随着产业间收入的拉大，弃耕现象日渐凸显。而耕地的裸露使得土地易随气流迁移，进而对环境造成破坏。土地沙化主要指风蚀所造成的土壤流失。1990 年、2001 年、2008 年、2016 年研究区防止土地沙化废弃价值分别为 5.10×10^8 元、3.42×10^8 元、5.04×10^8 元、3.85×10^8 元，均值为 4.35×10^8 元，其年际间呈波动变化态势。由图 3-4 可知，黄河下游背河洼地区（开封段）防止土地沙化废弃价值高值区主要集中在西部及中部建设用地区，而东部的整体价值较低，并呈现东北部聚集态势。

5. 土壤保持服务价值综合评价

1990 年、2001 年、2008 年、2016 年黄河下游背河洼地区（开封段）土壤保持服务价值分别为 69.55×10^8 元、39.24×10^8 元、63.74×10^8 元、21.56×10^8 元，年际均值为 48.52×10^8 元。其中，保护土地面积价值、土壤营养保持价值、减少泥沙淤积价值、防止土地沙化废弃价值占比分别为 86.58%、4.39%、0.06%、8.97%，不同服务类型价值差距较大。不同土地利用类型土壤保持服务价值比较如图 3-5 所示。耕地、林地、未利用地、水域、建设用地的平均土壤保持服务价值分别为 354.70×10^6 元/km^2、437.27×10^6 元/km^2、377.27×10^6 元/km^2、446.31×10^6 元/km^2、385.69×10^6 元/km^2，但不同土地利用类型在土

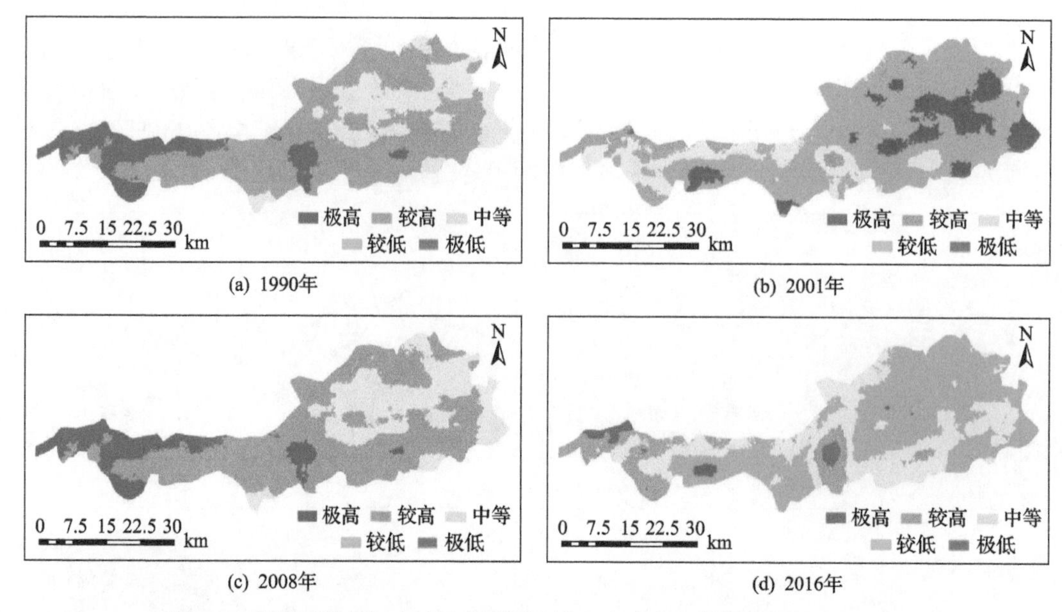

图 3-4　黄河下游背河洼地区(开封段)防止土地沙化废弃价值空间分布图

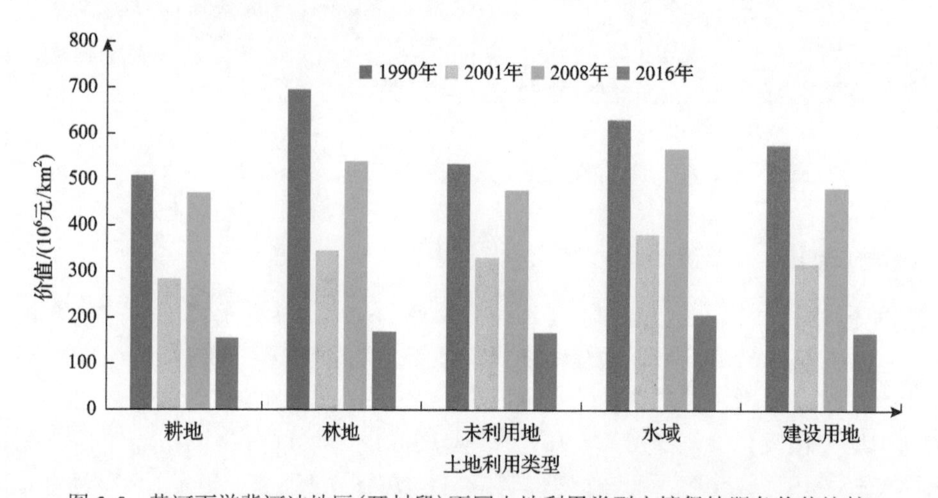

图 3-5　黄河下游背河洼地区(开封段)不同土地利用类型土壤保持服务价值比较

壤保持服务中所起的作用大小不同，因而多样化的土地利用模式有利于提升区域整体土壤保持服务水平，进而提高区域生态系统服务价值。

从整体土壤保持服务价值来看，黄河下游背河洼地区(开封段)西部土壤保持服务价值明显高于东部地区。其中，极高、较高、中等、较低、极低像元所占比例见表 3-2。研究区整体土壤保持服务价值呈现较低状态，低值区(极低、较低)占所有区域的 93.40%，且这个比例在不同土壤保持服务中有所差异，保护土地面积价值、土壤营养保持价值、减少泥沙淤积价值相比研究区土壤保持服务价值均值分别高出 5.94%、3.74%、2.82%，仅防止土地沙化废弃价值低于研究区土壤保持服务价值均值 7.44%，其极高区域所占比重也远高于其他服务价值。

表 3-2　黄河下游背河洼地区(开封段)土壤保持服务价值分级占比(%)

类型	极低 (0.0～0.2)	较低 (0.2～0.4)	中等 (0.4～0.6)	较高 (0.6～0.8)	极高 (0.8～1.0)
土壤保持服务价值	62.09	31.31	5.97	0.53	0.10
保护土地面积价值	92.47	6.87	0.55	0.10	0.01
土壤营养保持价值	76.08	21.06	2.67	0.18	0.02
减少泥沙淤积价值	57.50	38.72	3.16	0.56	0.06
防止土地沙化废弃价值	51.78	34.18	10.96	2.00	1.08

对黄河下游背河洼地区(开封段)土壤保持服务价值求均值，结果如图 3-6 所示。其中，保护土地面积价值与减少泥沙淤积价值的空间分布具有一致性，均呈现出西北部高、东部低的态势。土壤营养保持价值与防止土地沙化废弃价值存在明显的西部高值区。防止土地沙化废弃价值存在建设用地高值点，当建设用地为不透水面时，其不存在土地沙化的可能性，因而呈现高值聚集。

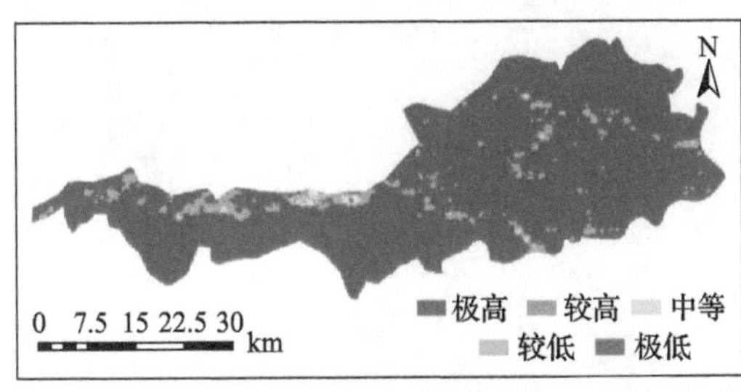

(a) 保护土地面积价值

(b) 土壤营养保持价值

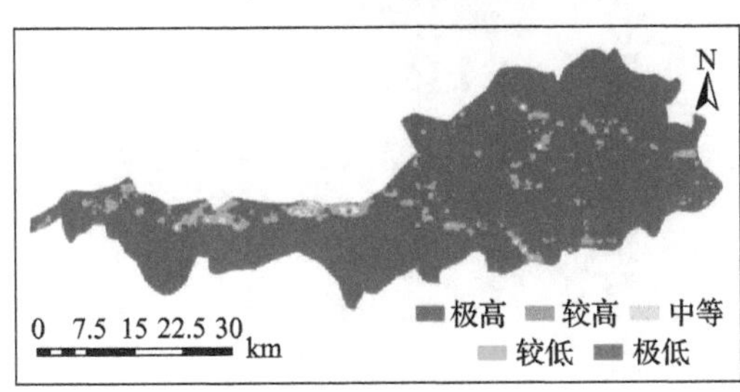

(c) 减少泥沙淤积价值

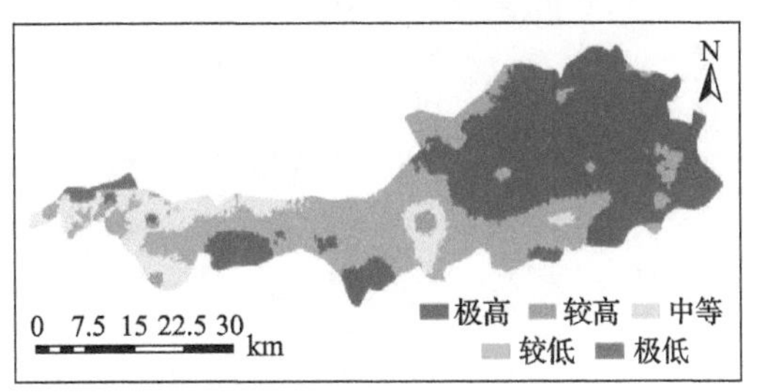

(d) 防止土地沙化废弃价值

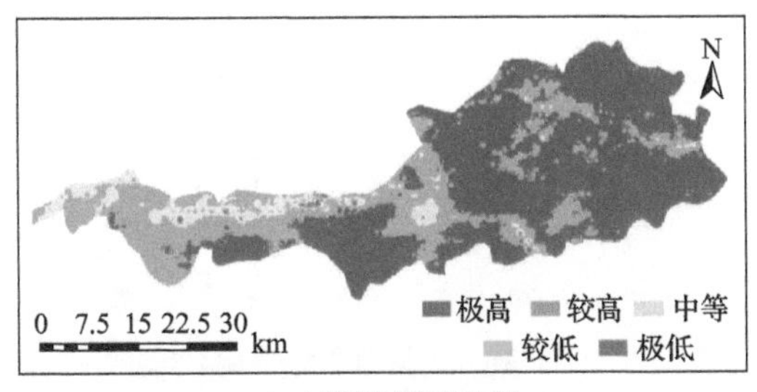

(e) 土壤保持服务价值

图 3-6　黄河下游背河洼地区(开封段)土壤保持服务价值空间分布图

3.2.3　NPP 及其服务价值评价

NPP 是全球气候变化背景下生物地球化学碳循环的重要指标(John，1973)，可直接反映植物群落在自然环境条件下的生产能力(李春华等，2007)。因而，在 NPP 的基础上对黄河下游背河洼地区(开封段)的植被生态系统服务价值进行估算，有利于直观地表达植被在维持黄河下游背河洼地区(开封段)生态平衡中所起的重要作用。

1. 固碳释氧价值

1990 年、2001 年、2008 年、2016 年研究区固碳释氧价值分别为 0.63×10^4 元、0.63×10^4 元、0.89×10^4 元、0.77×10^4 元，均值为 0.73×10^4 元，图 3-7 展示了黄河下游背河洼地区(开封段)固碳释氧价值的年际变化，1990 年、2001 年、2008 年、2016 年研究区释氧价值高于固碳价值，但二者相差不大。NPP 受自然因素影响较大，NPP 对太阳辐射量、气温、降水等均有着敏感的响应，因而其固碳释氧的能力也呈现出年际间的波动状态。2016 年相比 1990 年，黄河下游背河洼地区(开封段)植被固碳释氧价值上升了 22.26%，这主要得益于研究区良好的生态环境保护政策和科学的种植业管理等。根据开封市在黄河沿岸宜林地、黄河故道沙地区建设绿色廊道，开展治沙造林，构建农业生产的生态屏障的基本战略，黄河下游背河洼地区(开封段)未来的林地面积将逐步扩大，这将有利于进一步提升区域植被功能，提升生态系统固碳释氧价值。

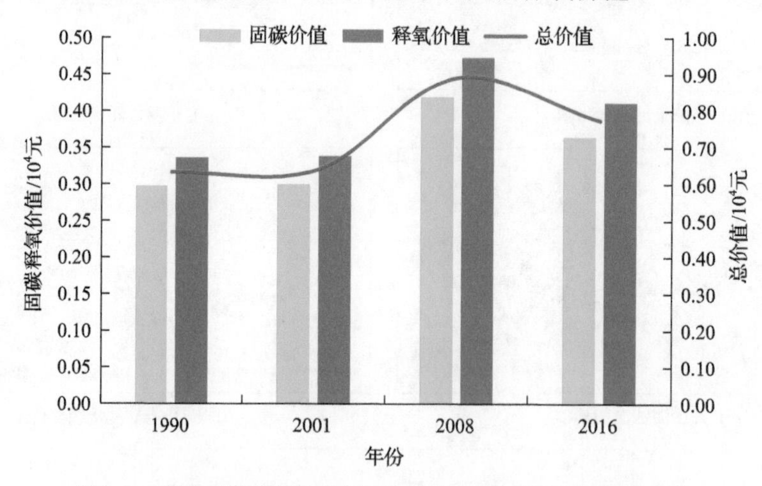

图 3-7　黄河下游背河洼地区(开封段)固碳释氧价值年际变化

由图 3-8 可知，1990 年背河洼地区(开封段)固碳释氧价值高值区主要集中在北部地区及东部低海拔地区，虽然 2016 年固碳释氧价值呈下降状态，但其分布情况与 1990 年差距不大。因此，耕地覆盖范围大的区域更有利于提升固碳释氧价值。

黄河下游背河洼地区(开封段)不同土地利用类型单位面积固碳释氧价值具有极大差异(表 3-3)。1990 年、2001 年耕地固碳释氧价值最高，分别达 483.51 元/km^2、487.27 元/km^2；2008 年、2016 年耕地固碳释氧价值最高，分别为 689.20 元/km^2、598.60 元/km^2。单位面积固碳释氧价值反映了不同土地利用类型间所存在的差异。首先，不同土地利用类型中

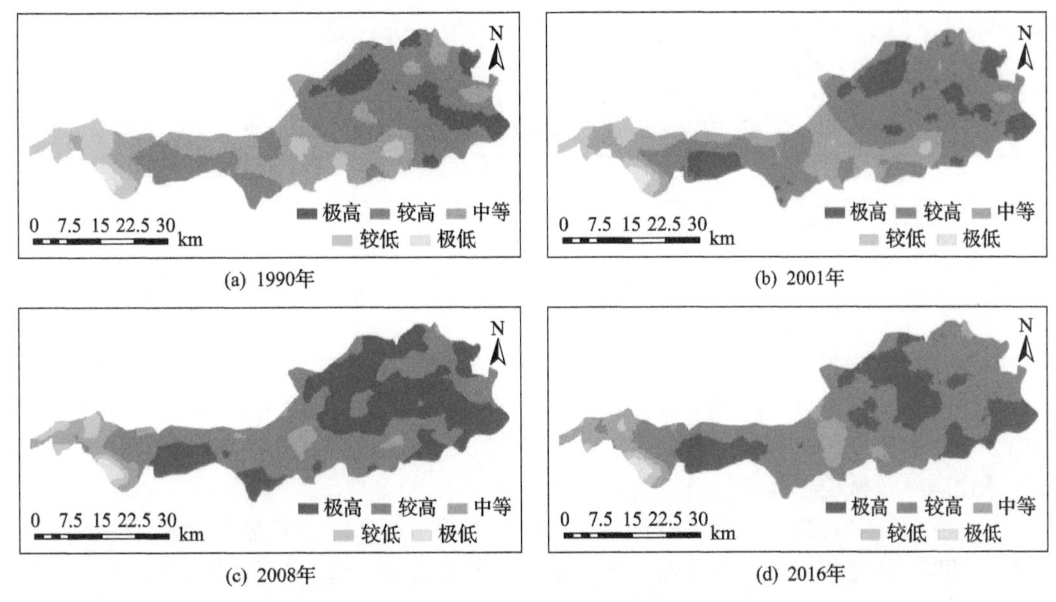

(a) 1990年　(b) 2001年

(c) 2008年　(d) 2016年

图 3-8　黄河下游背河洼地区(开封段)固碳释氧价值空间分布图

表 3-3　黄河下游背河洼地区(开封段)不同土地利用类型单位面积固碳释氧价值

(单位：元/km²)

类型	1990 年	2001 年	2008 年	2016 年
耕地	483.51	487.27	689.20	598.60
林地	434.63	464.46	634.75	574.24
水域	454.80	461.92	620.46	557.58
未利用地	347.18	378.07	502.89	496.43

植被构成及植被覆盖度是造成固碳释氧价值差异的主要原因。黄河下游背河洼地区(开封段)以耕地为主，农作物种类主要为玉米、小麦、水稻、红薯、棉花、大豆等，且为两年三熟或一年两熟，也就是说，研究区耕地裸露时间较短，常年被植被覆盖，因而其有更长的时间进行光合作用，从而产生高固碳释氧价值；而林地以落叶阔叶林为主，林地主要呈条带或团聚式分布，狭小的林地面积和秋冬季节植被的凋落使得林地固碳释氧价值要低于耕地；用地类型面积也决定了固碳释氧价值的高低。

2. 滞尘净化空气价值

黄河下游背河洼地区(开封段)滞尘净化空气价值主要衡量的是背河洼地区植被对空气的净化能力，植被对空气的净化能力早已被证实，不同植被类型净化空气的能力具有极大差异。表 3-4 展示了黄河下游背河洼地区(开封段)1990 年、2001 年、2008 年、2016 年滞尘净化空气价值。1990 年、2001 年、2008 年、2016 年滞尘净化空气价值分别为 19.91×10^{6} 元、19.01×10^{6} 元、16.38×10^{6} 元、15.09×10^{6} 元，呈现下降趋势，2016 年相比 1990 年下降 24.21%。从所占比例来看，滞尘功能所占比例最高，平均比例为 74.30%，而 HF 的比例仅为 0.30%。

表 3-4　黄河下游背河洼地区（开封段）滞尘净化空气价值　　（单位：10^6 元）

类型	1990 年	2001 年	2008 年	2016 年
SO_2	2.76	2.70	2.41	2.35
HF	0.05	0.05	0.05	0.06
NO_x	2.04	2.00	1.79	1.74
滞尘	15.06	14.26	12.13	10.94

滞尘净化空气价值指的是植被生长过程中对空气中粉尘及空气污染物的净化能力。考虑到研究区实际情况，本书选取 SO_2、HF、NO_x、粉尘对黄河下游背河洼地区（开封段）滞尘净化空气价值进行估算。

图 3-9 展示了黄河下游背河洼地区（开封段）不同土地利用类型滞尘净化空气价值。其中，水域、林地明显呈上升状态，而耕地呈现下降状态。不同土地利用类型面积的变化决定了植被附着生长环境面积的增减，而植被类型及生长程度决定了其滞尘净化空气价值的高低，因而在这种连带关系的驱动下，在区域无法进行大规模种植类型改进的情况下，扩大植被面积将有利于提升区域滞尘净化空气价值。

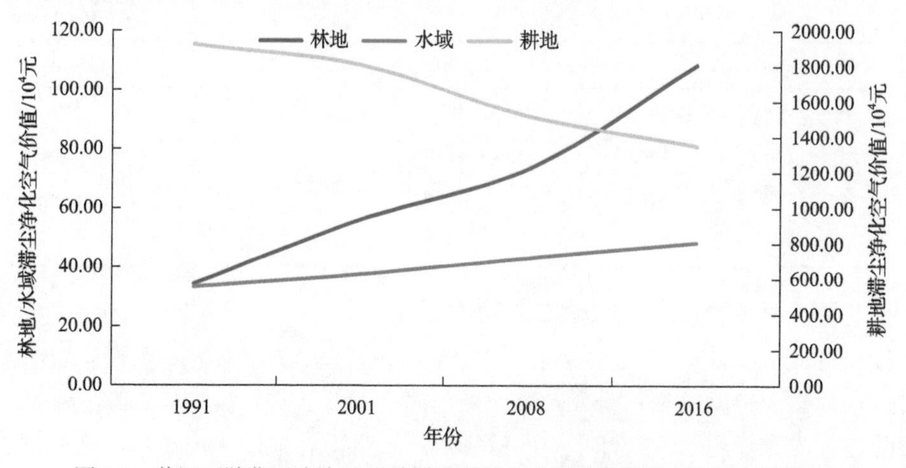

图 3-9　黄河下游背河洼地区（开封段）不同土地利用类型滞尘净化空气价值

表 3-5～表 3-8 展示了黄河下游背河洼地区（开封段）不同土地利用类型的滞尘净化空气价值的差异。其中，不同土地利用类型对不同大气污染物的净化能力有所差异。由于黄河下游背河洼地区（开封段）的发展定位，其耕地面积广布，这就注定其耕地上的植被量远高于其他土地利用类型。研究期间，耕地 SO_2、HF、NO_x 吸收价值及滞尘价值的平均值分别为 216.41×10^4 元、2.70×10^4 元、160.18×10^4 元、1271.25×10^4 元；林地 SO_2、HF、NO_x 吸收价值及滞尘价值平均值分别为 27.00×10^4 元、1.60×10^4 元、19.98×10^4 元、19.45×10^4 元；水域 SO_2、HF、NO_x 吸收价值及滞尘价值平均值分别为 12.05×10^4 元、0.73×10^4 元、8.90×10^4 元、19.00×10^4 元。

表 3-5　黄河下游背河洼地区(开封段)不同土地利用类型 SO_2 吸收价值　(单位：10^4 元)

类型	1990 年	2001 年	2008 年	2016 年
林地	13.64	22.18	29.14	43.05
水域	9.88	11.13	12.82	14.35
耕地	251.99	237.07	199.40	177.16

表 3-6　黄河下游背河洼地区(开封段)不同土地利用类型 HF 吸收价值　(单位：10^4 元)

类型	1990 年	2001 年	2008 年	2016 年
林地	0.81	1.31	1.72	2.54
水域	0.60	0.67	0.77	0.87
耕地	3.15	2.96	2.49	2.21

表 3-7　黄河下游背河洼地区(开封段)不同土地利用类型 NO_x 吸收价值　(单位：10^4 元)

类型	1990 年	2001 年	2008 年	2016 年
林地	10.09	16.41	21.56	31.85
水域	7.30	8.22	9.47	10.60
耕地	186.52	175.48	147.60	131.13

表 3-8　黄河下游背河洼地区(开封段)不同土地利用类型滞尘价值　(单位：10^4 元)

类型	1990 年	2001 年	2008 年	2016 年
林地	9.83	15.98	20.99	31.01
水域	15.59	17.56	20.22	22.64
耕地	1480.29	1392.63	1171.37	1040.70

从不同土地利用类型单位面积滞尘净化空气价值来对不同土地利用类型的滞尘净化空气价值能力进行分析(表 3-9)。

表 3-9　黄河下游背河洼地区(开封段)不同土地利用类型滞尘净化空气价值　(单位：元/km^2)

类型	SO_2 吸收价值	HF 吸收价值	NO_x 吸收价值	滞尘价值
林地	6393.73	377.42	4730.84	4605.65
水域	3009.37	181.77	2221.68	4746.32
耕地	2399.71	29.97	1776.23	14096.80

从不同土地利用类型单位面积滞尘净化空气价值来看，不同土地利用类型对不同类型污染物的净化能力具有极大差异。就 SO_2 吸收价值而言，吸收能力依次为林地＞水域＞耕地；HF 的吸收能力依次为林地＞水域＞耕地；NO_x 的吸收能力依次为林地＞水域＞耕地；滞尘能力依次为耕地＞水域＞林地。从不同用地类型的滞尘净化空气差异来看，合理的规划各类土地利用类型布局及其占比，将有利于提高区域滞尘净化空气价值。

3.2.4 水源涵养价值评价

由于黄河下游背河洼地区（开封段）独特的地理位置和形成原因，其土壤沙含量相对较高，不同作物种植基底具有较大差距，因而其水源涵养能力主要受到植被类型和土地利用方式影响。

黄河下游背河洼地区（开封段）不同土地利用类型水源涵养价值具有极大差异（表 3-10），不同土地利用类型水源涵养价值的排序依次为：耕地＞水域＞林地＞未利用地＞建设用地。1990 年水域水源涵养价值最高达 60.54×10^4 元，2001 年降低至 30.76×10^4 元，单位面积水源涵养价值反映了不同用地类型间所存在的差异。首先，除水域外，其他用地类型的土壤机械组成、植被构成是造成水源涵养价值差异的主要原因。就耕地而言，不同农作物的水源涵养价值具有极大差异，但受到遥感解译精度的影响，无法区分不同作物的实际分布情况，因而在计算时统一将黄河下游背河洼地区（开封段）农作物规定为玉米、小麦，既保证了研究的可取性，也突出了研究区作物种植的一般情况。耕地水源涵养能力更强，水源涵养量更高，这主要由植物的生理特征和对水分的利用特征所决定，而且过于裸露的地面和不透水面更不利于生态系统水源涵养功能的实现，如建设用地、未利用地。

表 3-10　黄河下游背河洼地区（开封段）不同土地利用类型水源涵养价值　（单位：10^4 元/km^2）

类型	1990 年	2001 年	2008 年	2016 年
耕地	329.07	139.62	142.15	99.38
林地	11.01	8.07	12.84	14.93
未利用地	10.03	3.70	3.69	2.73
水域	60.54	30.76	42.87	37.76
建设用地	0.00	0.00	0.00	0.00

3.3　生态系统风险损失量评价

黄河下游背河洼地区（开封段）生态系统风险损失量评价主要包括以下 3 个方面：从大的、综合的层面来看，选用了景观综合生态风险指数对整个区域的生态风险进行评估，其中包括景观的破碎度指数、分离度指数、优势度指数、干扰度指数、脆弱度指数及生态风险度指数，景观综合生态风险主要指区域整体景观变化的脆弱性与景观的优势程度，突出区域整体生态风险，是区域景观层面风险的度量指标。从小的、社会的层面来看，选用了环境污染生态风险在内的“三废”排放生态风险指数。污染生态风险是将人类生活引入区域生态安全评价当中，考虑因人类活动而产生的生态风险。而自然层面则从水土流失、土地沙化两个方面对其灾害生态风险进行衡量，灾害生态风险主要指从自然环境角度出发，考虑自然因素的变动对区域生态安全的影响，即因自然灾害存在而产生的区域生态风险。3 个指标分别从不同方向和层面对研究区生态风险进行了充分评估，从而为下一步的研究打下基础。

3.3.1　生态系统风险损失量评价模型

1. 景观综合生态风险损失评价体系

景观格局对生态系统服务价值有着重要的响应(Lieth and Whittaker，1976)。景观作为一种以类似方式重复出现的、相互作用的生态系统所组成的异质性区域，其土地利用类型将对景观格局指数(landscape pattern index)产生显著影响(胡胜等，2014)。景观格局指数可以正确反映研究区域景观格局的基本特征，而该特征也正是引起该区域生态系统服务价值变化的又一重要因素(余新晓等，2007)。运用景观破碎度指数、景观分离度指数、景观优势度指数、景观干扰度指数、景观脆弱度指数等对区域景观综合生态风险进行计算，进而对生态系统的潜在损失进行反映。参考前人研究成果(Su et al.，2012)建立黄河下游背河洼地区(开封段)景观综合生态风险衡量体系[式(3-46)～式(3-49)]。

1)景观破碎度指数

$$L_f = n_p / A_p \tag{3-46}$$

式中，L_f为景观破碎度指数；n_p为不同类型斑块数；A_p为不同类型景观面积；p为不同类斑块。

2)景观分离度指数

$$L_i = \sqrt{\frac{n_p}{A}} \times 0.5 \times \frac{A}{A_p} \tag{3-47}$$

式中，L_i为景观分离度指数；A为景观总面积。

3)景观优势度指数

$$L_d = \frac{Q_p + M_p}{4} + \frac{L_p}{2} \tag{3-48}$$

式中，L_d为景观优势度指数；Q_p为不同景观类型出现单元数与总单元数的比值；M_p为单元内不同景观类型斑块数与单元内斑块总数的比值；L_p为单元内不同景观类型与单元总面积的比值。

4)景观干扰度指数

$$L_{dd} = 0.5 \times L_f + 0.3 \times L_i + 0.2 \times L_d \tag{3-49}$$

式中，L_{dd}为景观干扰度指数。

5)景观脆弱度指数

不同的景观类型在维护生态系统稳定中发挥着不同的作用，同时对外界干扰的抵抗能力也不同，这主要源于景观本身所处阶段不同(彭建等，2006)。研究区人类影响显著，因而该区域的土地利用综合表现出区域自然和人文的双重影响。将黄河下游背河洼地区

(开封段)景观类型划分为未利用地、水域、耕地、林地、建设用地，参考前人研究成果(Su et al.，2012)，依次赋予权重 5、4、3、2、1，并进行归一化处理(苏常红和傅伯杰，2012)。

6)景观生态风险度指数

参考前人研究成果(谢花林，2011)，将景观干扰度指数与景观脆弱度指数进行叠加，构成了景观生态风险度指数，即用以综合反映区域内综合景观生态风险损失的相对大小，并建立空间格网，以精确对景观生态风险度指数进行空间可视化表达[式(3-50)]。

$$\mathrm{LERI}=\sum_{p=1}^{N}\frac{S_{kp}}{S_k}\times\sqrt{L_{dd_p}\times F_{l_p}} \tag{3-50}$$

式中，LERI 为景观生态风险度指数；S_{kp} 为第 k 个格网中不同景观的面积；S_k 为格网总面积；F_{l_p} 为不同类型景观的脆弱度指数；N 为景观类型总数。

2. 灾害生态风险损失评价体系

灾害生态风险主要是对自然灾害风险源对生态系统的影响程度进行综合评价(任志远和刘焱序，2013)。由于突发性灾害具有时间上的不确定性，难以在短时间内对其发生规律进行把握，因而本书在灾害生态风险损失中对突发性灾害不予以考虑。渐变性灾害存在随时间变化的规律性，灾害损失易于量化，结合黄河下游背河洼地区(开封段)实际，选取水土流失、土地沙化两类灾害生态风险损失指标对研究区灾害生态风险损失价值进行评价。水土流失量用 RUSLE 模型进行测定，选取现实土壤侵蚀量作为研究区年水土流失量，进而估算得到研究区土地面积减少、土地营养下降、泥沙淤积、价值损失；土地沙化量用 RWEQ 模型进行估算，进而计算得出土地沙化损失价值。

3. 污染生态风险损失评价体系

黄河下游背河洼地区(开封段)受人类活动影响较为明显，生产生活中的“三废”排放无疑对该区域的生态安全造成重要影响。由于全国环境统计公报中仅显示“三废”排放量，而具体评价中的排污点位置及污染物空间分布规律较难掌握，这为污染生态风险的空间定量化研究造成了极大困难，因而建立空间格网，以完成数据的空间可视化工作。

夜间灯光数据(DMSP/OLS)常被用于人口、经济、能源及碳排放的空间可视化研究当中，其可以从侧面对上述指标的空间分布规律进行表达，并获得良好的研究效果。仿照人口、经济、能源的空间可视化过程，考虑到“三废”排放与城市化具有一定的对应关系，本书应用夜间灯光数据对黄河下游背河洼地区(开封段)“三废”污染进行空间可视化表达。在对夜间灯光数据进行基本处理后(许学工等，2001)，统计各网格内夜间灯光总和，结合各区县“三废”排放量对各网格内污染生态风险损失进行评价，即将“三废”排放的等量价格与灯光强度的比值作为污染生态风险损失价值。

3.3.2 景观综合生态风险

在人为活动占优势的景观内，当区域内部缺乏基本的生态监测数据或缺乏历史生态数据积累时，景观结构组分的变化就可以综合反映区域整体生态结构的改变，进而显示区域整体生态安全的程度及空间分布状况(曾辉和刘国军，1999)，即基于景观结构进行土地利用生态风险分析，可以综合评估各种潜在生态影响类型及其累积性后果。而若景观格局中某一类景观在短时间内或大量向另一类景观进行转变，则预示了区域原有生态平衡的失衡和新生态平衡的建立，在这种不断打破与重建的过程中，则对生态安全的变化起到了重要的指示作用。

黄河下游背河洼地区(开封段)耕地广布，在确定不同时间阶段发展定位的前提下，其景观格局对区域内整体生态安全程度及区域未来发展政策方针的制定均有着重要意义。景观干扰度指数分别从景观的破碎化程度、景观间的分离程度及不同小区域内景观优势的大小来对区域整体景观干扰度进行评价。因而，景观干扰度指数主要反映了不同景观所代表的生态系统受人类活动的干扰度(李谢辉和李景宜，2008)。1990～2016年，黄河下游背河洼地区(开封段)景观类型变化剧烈，考虑到在区域粮食生产能力不被破坏、区域耕地保障能力不降低的前提下，对研究区不同时间内的景观干扰度进行计算分析，凸显出区域景观变化对人类活动的响应，进而在时间尺度上彰显黄河下游背河洼地区(开封段)整体生态风险状况。

如图3-10所示，黄河下游背河洼地区(开封段)景观干扰度在时间上存在波动且在空间分布上也存在差异。1990年与2001年，研究区空间景观干扰度分布相对均匀，尤其是2001年，其东部地区的干扰程度达到研究期间的最高值。而随着时间的推移，干扰程度较高的地区逐渐收缩至研究区西部及城镇用地边缘地区。但值得一提的是，1990～2001年，研究区景观干扰度指数最大值下降了 0.35，但其整体干扰范围呈扩大趋势，说明人类活动不单单局限于集中式的景观改造，而是对更为广泛的区域景观进行综合利用。在

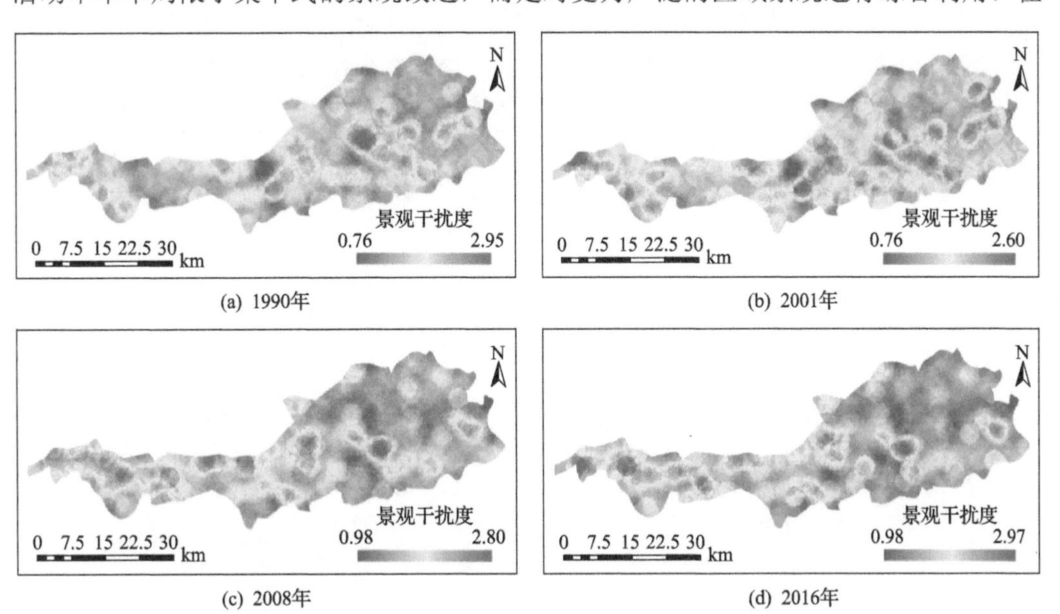

图3-10　黄河下游背河洼地区(开封段)景观干扰度空间分布插值图

对可以改造的景观进行可用性改造后，人类活动则向着更深层次的景观干扰行为进行，即在原有建设用地景观的基础上对周边景观进行进一步改造，从而达到提高生产、生活质量的目的。这从景观干扰度指数层面上则直接表现为数值的持续增高，即从 2001 年的 2.60 增加到 2016 年的 2.97。

1. 景观脆弱度时空变异分析

黄河下游背河洼地区(开封段)人类活动频繁，因而区域的土地利用程度不仅反映了土地本身所挟带的自然属性，也反映了土地在转换过程中与人类活动结合所形成的综合效应。景观脆弱度主要指的是区域景观受人类活动影响后所造成的损失大小，即人类活动参与度低、景观恢复能力弱的景观类型，其脆弱度相对较高。相反，人类活动频繁且景观自身恢复能力较强的景观类型，其脆弱度较低。根据前人研究成果，将研究区 5 类景观脆弱度高低依次赋值为未利用地 5、水域 4、耕地 3、林地 2、建设用地 1。

1990～2016 年黄河下游背河洼地区(开封段)景观脆弱度等级分布相对不均匀，景观脆弱度多集中在中等和低两个水平。1990 年、2001 年、2008 年、2016 年景观脆弱度为中等和低的景观占总景观数目的 91.82%、91.25%、90.60%、88.74%，均超过 85%。将高、较高划分为高阶段，较低、低划分为低阶段，研究期间高阶段占比分别为 6.57%、6.15%、5.97%、6.19%，而低阶段占比显著上升，即区域整体脆弱度呈下降趋势。从景观脆弱度分级变化面积来看，1990～2016 年景观脆弱度低景观面积增加 270.85km^2，较高、较低景观脆弱度景观面积呈增加趋势，分别增加 14.85km^2、46.00km^2(表 3-11 和表 3-12)。这一方面突出区域景观韧性加强，但就另一方面而言，这是人类活动过度介入景观，使景观受人类干扰增强所致。景观脆弱度的降低应全方位看待，单方面的景观脆弱度的升高和降低无法维持区域整体生态安全，因而合理地对区域景观的数量及空间分布进行配比，将对提高区域生态安全具有重要意义。

表 3-11 1990 年、2001 年、2008 年、2016 年黄河下游背河洼地区(开封段)不同级别景观脆弱度情况统计(%)

景观脆弱度	1990 年	2001 年	2008 年	2016 年
高(5)	4.10	3.36	2.76	2.60
较高(4)	2.47	2.79	3.21	3.59
中等(3)	79.08	74.40	62.58	55.60
较低(2)	1.61	2.61	3.43	5.07
低(1)	12.74	16.85	28.02	33.14

表 3-12 1990～2016 年黄河下游背河洼地区(开封段)不同级别景观脆弱度面积变化情况统计

景观脆弱度	1990～2001 年	2001～2008 年	2008～2016 年	1990～2016 年
高(5)	−9.84	−7.86	−2.16	−19.86
较高(4)	4.15	5.61	5.09	14.85
中等(3)	−62.18	−156.96	−92.70	−311.84
较低(2)	13.36	10.88	21.76	46.00
低(1)	54.51	148.34	68.01	270.85

2. 景观生态风险度时空变异分析

研究期间，黄河下游背河洼地区(开封段)景观生态风险度存在明显的空间分布差异(图3-11)。1990年景观生态风险度指数极差为0.20，除研究区中部和西部外，大部分地区的景观生态风险度均相对较低；2001年景观生态风险度指数极差为0.23，说明区域景观生态风险度存在差异，且存在加大趋势；2008年相比2001年景观生态风险度指数极差上升0.08，且除较大的居民聚集区外，区域整体景观生态风险度均呈现上升趋势；2016年极差相比1990年增大0.13，黄河下游背河洼地区(开封段)区域景观发展不平衡，景观生态风险度指数差异不断加大，这将会使区域内部景观发展速度存在差异，进而影响整体生态功能的实现。

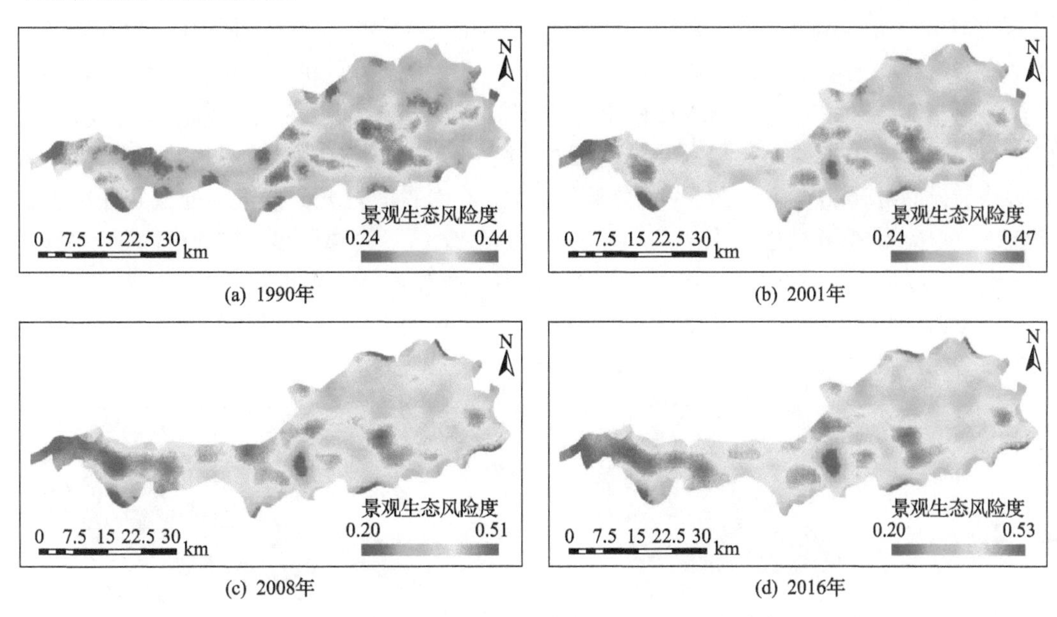

图3-11　黄河下游背河洼地区(开封段)景观生态风险度空间分布图

1990～2016年黄河下游背河洼地区(开封段)景观生态风险度存在聚集效应(表3-13)。其中，0.0～0.2(景观生态风险度极低)的占比呈波动状态，且2016年占比达到极值0.95%，这充分说明区域整体景观生态风险降低，但局部风险呈扩大趋势。0.2～0.4层级的分布相对稳定，而0.4～0.8层级则呈现高度聚集态势，2016年相比1990年0.6～0.8

表3-13　1990～2016年黄河下游背河洼地区(开封段)景观生态风险度分级占比情况统计(%)

景观生态风险度分级	1990年	2001年	2008年	2016年
0.0～0.2	0.34	0.56	0.44	0.95
0.2～0.4	4.42	4.13	3.46	4.34
0.4～0.6	55.12	45.50	25.97	42.44
0.6～0.8	33.61	44.46	57.68	45.19
0.8～1.0	6.52	5.35	12.46	7.07

层级上升 11.58%，说明虽然区域存在景观生态风险极端化现象，但整体占比较低，而中部偏上的景观生态风险度分级则占绝对优势，且呈现扩大化现象。

3.3.3 污染生态风险

污染生态风险是人地关系与生态系统二者间相互作用的重要表现之一。考虑到黄河下游背河洼地区(开封段)当前所面临的或未来即将遭受的污染生态风险情况，且大区域尺度的评价中具体排污点位数据和传播衰减距离无法确定或不易观察其空间分异性，结合数据获取的科学性和准确性，选取具有区域特色的“三废”排放污染指标反映区域的污染生态风险。

由于人口、GDP、能源消费量等具有较大的空间流动性和不确定性，因而选取正确的方法对其空间分异规律进行表达就显得尤为重要。DMSP/OLS、NPP/VIIRS 夜间灯光数据常用于反映人口密度、产业集聚及其他社会发展指标的空间分布状态，而以灯光强度作为区域发展过程的空间表达具有较高的研究精度(Henderson et al.，2003)，相仿于人口分布和城市建设，城市化和人类活动与“三废”污染也具有一定的相关性，因而本书参考基于夜间灯光的人口、经济空间化研究方法，在对夜间灯光数据进行处理后(Elvidge et al.，1997)，求得各栅格像素值总和并将其作为研究区灯光总强度。在广泛收集研究区“三废”排放量后，根据 2003 年颁布的《排污费征收使用管理条例》，分别确定“三废”污染物排放每吨征收价格，进而得出黄河下游背河洼地区(开封段)逐栅格污染价格，即每个栅格的污染生态风险损失，结果如图 3-12 所示。

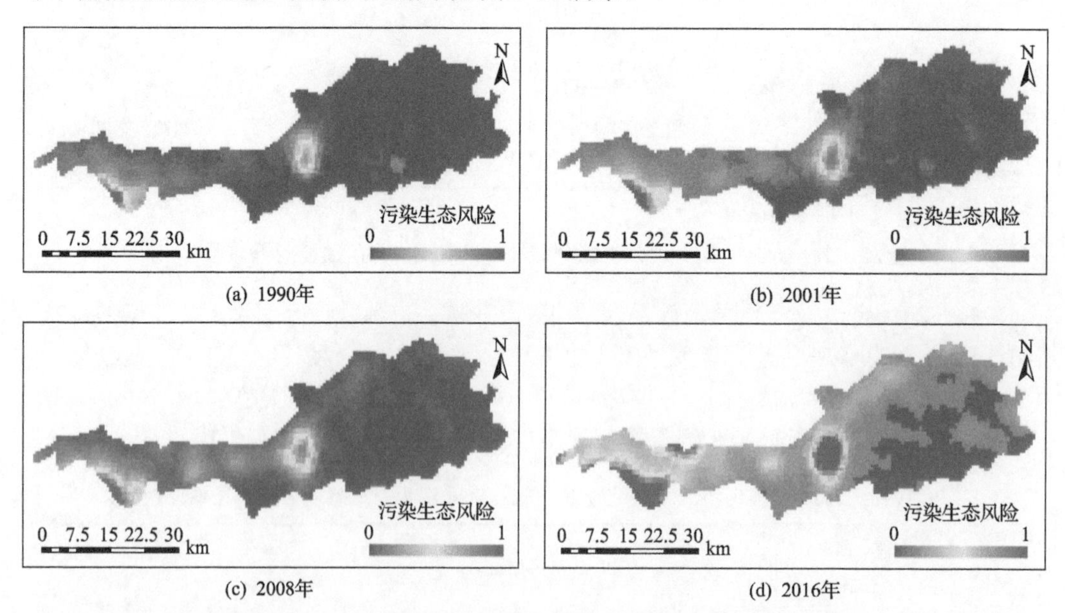

图 3-12 黄河下游背河洼地区(开封段)污染生态风险空间分布图

1990 年、2001 年、2008 年和 2016 年黄河下游背河洼地区(开封段)污染生态风险在空间上呈现扩大的趋势，且与建设用地的扩张具有相对应的空间关系。首先，黄河下游背河洼地区(开封段)污染生态风险呈现以中部城市为极值点的高污染源和以西部地区为次极值点的高污染源，且随时间呈现逐步扩张和集中连片的发展态势。其次，研究区污染生态风险低值区呈现向东南部退缩的趋势，且退缩速度逐步扩大，越远离建成区，污染生态风险越低。最后，黄河下游背河洼地区(开封段)污染生态风险的空间不对称性明显。随时间变化，西部与东部地区的污染生态风险差异逐渐扩大，这种区域生态环境的不对称演变将不利于区域整体的可持续发展。

为了增强年际间的可对比性，将研究期间黄河下游背河洼地区(开封段)的污染生态风险进行归一化处理，并按照 0.2 的分割进行划分，结果见表 3-14。将 0.0～0.2、0.2～0.4、0.4～0.6、0.6～0.8、0.8～1.0 分别设定为低、较低、中等、较高、高污染生态风险，可以看出，低与较低污染生态风险占区域整体的 90%以上，但呈现减少趋势；2016 年相比 1990 年高污染生态风险上升 0.5%，虽然所占比例较小，但从上升幅度来看，1990～2001 年、2001～2008 年、2008～2016 年分别上升 0.02%、0.06%、0.42%，上升速度逐渐增高。

表 3-14　1990～2016 年黄河下游背河洼地区(开封段)污染生态风险度分级占比情况统计(%)

污染生态风险度分级	1990 年	2001 年	2008 年	2016 年
0.0～0.2	92.56	91.88	89.92	86.12
0.2～0.4	5.21	4.95	6.16	8.29
0.4～0.6	1.66	2.34	2.59	3.38
0.6～0.8	0.30	0.55	1.00	1.45
0.8～1.0	0.26	0.28	0.34	0.76

图 3-13 显示了黄河下游背河洼地区(开封段)污染生态风险价值随时间变化的趋势。1990 年、2001 年、2008 年、2016 年黄河下游背河洼地区(开封段)污染生态风险价值分别为 0.91×10^8 元、1.05×10^8 元、1.25×10^8 元、1.27×10^8 元。1990～2001 年、2001～2008 年、2008～2016 年分别上升 0.14×10^8 元、0.20×10^8 元、0.02×10^8 元，2008～2016 年污染生态风险变化减缓，说明随着区域的不断发展，区域生态环境治理和环境保护卓见成效。

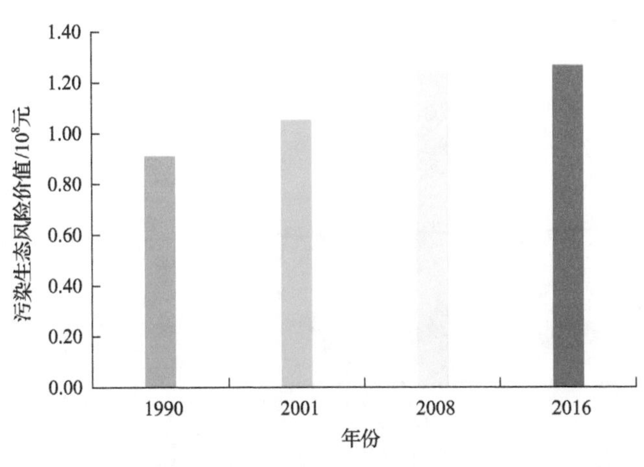

图 3-13　黄河下游背河洼地区(开封段)污染生态风险价值随时间变化的趋势

3.3.4　灾害生态风险

与污染生态风险不同，灾害生态风险主要反映了自然灾害与生态系统间的相互作用，即灾害生态风险是对以自然灾害为风险源、以生态系统为风险受体的灾害生态风险评价。自然灾害种类繁多，由于突发性灾害具有随机性，并且很难在短时间内总结其发生规律，因而结合研究区实际及其独特的地理位置和生态系统整体现状，选用水土流失和土地沙化两类自然灾害作为主要研究对象，如图 3-14 所示。

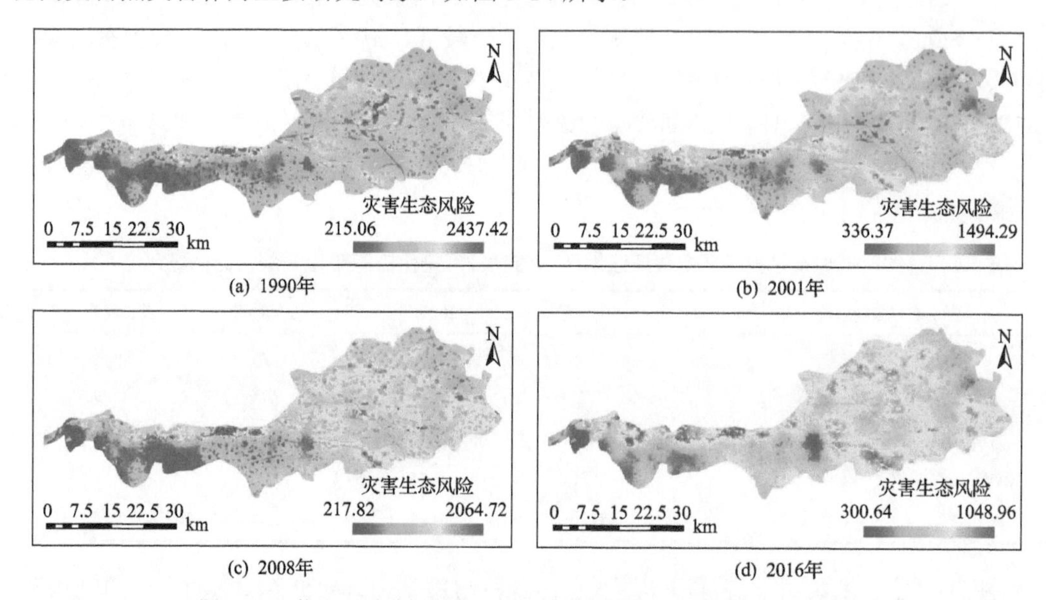

图 3-14　黄河下游背河洼地区(开封段)灾害生态风险空间分布图

1990 年、2001 年、2008 年、2016 年黄河下游背河洼地区(开封段)灾害生态风险空间上呈现扩大的趋势，且主要集中于研究区东部地区。水土流失和土地沙化两类自然灾害受自然因素影响较大，其极值点存在相对波动，但就研究区整体而言，区域灾害所造成的价值损失呈现时空上的扩大趋势。

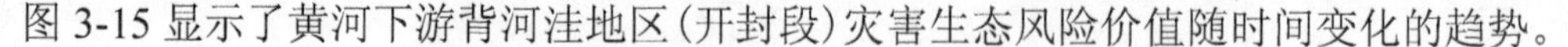
图 3-15 显示了黄河下游背河洼地区(开封段)灾害生态风险价值随时间变化的趋势。

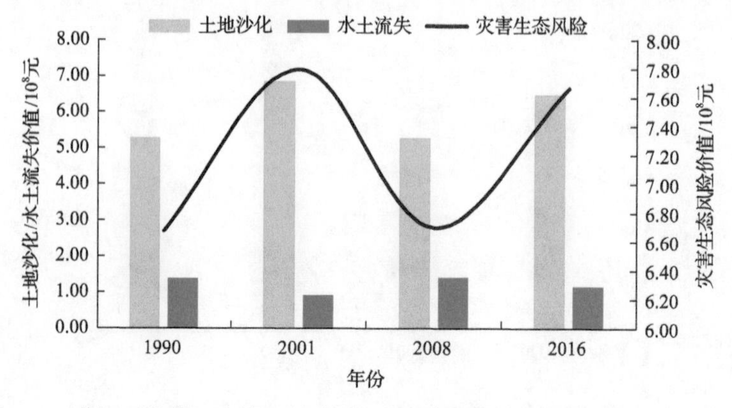

图 3-15　黄河下游背河洼地区(开封段)灾害生态风险价值随时间变化的趋势

1990年、2001年、2008年、2016年黄河下游背河洼地区(开封段)灾害生态风险价值分别为6.67×10^8元、7.79×10^8元、6.70×10^8元、7.67×10^8元，呈现年际波动态势，但整体变化不大，均值为7.21×10^8元。从土地沙化和水土流失所造成的价值损失来看，土地沙化是黄河下游背河洼地区(开封段)所面临的主要灾害生态风险，这与实地调查结果相一致。因而，防风固沙，如建立适当的防护林将是该区域未来所要推行的重要工作之一。

3.4　区域综合生态安全程度评价及分区

3.4.1　综合生态安全程度评价及分区模型

1. 生态安全程度评价

生态安全程度由生态系统服务收益与生态风险损失共同决定。其中，生态系统服务收益对提高生态安全具有积极的正向作用，对弥补生态风险价值损失具有重要意义，也就是说，生态系统服务收益对生态安全具有提升作用，而生态风险对生态安全起反向作用。将生态系统服务收益与生态风险相结合，获得黄河下游背河洼地区(开封段)生态安全程度。生态系统服务收益价值与实际生态风险损失价值的比值为实际损失的安全程度，将隐含损失景观生态风险作为分母，表明景观变化潜在价值损失对生态安全有负面影响，从而得出综合了潜在与现实风险和服务能力的生态安全程度[式(3-51)]。

$$\mathrm{ES}=\frac{\mathrm{ESV}}{V_{\mathrm{DR}}+V_{\mathrm{PR}}}\times\frac{1}{\mathrm{LERI}}\times\tau \tag{3-51}$$

式中，ES为生态安全程度；ESV为生态系统服务收益价值；V_{DR}为灾害风险损失价值；V_{PR}为污染风险损失价值；LERI为潜在风险即景观生态风险指数；τ为转换系数。将生态安全程度转换至[0,100]区间，ES值越接近1表明越安全。

2. 人居自然适宜性评价

参考前人研究成果，选取地形起伏度(刘焱序和任志远，2012)、气候指数(唐焰等，2008)、水文指数(郝慧梅和任志远，2009)、地被指数(封志明等，2008)作为黄河下游背河洼地区(开封段)人居自然适宜性评价指标。为突出区域内部空间差异，求取四项指标的空间变异系数并进行归一化处理，其中地形起伏度运用反向归一化。将归一化处理后的变异系数作为权重，将所有指标按权重进行累加作为人居自然适宜性。

1)地形起伏度

在前人的研究中(封志明等，2008)，以1km×1km为栅格分辨率，以25km^{2}内高差＜30m为平地，以我国低山海拔500m作为基准山，则地形起伏度表示与基准山的倍数关系。平均海拔除以1000m来消除单位(刘焱序和任志远，2012)[式(3-52)]。

$$\mathrm{RDLS}=\mathrm{ALT}/1000+\{[\mathrm{Max}(H)-\mathrm{Min}(H)]\times[1-P(A)/A]\}/500 \tag{3-52}$$

式中，RDLS 为地形起伏度；ALT 为单元格内平均海拔；Max(H)、Min(H)分别为黄河下游背河洼地区(开封段)极高、极低海拔；$P(A)$为区域内的平地面积。

2)气候指数

气候指数由温湿指数与风效指数构成。其中，温湿指数由有效温度演变而来，其综合考虑了温度和湿度对人体舒适度的影响(范业正等，1998)。风效指数经过多次改进，其物理意义是指皮肤温度为 33℃时，体表单位面积的散热量，即在寒冷环境条件下，风速与气温对裸露人体的影响(John，1973)[式(3-53)和式(3-54)]。

$$\mathrm{THI}=(1.8T_{\mathrm{mean}}+32)-0.55(1-\mathrm{Hum}_{\mathrm{mean}})\times(1.8T_{\mathrm{mean}}-26) \tag{3-53}$$

$$K=-10(\sqrt{W_v}+10.45-W_v)+8.55R_h \tag{3-54}$$

式中，THI 为温湿指数；K 为风效指数；T_{mean} 为月平均气温；W_v 为月平均风速；$\mathrm{Hum}_{\mathrm{mean}}$ 为月平均湿度；R_h 为日照时数(h/d)；温湿指数与风效指数分别取权重 0.52 和 0.48 进行合并(唐焰等，2008)。

3)水文指数

$$\mathrm{WRI}=0.8P+0.2W_a \tag{3-55}$$

式中，WRI 为水文指数；P 和 W_a 分别为采用极差标准化法得到的标准化年均降水量和标准化水域面积(John，1973)[式(3-55)]。

4)地被指数

$$\mathrm{LCI}=\mathrm{LT}_i\times\mathrm{NDVI} \tag{3-56}$$

式中，LCI 为地被指数；NDVI 为运用最大值合成法获得的归一化植被指数；LT_i 为各土地利用类型的权重，耕地、林地、水域、建设用地、未利用地的取值依次为 0.7、0.6、0.6、0.8、0.1(李谢辉和李景宜，2008)[式(3-56)]。

3. 自组织映射神经网络

自组织映射(SOM)神经网络模型采用无导师聚类方法，在结构上模拟大脑皮层中神经元的二维点阵结构，在功能上模拟神经元的相互作用和相互竞争，从而实现自组织学习和聚类功能(李春华等，2007)。本书在 MATLAB 2014a 的依托下实现 SOM 神经网络模型，从而对生态安全程度栅格图与人均自然适宜度栅格图进行分区。黄河下游背河洼地区(开封段)生态安全分区构建的 SOM 神经网络模型包括输入神经元样本 1540 个，每个样本包含 2 个属性元素。

SOM 神经网络模型算法可以归为以下几步(胡永进和张鸣峰，2013)。

1)变量及权值向量设置

本书以栅格数据为基本数据形式进行 SOM 神经网络分区，输入变量为生态系统安全程度栅格图与人居自然适宜性栅格图[式(3-57)]，则输入变量可以表达为

$$X(n)=[x_1(n),x_2(n),\cdots,x_j(n)]^{\mathrm{T}} \tag{3-57}$$

权值向量为[式(3-58)]

$$W_i(n)=[w_{i1}(n),w_{i2}(n),\cdots,w_{ij}(n)]^{\mathrm{T}},i=1,2,\cdots,n \tag{3-58}$$

2) SOM 神经网络模型初始化

对权值向量进行初始化设置，并设置模型初始参数[式(3-59)和式(3-60)]。

$$X'=\frac{X}{\|X\|}=\frac{(x_1,x_2,\cdots,x_n)^{\mathrm{T}}}{\left[{x_1}^2+{x_2}^2+\cdots+{x_n}^2\right]^{0.5}} \tag{3-59}$$

$$W_i'(0)=\frac{W_i(0)}{\|W_i(0)\|} \tag{3-60}$$

3) 训练样本选取

选取训练数据样本集，并计算指标的距离[式(3-61)]。

$$d_i=\left[\sum_{j=1}^{n}(x_j-{w_{ij}}^2)\right]^{0.5} \tag{3-61}$$

根据欧式距离最小的准则选择获胜神经元，以实现神经元间的竞争。

4) 更新神经元权值向量

$$\begin{cases} w_j(n+1)=w_j(n)+\eta(n)h_{j\cdot i(X)}(n)\left[X-w_j(n)\right] & j\in N_{i(X)}(n) \\ w_j(n+1)=w_j(n) & j\notin N_{i(X)}(n) \end{cases} \tag{3-62}$$

$$h_{j\cdot i(X)}(n)=\mathrm{int}[h_0(1-\mathrm{tr}/\mathrm{Tra})] \tag{3-63}$$

式中，$N_{i(X)}(n)$为获胜神经元的拓扑邻域空间；$h_{j\cdot i(X)}(n)$为获胜神经元邻域半径调整函数；Tra 为训练总次数；tr 为当前训练次数；h_0为邻域半径初始值[式(3-62)和式(3-63)]。

5) 更新学习速率并对更新后的权值进行归一化处理

$$\eta(n)=\eta_0\mathrm{e}\left(-\frac{n}{\tau_2}\right) \qquad n=0,1,2,\cdots,N \tag{3-64}$$

$$\sigma(n)=\sigma_0\mathrm{e}\left(-\frac{n}{\tau_1}\right) \qquad n=0,1,2,\cdots,N \tag{3-65}$$

$$W_i'(n+1)=\frac{W_i(n+1)}{\|W_i(n+1)\|} \tag{3-66}$$

若迭代次数 n 超过 N，则结束迭代过程，否则，转到第 3) 步继续迭代过程。

3.4.2 人居适宜度评价

黄河下游背河洼地区(开封段)人居适宜度评价主要是依据区域自然资源分布特征，对区域是否适合人类居住进行评价。评价结果展现了自然资源的分布，也就是在无人类主观因素影响下的自然最优区位选择。人居适宜度评价选择了地形起伏度、气候指数、水文指数、地被指数四类指标，分别从地形地貌、气候、水资源、植被四个方面对是否适合人类居住程度进行评定，再将所有指标按权重进行累加后得到人居适宜度。

由图 3-16 可知，黄河下游背河洼地区(开封段)人居适宜度存在明显的空间聚集性和分布差异，但整体人居适宜度较高，1990 年、2001 年、2008 年、2016 年区域整体人居适宜度中等以上占比均超过 93%。从空间分布上来看，区域整体人居适宜度呈下降状态。人居适宜度较高的区域主要集中在区域中部地区，但极高人居适宜度区域呈现逐年缩减态势，2016 年相比 1990 年减少 10.47%，而东部较低人居适宜度区域面积则增加了 2.58%。除中部较高人居适宜度主体外，西部较高人居适宜度区域呈小幅度扩增态势，结合估算指标，由于地形地貌、气候在短时间未发生较大改变，而考虑到水资源存在空间调度分配，因而植被的空间分布是造成该类变化的主要原因。

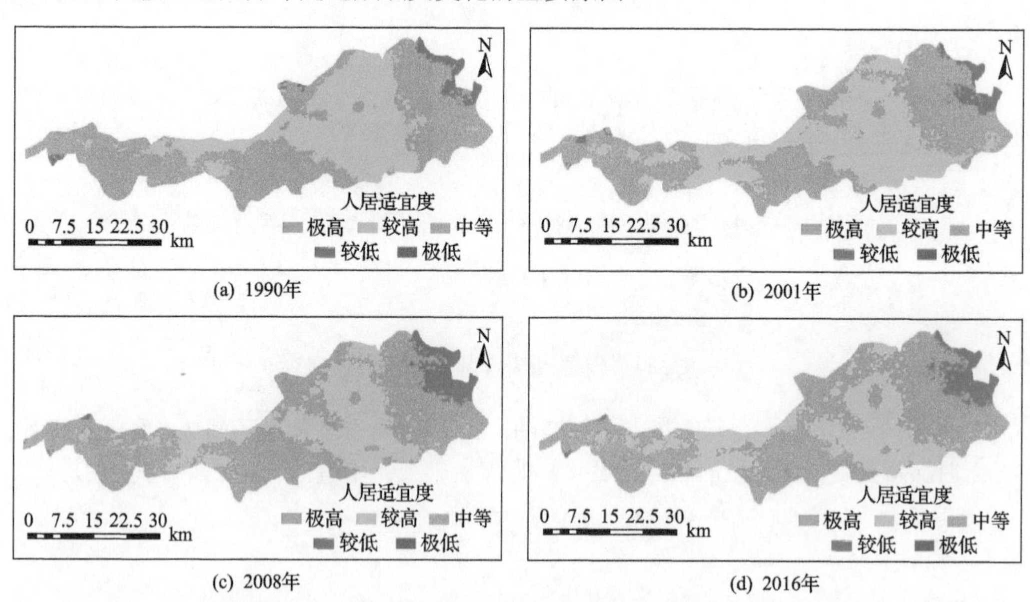

图 3-16　黄河下游背河洼地区(开封段)人居适宜度空间分布图

结合图 3-17，从数量变化上来看，研究期间黄河下游背河洼地区(开封段)中等人居适宜度区域占比呈波动上升趋势，而较高人居适宜度区域占比呈现波动下降趋势，较低人居适宜度区域所占面积扩增明显。1990 年、2001 年、2008 年、2016 年较低人居适宜度区域占比分别为 3.33%、3.51%、6.26%、5.90%，2016 年相比 1990 年有所提升，但相比 2008 年呈小幅度下降趋势。1990 年、2001 年、2008 年、2016 年中等人居适宜度区域占比分别为 58.47%、56.57%、63.71%、66.37%，增幅明显，其是区域主要的人居适宜度等级。就黄河下游背河洼地区(开封段)整体人居适宜度而言，人居适宜度下降是区域变化的显著特征之一。但从另一方面来看，虽然研究期间区域整体呈现人居适宜度下降态势，但整体仍维持在中等及以上水平的人居适宜度，其对人居生活的影响较小，并且在人类主观能动性的作用下，将在很大程度上对自然资源进行再分配，以提高区域整体人居适宜度。

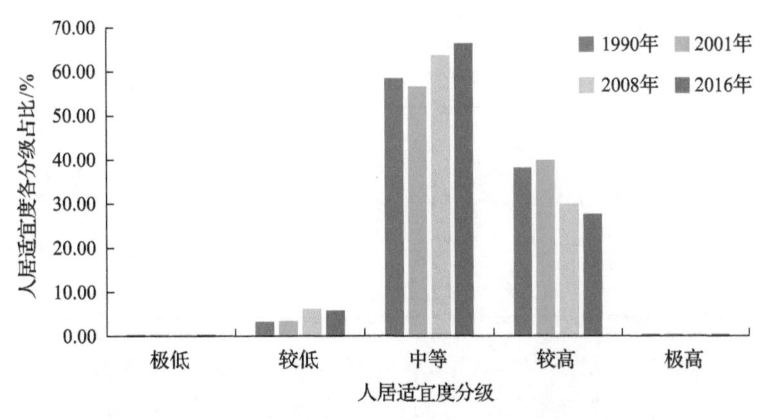

图 3-17　黄河下游背河洼地区(开封段)人居适宜度分级

3.4.3　生态安全程度与人居适宜度综合评价

将 3.2 节、3.3 节所计算的生态系统服务价值和生态系统风险损失量进行整合，依据公式计算得到黄河下游背河洼地区(开封段)1990 年、2001 年、2008 年、2016 年生态安全程度空间分布情况，结果如图 3-18 所示。

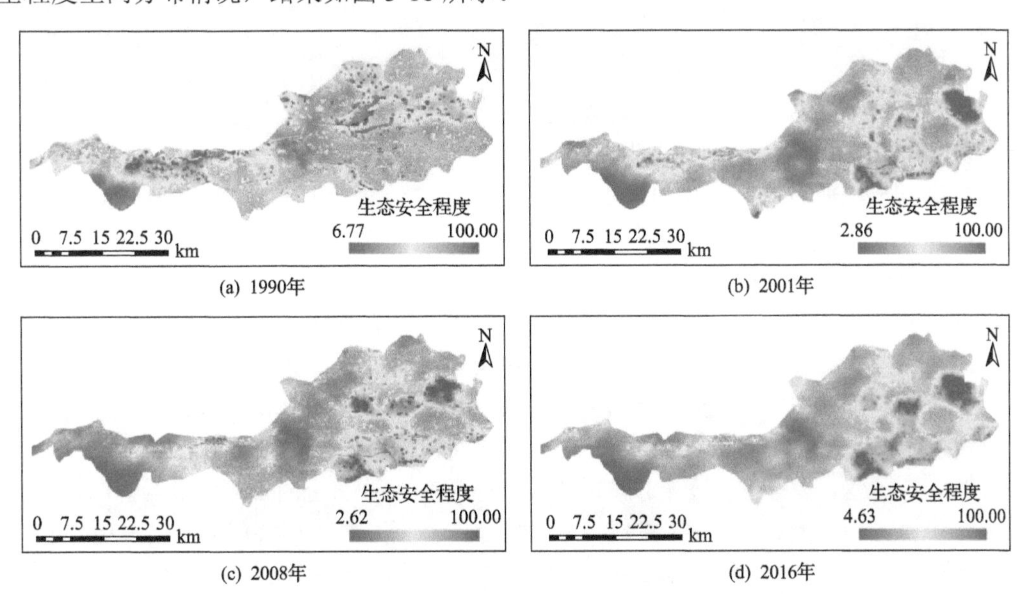

图 3-18　黄河下游背河洼地区(开封段)生态安全程度空间分布图

黄河下游背河洼地区（开封段）生态安全程度是对区域生态系统服务价值、区域生态系统风险损失量的综合反映，即从整体的视角反映了区域生态系统的安全状况。黄河下游背河洼地区（开封段）整体生态安全程度呈现“东高西低”的分布态势，且东部地区高生态安全区存在明显的聚集效应，生态安全程度随时间变化逐步加深。表 3-15 展示了研究期间黄河下游背河洼地区（开封段）生态安全程度分级情况。黄河下游背河洼地区（开封段）生态安全程度 0～40 分占比均超过 90%，且呈现波动变化趋势。60 分以上区域多年均值占比仅为 0.44%，区域整体生态安全状况不容乐观。

表 3-15　1990～2016 年黄河下游背河洼地区（开封段）生态安全程度分级占比情况统计（%）

生态安全程度分级	1990 年	2001 年	2008 年	2016 年	均值
0～40 分	92.85	97.52	98.75	94.02	95.78
40～60 分	6.51	2.33	1.12	5.14	3.77
60～80 分	0.54	0.13	0.12	0.81	0.40
80～100 分	0.10	0.02	0.01	0.03	0.04

在分析区域整体生态安全程度的基础上，将人居适宜度与区域生态安全程度进行综合评价，才能将黄河下游背河洼地区（开封段）生态安全的空间分布落于实地，进而为该区域未来的生态安全规划和区域综合发展提供理论依据。生态安全功能分区应建立在自然-社会双重因素之上。也就是说，单一的自然生态安全功能分区忽略了以未来发展为基础的生态功能区划分主线，而单一的人居适宜性生态功能分区，则忽略了以保护环境为目的的生态功能分区，因而，只有将两者进行结合，既考虑区域未来发展状况，又不偏离以保护环境为目的的生态功能分区，才能更好地体现生态功能分区本身所具有的意义。在进行生态功能分区之前，首先应该对生态安全程度与人居适宜度的相关关系进行衡量，确定两者间在时空上的对应关系，从而才能更为科学、合理地对生态功能区整体进行划分。

为了方便对人居适宜度与生态安全程度进行对比，可以将二者进行归一化处理，使两者范围均在[0,1]波动，并以 0.1 为单位，将生态安全程度与人居适宜度划分为 10 个等级。不同区间面积所占比例变化的同步性显示了两者在数值上具有极好的相似性。图 3-19 充分说明了生态安全程度与人居适宜度在数值上的相似性。[0,0.3]，生态安全程度与人居适宜度占比极低，分别为 3.07%、0.18%，而当区间推移至[0.4,0.5]时，则均出现小幅度上升态势，但人居适宜度占比略高于生态安全程度，差值为 5.51%。[0.5,0.9]，生态安全程度和人居适宜度均有着小幅度的平缓下降趋势，且两者间差距逐渐缩小。[0.9,1.0]，两者所占比例突然增加，生态安全程度与人居适宜度占比分别为 62.24%、51.19%，生态安全程度在高水平区间所占比例远高于人居适宜度。

图 3-20 将进一步对生态安全程度和人居适宜度空间分布上的规律性进行证明，其中低-低、中-中、高-中、中-低、高-低、高-高分别表示人居适宜度与生态安全程度的低等级对应、中等级对应、高中等级对应、中低等级对应、高低等级对应与高等级对应，当低等级对应、中等级对应、高等级对应所占比例较大时，说明两者具有空间上的分布

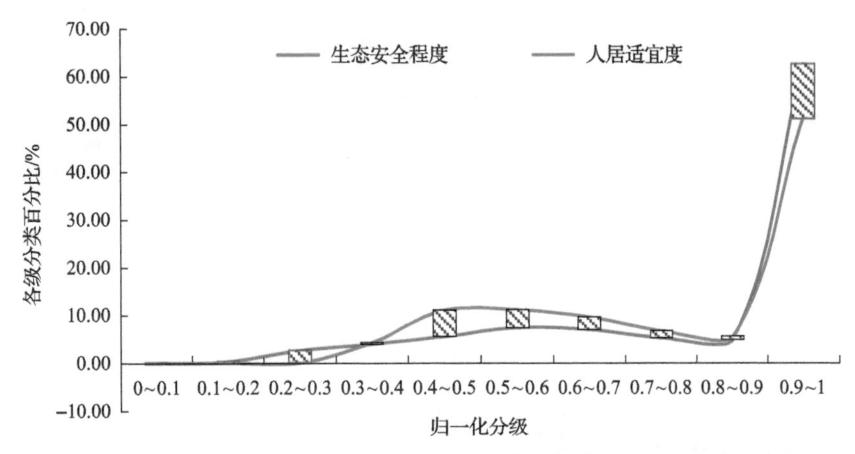

图 3-19　黄河下游背河洼地区（开封段）生态安全程度与人居适宜度相关性

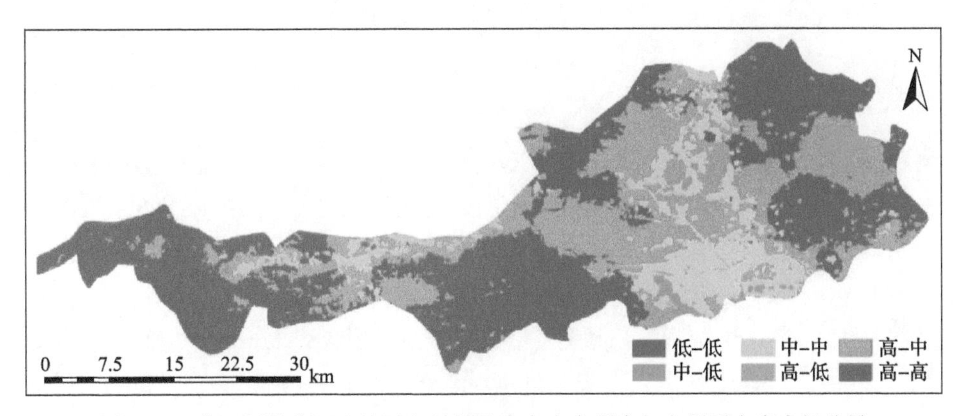

图 3-20　黄河下游背河洼地区（开封段）生态安全程度与人居适宜度空间分异

一致性。人居适宜度与生态安全程度在空间分布上具有一定的一致性，但并不具有严格的一一对应关系。生态安全程度的地理特征分异响应较人居适宜度更敏感，而人居适宜度的空间均质性则略强于生态安全程度，此外生态安全程度在小范围内的空间分异越大，则二者越不一致。

但从生态安全程度与人居适宜度空间对应所占比例来看（图 3-21），低-低（低等级对应）、中-中（中等级对应）、高-高（高等级对应）所占比例总和为 62.36%。其中，高等级对应占比为 49.95%，说明虽然二者不具有空间上的一一对应关系，但存在一定的正相关性，即生态安全程度与人居适宜度在时空上存在一定的对应关系。这种不一一对应的关系在一定程度上受到其他因素的影响，其中人类主观选择自然资源开发地对二者的对应关系具有重要影响，虽然人类意愿在一定程度上影响了二者间不严格的一一对应关系，但自然资源的空间分布情况则是人类主观选择的对应目标，也就是说，自然环境的状态决定了人类主观能动性的强弱。考虑到研究区的实际情况，气候资源、水资源年际波动较小，而植被资源以农作物为主，因此高程、坡度是影响人类主观改造自然环境的主要因素。

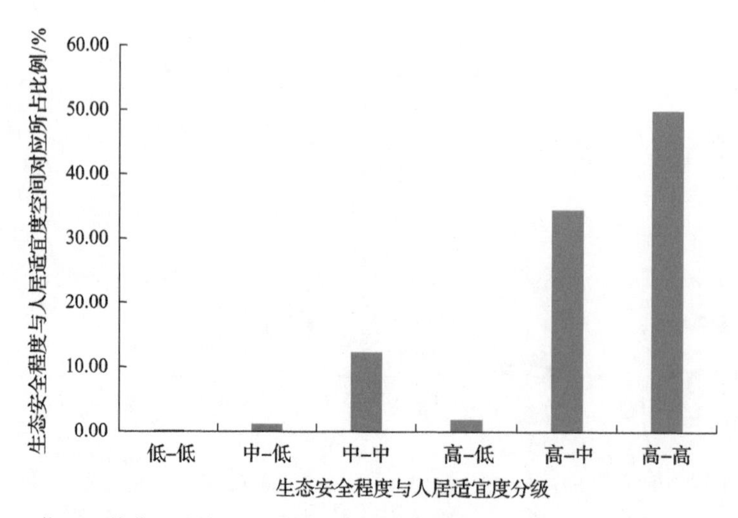

图 3-21　黄河下游背河洼地区(开封段)生态安全程度与人居适宜度空间对应所占比例

3.4.4　生态安全功能分区

在对研究区生态安全程度、人居适宜度进行综合评价后，探究二者间在数值大小与空间分布的相关关系，在探明二者具有一定的时空关系后，运用 SOM 神经网络分区对黄河下游背河洼地区(开封段)进行生态安全功能分区。在进行 SOM 神经网络分区前，首先对分区指标进行预处理，并选取训练样本进行神经网络训练，在探明各指标间的网络关系后对研究区 1493 个空间网格进行分区处理，并运用 ArcView 进行空间可视化表达。SOM 神经网络综合考虑了区域生态安全程度及人居适宜度的实际分布状况，并根据生态规划的逐级思想(王仰麟，1995)，采用二级、三级、四级、五级分区方法，对同一区域进行由浅至深的分级研究，以适合区域不同阶段的发展需求。

运用 SOM 神经网络分区，将黄河下游背河洼地区(开封段)分为两类区域(图 3-22)，即耕地资源保护区、城乡一体化发展区。两级分区法，立足于区域目前生态安全程度与人居适宜度，对区域短期发展进行整体规划，其是规范区域发展的第一步。

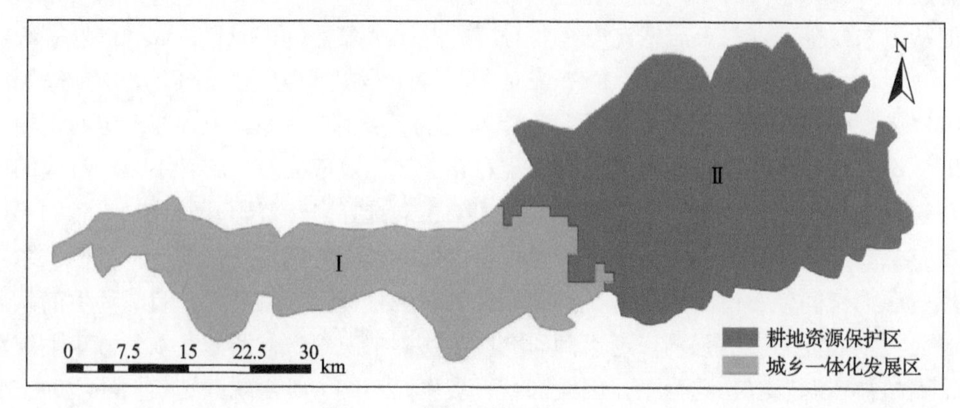

图 3-22　生态安全功能二级分区

耕地资源保护区：耕地资源保护区的建立立足于黄河下游背河洼地区(开封段)区域特色，即重要的耕地资源后备区，因而保护耕地无疑是区域最为重要的规划任务之一。耕地资源保护区主要建立于研究区东部，考虑到耕地的保护需要人类积极参与，因而其主要建立在人居适宜度中等、生态安全程度较高的地区。这样的分区方法既保障了区域发展的需要，又可以对区域整体安全状况加以保护。

城乡一体化发展区：出于基本的行政功能划分，将研究区中部城市区与西部进行整体划分，进而构成黄河下游背河洼地区(开封段)城乡一体化发展区。城乡一体化发展区是西部开封市中心区与黄河下游背河洼地区(开封段)兰考县主城区的关联区，即以开封市中心区带动西部地区兰考县城区综合发展，并提高基本的人居生活保障和行政功能。

生态安全功能三级分区是在生态安全功能二级分区的基础上划分的，生态安全功能三级分区新增耕地保护过渡带，该过渡带是为了将耕地资源保护区与城乡一体化发展区进行区分，是建立科学、严谨的区域发展规划的一个必要过程(图3-23)。

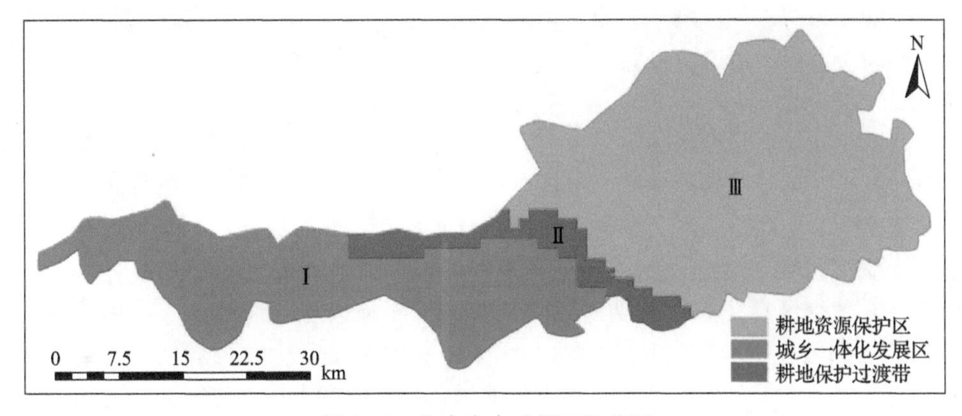

图3-23　生态安全功能三级分区

耕地保护过渡带：由于边缘效应的影响，耕地资源保护区与城乡一体化发展区相邻接的边缘区域会受到二者的共同影响，进而使得该邻接区域具有二者的共同特征。这种边缘效应使得区域邻接部分无法正确发挥耕地资源保护功能，因而耕地保护过渡带的作用是将二者邻接区域划分后着重改造。

生态安全功能四级分区是在生态安全功能三级分区的基础上进行的，考虑到耕地资源的整体保护应该加以区分，由于耕地资源的保护也必须有人类的积极参与，如果大面积的耕地资源都变更为不动的、固定的保护区将会降低区域整体粮食生产能力，因而必要的常用耕地后备区划分不仅满足了区域内人类基本生活保障，也充分调动了区域耕地的生产能力，做到以保护为前提的资源最大化输出。生态安全功能四级分区在原有的耕地资源保护区与城乡一体化发展区中拿出一部分用地并将其规划为常用耕地后备区，其分布于生态安全功能三级分区耕地保护过渡带的两侧。但值得注意的是，耕地保护过渡带在生态安全功能四级分区将会逐渐缩短，从而为形成区域行政核心功能区做好充分准备(图3-24)。

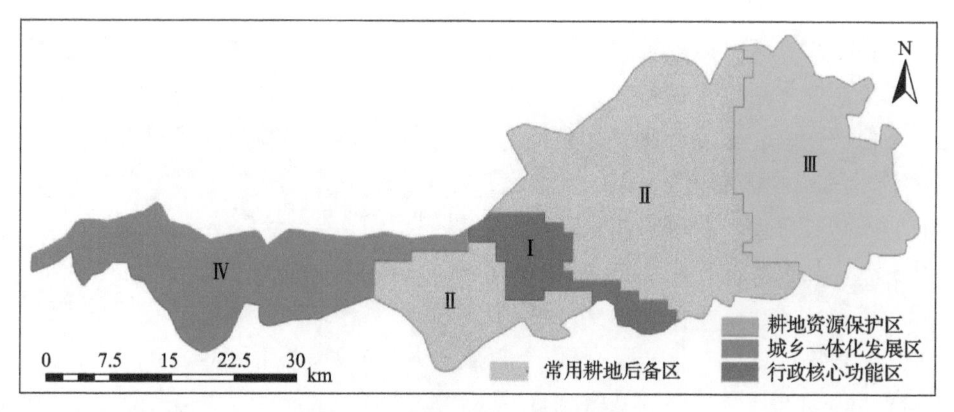

图 3-24 生态安全功能四级分区

常用耕地后备区：指为满足区域人类基本生存需求而划分出的可变动耕地资源后备区。该区域在实行严格的区域耕地保护政策的基础上，相比于耕地资源保护区，可以受到人类活动更为深入的影响。常用耕地后备区的建立主要是为了保障区域粮食产量不减退、区域经济发展不下滑，并且常用耕地后备区的建立更有益于推进耕地资源保护区的整体发展速度。

生态安全功能五级分区是黄河下游背河洼地区（开封段）较为理想的生态安全功能分区体系，其在生态安全功能四级分区的基础上，进一步演化出沿黄生态保护区。其中，相比生态安全功能四级分区，黄河下游背河洼地区（开封段）行政核心功能区逐步紧缩，形成位于研究区辐射中心点的关键行政功能区，相比生态安全功能二级分区，这样的行政功能区使得区域生态行政功能得以提高，又不损失与西部城乡一体化发展区的直接联系。考虑到区域本身所具有的功能区分，在生态安全功能四级分区的基础上扩张耕地资源保护区面积，并将已有的常用耕地后备区在空间上进行连通，以方便开发及管理（图 3-25）。

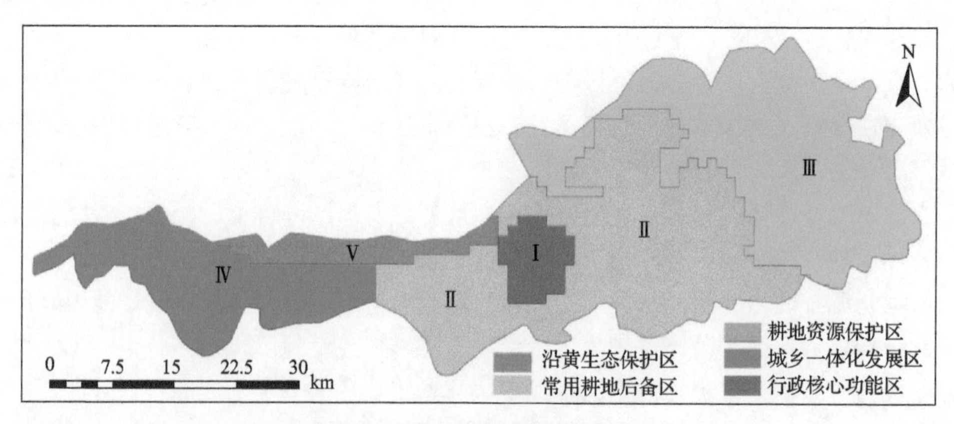

图 3-25 生态安全功能五级分区

沿黄生态保护区：指研究区内沿黄河建立的呈条带状分布的生态保护区。建设沿黄生态保护区是重要的区域生态保护措施，其主要为区域水土保持、防风固沙提供整体保障，并起到积极提升区域整体生态系统服务功能的作用。

表3-16展现了黄河下游背河洼地区(开封段)生态安全功能五级分区的面积比例及不同分区规划下不同规划区域的面积大小排序。从二级分区到五级分区耕地资源保护区均占较大的比例，在生态安全功能五级分区规划时，耕地资源保护区与常用耕地后备区占比为73.50%，而区域整体生态保护区占比为76.67%。

表3-16　生态安全功能五级分区面积分布

生态安全功能分区	分区类型	所占区域比例/%	面积大小排序
二级分区	耕地资源保护区	61.21	1
	城乡一体化发展区	38.79	2
三级分区	耕地资源保护区	59.26	1
	城乡一体化发展区	33.45	2
	耕地保护过渡带	7.29	3
四级分区	耕地资源保护区	27.88	2
	城乡一体化发展区	24.81	3
	行政核心功能区	6.86	4
	常用耕地后备区	40.45	1
五级分区	耕地资源保护区	40.02	1
	城乡一体化发展区	19.33	3
	行政核心功能区	4.00	4
	常用耕地后备区	33.48	2
	沿黄生态保护区	3.17	5

生态安全功能分区的逐步进行更有利于区域平稳过渡、稳定发展。直接采用五级分区对区域生态安全功能进行划分，将会在短时间内使区域生态系统稳定性发生较大改变，不利于区域整体生态功能的实现。因而，采用SOM神经网络分区逐步实现区域生态安全功能区的划分，有利于提升区域整体生态系统服务能力，减少区域生态风险损失，即将人类生产、生活活动融入生态安全实现的道路中去，以促进区域可持续发展。

3.5　小　　结

本章以黄河下游背河洼地生态系统安全为研究对象，对1990年、2001年、2008年、2016年四个时间点的黄河下游背河洼地区(开封段)生态系统安全进行评价，评价内容包括黄河下游背河洼地区(开封段)生态系统服务收益、生态风险损失量、综合生态安全程度以及生态系统与人类发展间的契合关系等。在研究区生态系统安全评价的基础上，对背河洼地区(开封段)进行生态安全区划分，以期为提高该区域生态系统稳定性、提升综合生态安全程度提供依据。具体结论如下：

(1)黄河下游背河洼地区(开封段)土壤保持服务价值均值为48.52×10^{8}元，且空间呈现西部土壤保持服务价值明显高于东部地区。不同服务类型价值量差距较大，保护土地面积价值、土壤营养保持价值、减少泥沙淤积价值、防止土地沙化废弃价值占比分别为

86.58%、4.39%、0.06%、8.97%。研究区整体土壤保持服务价值呈现较低状态，低值区占全区 93.40%，且不同服务类型存在较大差异。

(2) 黄河下游背河洼地区（开封段）植被固碳释氧价值、滞尘净化空气价值均值分别为 0.73×10^4 元、17.60×10^6 元，且固碳释氧服务价值高值区主要集中在北部地区及东部低海拔地区，滞尘净化空气价值空间分布与土地利用类型分布相一致。不同土地利用类型间固碳释氧价值、滞尘净化空气价值存在差异。

(3) 黄河下游背河洼地区（开封段）水源涵养价值均值为 237.29×10^4 元，且水源涵养能力主要受到植被类型和土地利用方式的影响。水源涵养价值受土地利用类型制约，且水域面积的变动及自然降雨的充沛程度对区域水源涵养功能具有极大影响。相对过于裸露或较为紧实的不透水面而言，耕地水源涵养能力更强，水源涵养量更高，这主要由植物的生理特征和对水分的利用特征所决定。

(4) 黄河下游背河洼地区（开封段）景观干扰度在存在时空波动差异，景观脆弱度明显上升，且呈扩大趋势。污染生态风险是人地关系与生态系统二者间相互作用的重要表现，而灾害生态风险则是区域生态系统不稳定状态的重要表现。1990 年、2001 年、2008 年、2016 年黄河下游背河洼地区（开封段）污染生态风险空间上呈现逐步扩张和集中连片的发展态势，区域生态环境的不对称演变将不利于整体的可持续发展的实现。1990 年、2001 年、2008 年、2016 年黄河下游背河洼地区（开封段）污染生态风险与灾害生态风险价值量之和分别为 7.58×10^8 元、8.84×10^8 元、7.95×10^8 元、8.94×10^8 元。其中，土地沙化是黄河下游背河洼地区（开封段）所面临的主要灾害生态风险，但就研究区整体而言，区域灾害所造成的价值损失呈现时空上的扩大趋势。

(5) 生态安全功能五级分区更有利于提升区域综合生态安全程度，实现区域又好又快发展，促进区域可持续发展。但一蹴而就的五级分区不利于区域生态系统稳定性，因而提出由二级分区逐步过渡到五级分区的生态安全功能区划分方式。在对生态安全功能五级分区规划时，耕地资源保护区与常用耕地后备区占比为 73.50%，而区域整体生态保护区占比为 76.67%。共划分为：沿黄生态保护区、常用耕地后备区、耕地资源保护区、城乡一体化发展区、行政核心功能区。

参 考 文 献

陈龙, 谢高地, 裴厦, 等. 2012. 澜沧江流域生态系统土壤保持功能及其空间分布[J]. 应用生态学报, 23(8): 2249-2256.
陈思旭, 杨小唤, 肖林林, 等. 2014. 基于 RUSLE 模型的南方丘陵山区土壤侵蚀研究[J]. 资源科学, 36(6): 1288-1297.
范业正, 郭来喜. 1998. 中国海滨旅游地气候适宜性评价[J]. 自然资源学报, 13(4): 304-331.
封志明, 唐焰, 杨艳昭, 等. 2008. 基于 GIS 的中国人居环境指数模型的建立与应用[J]. 地理学报, 63(12): 1327-1334.
国土资源部. 2017. 土地利用现状分类: GB/T 21010—2017[S]. 北京: 中国标准出版社.
郝慧梅, 任志远. 2009. 基于栅格数据的陕西省人居环境自然适宜性测评[J]. 地理学报, 64(4): 498-506.
胡胜, 曹明明, 刘琪, 等. 2014. 不同视角下 InVEST 模型的土壤保持功能对比[J]. 地理研究, 33(12): 2393-2406.
胡永进, 张鸣峰. 2013. 基于 SOM 神经网络模型的耕地利用集约度分区研究——以湖北省为例[J]. 江苏农业科学, 41(11): 391-394.
江凌, 肖燚, 欧阳志云, 等. 2015. 基于 RWEQ 模型的青海省土壤风蚀模数估算[J]. 水土保持研究, 22(1): 21-32.
李春华, 李宁, 史培军. 2007. 基于 SOM 模型的中国耕地压力分类研究[J]. 江流域资源与环境, 16(3): 318-322.

李谢辉, 李景宜. 2008. 基于 GIS 的区域景观生态风险分析——以渭河下游沿线区域为例[J]. 干旱区研究, 25(6): 899-902.
李致颖, 方海燕. 2017. 基于 TETIS 模型的黑土区乌裕尔河流域径流与侵蚀产沙模拟研究[J]. 地理科学进展, 36(7): 873-885.
刘宝元, 张科利, 焦菊英. 1999. 土壤可蚀性及其在侵蚀预报中的应用[J]. 自然资源学报, 14(4): 345-350.
刘焱序, 任志远. 2012. 基于区域地形起伏度模型的陕西农村劳动力时空格局[J]. 山地学报, 30(4), 431-438.
吕郁彪. 2005. 广西公益林生态效益价值评价[J]. 南京林业大学学报(自然科学版), 29(4): 61-64.
彭建, 王仰麟, 张源, 等. 2006. 土地利用分类对景观格局指数的影响[J]. 地理学报, 61(2): 157-168.
彭建, 武文欢, 刘焱序, 等. 2017. 基于 PSR 框架的内蒙古自治区土壤保持服务分区[J]. 生态学报, 37(11): 3849-3861.
朴世龙, 方精云, 郭庆华. 2001. 利用 CASA 模型估算我国植被净第一性生产力[J]. 植物生态学报, 25(5): 603-608.
任志远, 刘焱序. 2013. 基于价值量的区域生态安全评价方法探索——以陕北能源区为例[J]. 地理研究, 32(10): 1771-1781.
尚润阳, 祁有祥, 赵廷宁, 等. 2006. 植被对风及土壤风蚀影响的野外观测研究[J]. 水土保持研究, 13(4): 37-39.
苏常红, 傅伯杰. 2012. 景观格局与生态过程的关系及其对生态系统服务的影响[J]. 自然杂志, 34(5): 277-283.
唐焰, 封志明, 杨艳昭. 2008. 基于栅格尺度的中国人居环境气候适宜性评价[J]. 资源科学, 30(5): 648-653.
王艳莉, 刘立超, 高艳红, 等. 2016. 基于较大降水事件的人工固沙植被区植物水分来源分析[J]. 应用生态学报, 27(4): 1053-1060.
王仰麟. 1995. 渭南地区景观生态规划与设计[J]. 自然资源学报, 10(4): 372-379.
吴发启, 张玉斌, 王健. 2004. 黄土高原水平梯田的蓄水保土效益分析[J]. 中国水土保持科学, 2(1): 34-37.
武国胜, 林惠花, 曾宏达. 2017. 用 RS 和 GIS 技术评价福建省长汀县土壤保持功能对生态系统变化的响应[J]. 生态学报, 37(1): 321-330.
肖寒, 欧阳志云, 赵景柱, 等. 2000. 海南岛生态系统土壤保持空间分布特征及生态经济价值评估[J]. 生态学报, 20(4): 552-558.
谢高地, 鲁春霞, 肖玉, 等. 2001. 青藏高原高寒草地生态系统服务价值评价[J]. 自然资源学报, 16(2): 47-53.
谢花林. 2011. 基于景观结构的土地利用生态风险空间特征分析: 以江西兴国县为例[J]. 中国环境科学, 31(4): 688-695.
许学工, 林辉平, 付在毅, 等. 2001. 黄河三角洲湿地区域生态风险评价[J]. 北京大学学报(自然科学版), 37(1): 111-120.
阳柏苏. 2005. 景区土地利用格局及生态系统服务功能研究——以张家界国家森林公园为例[D]. 长沙: 中南林业科技大学.
余新晓, 吴岚, 饶良懿, 等. 2007. 水土保持生态服务功能评价方法[J]. 中国水土保持科学, 5(2): 110-113.
曾辉, 刘国军. 1999. 基于景观结构的区域生态风险分析[J]. 中国环境科学, 19(5): 454-457.
查良松, 邓国徽, 谷家川. 2015. 1992—2013 年巢湖流域土壤侵蚀动态变化[J]. 地理学报, 70(11): 1708-1719.
张含玉, 方怒放, 史志华. 2016. 黄土高原植被覆盖时空变化及其对气候因子的响应[J]. 生态学报, 36(13): 3960-3968.
章文波, 谢云, 刘宝元. 2003. 中国降雨侵蚀力空间变化特征[J]. 山地学报, 21(1): 33-40.
赵同谦, 欧阳志云, 贾良清, 等. 2004. 中国草地生态服务功能间接经济价值评价[J]. 生态学报, 24(6): 1101-1110.
中国科学院中国植被图编辑委员会. 2001. 1∶1 000 000 中国植被图集[M]. 北京: 科学出版社.
钟莉娜, 王军, 赵文武. 2017. 多流域降雨和土地利用格局对土壤侵蚀影响的比较分析——以陕北黄土丘陵沟壑区为例[J]. 地理学报, 72(3): 432-443.
朱文泉, 陈云浩, 徐丹, 等. 2005. 陆地植被净初级生产力计算模型研究进展[J]. 生态学杂志, 24(3): 296-300.
Elvidge C D, Baugh K E, Kihn E A, et al. 1997. Relation between satellite observed visible near infrared emissions, population, economic activity and electric power consumption[J]. International Journal of Remote Sensing, 18(6): 1373-1379.
Field C B, Randerson J T, Malmström C M. 1995. Global net primary production: Combining ecology and remote sensing[J]. Remote Sensing of Environment, 51(1): 74-88.
Fryrear D W, Bilbro J D, Saleh A, et al. 2000. RWEQ: Improved wind erosion technology[J]. Journal of Soil & Water Conservation, 55(2): 183-189.
Hagen L J. 1991. A wind erosion prediction system to meet user needs[J]. Journal of Soil & Water Conservation, 46 (2): 106-111.
Henderson M, Yeh E T, Gong P, et al. 2003. Validation of urban boundaries derived from global night-time satellite imagery[J]. International Journal of Remote Sensing, 24(3): 595-609.

John E O. 1973. Climate and Man's Environment-An Introduction to Applied Climatology[M]. New York: John Wiley and Sons INC.

Kinnell P I A. 2014. Modelling event soil losses using the QREI30index within RUSLE[J]. Hydrological Processes, 28(5): 2761-2771.

Lieth H , Whittaker R H . 1976. Earth as a productive system(Book reviews: Primary productivity of the biosphere)[J]. Science, 193(4248): 138.

Lieth H, Whittaker R H. 1975. Primary Productivity of the Biosphere[M]. Berlin: Springer-Verlag.

Los S O, Justice C O, Tucker C J. 1994. A global 1° by 1° NDVI data set for climate studies derived from the GIMMS continental NDVI data[J]. International Journal of Remote Sensing, 15(17): 3493-3518.

Potter C S. 1999. Terrestrial biomass and the effects of deforestation on the global carbon cycle: Results from a model of primary production using satellite observations[J]. BioScience, 49(10): 769-778.

Quansah C, Safo E Y, Ampontuah E O, et al. 2000. Soil fertility erosion and the associated cost of NPK removed under different soil and residue management in Ghana[J]. Ghana Journal of Agricultural Science, 33(1): 33-42.

Reyer C, Lasch-Born P, Suckow F, et al. 2014. Projections of regional changes in forest net primary productivity for different tree species in Europe driven by climate change and carbon dioxide[J]. Annals of Forest Science, 71(2): 211-225.

Ruimy A, Saugier B, Dedieu G. 1994. Methodology for the estimation of terrestrial net primary production from remotely sensed data[J]. Journal of Geophysical Research Atmospheres, 99(D3): 5263-5283.

Su S, Xiao R, Jiang Z, et al. 2012. Characterizing landscape pattern and ecosystem service value changes for urbanization impacts at an eco-regional scale[J]. Applied Geography, 34(1): 295-305.

Wischmeier W H, Smith D D. 1978. Predicting Rainfall Erosion Losses-A Guide to Conservation Planning[M]. Washington DC: USDA-ARS.

Xu L, Xu X, Meng X. 2013. Risk assessment of soil erosion in different rainfall scenarios by RUSLE model coupled with information diffusion model: A case study of Bohai Rim, China[J]. Catena, 100(2): 74-82.

第 4 章　黄河下游背河洼地区(开封段)土地承载力评价

4.1　数据来源与因子计算

4.1.1　数据来源

生态足迹模型中，自然资源消费主要涵盖生物资源消费和能源消费两部分。其中，生物资源消费主要包括农产品、林产品、动物产品和水产品，涉及 4 类土地占用：耕地、林地、草地、水域等；能源消费以煤炭、焦炭、原油、柴油、液化石油气、天然气、热力、电力为主，参考每千克化石燃料产生的低位发热量，根据全球单位化石燃料用地面积平均发热量，将消耗的能源资源折算为建设用地和化石燃料用地面积。各类生物资源消费量和能源消费量等数据主要来自《开封统计年鉴》(2011—2016 年)、《兰考统计年鉴》(2011—2016 年)；各类热量数据主要来源于《农业技术经济手册(修订本)》和《中国能源统计年鉴》(2011—2016 年)；各类生态生产性土地面积主要通过遥感影像解译获取。

生态足迹模型中，产量因子和均衡因子对于足迹测算结果具有重要影响。由于研究区域尺度较小，以全球公顷、国家公顷、省公顷为计量单位的测算结果可能存在较大的误差，不能突出地区特色。本章研究以市公顷(city hectare，chm^2)代替全球公顷、国家公顷和省公顷，以全市范围内各类生态生产性土地的平均生产力为折算标准，计算市域或者县域尺度上的生态足迹。由于建设用地的潜在生态生产能力与耕地相同，本章研究默认两者的均衡因子等同。因为燃烧能源产品所产生的废弃物主要是林地通过光合作用同化 CO_2 进行吸纳和转化的，其所对应地类的均衡因子与林地相同。兰考县是全国商品粮生产基地，畜牧业发展主要通过圈养方式，用玉米、豆粕、麦麸、秸秆、精饲料等喂养牲畜及禽类，因此本章研究将用于生产畜牧产品的生态生产性土地并入耕地计算。

4.1.2　市公顷下转换因子的计算

1. 市域生态生产性土地的平均生产力

市公顷是全球公顷、国家公顷、省公顷在概念上的延伸，是以全市范围内各类生态生产性土地的平均生产力为折算标准，来计算市域或者县域尺度上的生态足迹。相比全球、国家、省域等较大尺度，市域、县域等较小尺度上区域内的水文、气候、土壤等自然条件差异较小，区域内不同区位的土地产能差异相对较小。针对传统生态足迹模型的不足，本书以市公顷代替全球公顷、国家公顷和省公顷，对平均生产力、产量因子和均衡因子进行更新计算，以市公顷为计量单位来计算市域、县域尺度上的生态足迹。

市公顷体现的是市域或市级以下范围内单位面积生态生产性土地的平均生产能力。1 单位市公顷，即 $1hm^2$ 生态生产性土地具有全市平均产量的生产力空间。生物资源的生产

能力计算公式为

$$p_i=\frac{P_i}{A_i} \tag{4-1}$$

式中，p_i为全市范围内生产第i种产品的生态生产性土地的平均生产力(kg/hm^2)；P_i为全市范围内第i种产品的总产量(kg)；A_i为市域范围内生产第i种产品的生态生产性土地面积(hm^2)。

2. 均衡因子

由于不同生态生产性土地的功能和生产能力存在不同程度的差异，为实现区域间的比较，需要利用均衡因子将其转化为具有可比性的生态生产性土地面积。此外，由于不同生态生产性地类的产品不同，且不同生物产品的物质组成和功能存在差异，简单通过数量(体积)来表征土地的生产能力可能会产生较大的偏差。因此，引入单位热值(J/kg)来折算其所蕴含的热量，以此来表征不同地类的生物生产能力。在以市公顷为单位的生态足迹模型中，均衡因子的计算公式为

$$r_i=\frac{\overline{E_i}}{\overline{E}}=\frac{E_i}{A_i}\bigg/\frac{E}{A}=\frac{\sum_j P_i^j x_j}{A_i}\Bigg/\frac{\sum_i\sum_j P_i^j x_j}{\sum_i A_i} \tag{4-2}$$

式中，r_i为市域范围内第i类生态生产性土地的均衡因子；$\overline{E_i}$为市域范围内第i类生态生产性土地的平均生产力(kg/hm^2)；$\overline{E}$为市域范围内所有生态生产性土地的平均生产力(kg/hm^2)；E_i为市域范围内第i类生态生产性土地所生产的产品的能值(J)；E为市域范围内所有生态生产性土地所生产的产品的总能值(J)；A为市域范围内生态生产性土地的总面积(hm^2)；P_i^j为市域范围内第i类生态生产性土地生产第j种产品的产量(kg)；x_j为第j种产品的单位热值(J/kg)。

3. 产量因子

由于不同区域内的资源禀赋不同，同种地类的生产能力在不同区域内存在明显差异。因而，不同区域间同类土地面积的直接对比不能准确反映当前生态生产性土地的生产能力，需要借助产量因子，将其转化为可在区域间进行比较的形式。产量因子的计算公式为

$$y_i^n=\frac{\overline{E_i^n}}{\overline{E_i}}=\frac{E_i^n}{A_i^n}\bigg/\frac{E_i}{A_i}=\frac{\sum_j\left(P_i^j\right)^n x_j}{A_i^n}\Bigg/\frac{\sum_n\sum_j\left(P_i^j\right)^n x_j}{\sum_n A_i^n} \tag{4-3}$$

式中，y_i^n为第n个县第i类生态生产性土地的产量因子；$\overline{E_i^n}$为市域范围内第n个县第

i 类生态生产性土地的平均生产力(J/hm^2)；E_i^n 为第 n 个县第 i 类生态生产性土地所生产的全部产品的能值(kJ)；A_i^n 为第 n 个县第 i 类生态生产性土地的面积(hm^2)；$(P_i^j)^n$ 为第 n 个县第 i 类生态生产性土地所生产的第 j 种产品的产量(kg)。

4. 均衡因子和产量因子的计算

由于不同生物产品的物质组成、功能状态存在差异，一般通过单位热值来折算不同生物产品所蕴含的热量，以此来表征各类生态生产性土地的生物生产能力。基于相关数据，运用式(4-1)计算 2015 年兰考县及各乡镇各类生态生产性土地的生产能力，并结合式(4-2)和式(4-3)得到兰考县及各乡镇各类生态生产性土地的均衡因子和产量因子(表 4-1 和表 4-2)。

表 4-1　兰考县及各乡镇各类生态生产性土地的均衡因子

地区	耕地	林地	水域	建设用地	化石燃料用地
兰考县	1.3004	0.1766	0.0587	1.3004	0.1766
城关镇	2.0414	0.2225	0.3732	2.0414	0.2225
堌阳镇	1.0993	0.2636	0.1489	1.0993	0.2636
南彰镇	1.1158	0.3359	0.0748	1.1158	0.3359
张君墓镇	1.2894	0.0370	0.0382	1.2894	0.0370
红庙镇	1.1536	0.2628	0.0746	1.1536	0.2628
城关乡	1.2076	0.0233	0.1399	1.2076	0.0233
三义寨乡	1.3612	0.2382	0.0226	1.3612	0.2382
坝头乡	2.1265	0.0200	0.0141	2.1265	0.0200
爪营乡	1.1766	0.0506	0.0786	1.1766	0.0506
谷营乡	1.3187	0.0238	0.0519	1.3187	0.0238
小宋乡	1.3379	0.0042	0.1200	1.3379	0.0042
孟寨乡	1.0917	0.0029	0.1367	1.0917	0.0029
许河乡	1.3317	0.0600	0.5729	1.3317	0.0600
葡萄架乡	1.2192	0.1716	0.0657	1.2192	0.1716
闫楼乡	1.1482	0.2928	0.1509	1.1482	0.2928
仪封乡	1.3505	0.4362	0.0694	1.3505	0.4362

表 4-2　兰考县及各乡镇各类生态生产性土地的产量因子

地区	耕地	林地	水域	建设用地	化石燃料用地
兰考县	1	1	1	1	1
城关镇	1.7604	1.2716	1.6209	1.7604	1.2716
堌阳镇	0.9102	1.4851	2.5740	0.9102	1.4851
南彰镇	0.8690	2.0643	1.4775	0.8690	2.0643
张君墓镇	0.9450	0.2187	0.6555	0.9450	0.2187

续表

地区	耕地	林地	水域	建设用地	化石燃料用地
红庙镇	1.2316	2.0650	1.5669	1.2316	2.0650
城关乡	0.8153	0.1379	2.3626	0.8153	0.1379
三义寨乡	0.7172	0.9520	0.2911	0.7172	0.9520
坝头乡	1.0240	0.0882	0.1943	1.0240	0.0882
爪营乡	1.1802	0.4480	1.7978	1.1802	0.4480
谷营乡	0.8919	0.1145	0.7139	0.8919	0.1145
小宋乡	1.0168	0.0244	1.8481	1.0168	0.0244
孟寨乡	1.3481	0.0252	3.2932	1.3481	0.0252
许河乡	1.2043	0.3538	9.9222	1.2043	0.3538
葡萄架乡	1.0585	1.2786	1.3897	1.0585	1.2786
闫楼乡	0.9957	1.9103	3.6109	0.9957	1.9103
仪封乡	0.7829	1.8939	0.9415	0.7829	1.8939

4.2 生态足迹分析

4.2.1 研究方法

1. 改进三维生态足迹模型

生态足迹是由 Rees 于 1992 年提出的一种度量区域可持续发展程度的方法，其定义为一国家或地区的自然资源消费和由此产生的废弃物的同化所需要的具有生物生产能力的地域空间(Rees，1992)。从定义来看，它是一组基于生态生产性土地面积的量化指标，是一个数量概念，不存在空间局限。因此，一维生态足迹模型适用于任何尺度的生态足迹测算。其研究尺度涉及宏观尺度(Galli et al.，2015)(全球、地区和国家)、中观尺度(Menconi et al.，2014)(城市群、省域、市域)和微观尺度(姚争等，2011)(机构、全体活动和个人)。由于一维生态足迹模型新颖、概念形象、不限尺度、计算科学等优点，生态足迹模型自提出以来，迅速成为学者关注的对象，广泛地应用于各种地域尺度、机构和个人所消费的自然资源的核算，但未对区域自然资源消费和生态系统供给进行对比，缺乏对可持续发展的评判。

Wackernagel(1994)引入生态承载力的概念对早期模型进行改进，形成了二维生态足迹模型，实现模型在应用上的延伸。二维生态足迹模型作为一个综合性指标，能够通过比较人类负荷与生态承载力的关系，反映区域资源消费强度和总量及资源供给能力，通过区域生态盈余和生态赤字对区域可持续发展状况进行判断，揭示人类持续生存的生态阈值，使人们更好地了解经济发展对资源的需求程度。二维生态足迹模型事实上是一个空间尺度的概念，其有限定的研究对象和特定的适用尺度，并不适用于所有尺度上的生态承载力计算。此外，二维生态足迹模型的研究重点主要集中于自然资源消费量和自然资本流量，忽视对自然资本存量的研究。

三维生态足迹模型是在传统二维生态足迹模型的基础上，引入足迹深度和足迹广度两项指标，从时间和空间角度构建模型，以解释区域自然资源消耗对资源流量和资源存量的占用情况。新指标的引入克服了传统模型对自然资源存量重视不足的缺陷，模型由二维拓展为三维，转变为一个表征体积的物理量。三维生态足迹是表征体积的物理量(Niccolucci et al.，2011)，足迹深度和足迹广度可视为三维生态足迹在时间轴向和空间截面上的两个分量。足迹深度是指为维持区域现有资源消费水平，同等条件下再生产人类一年中资源消耗量所需要的时间，表征了人类活动对自然资源存量的透支程度，它可以在时间尺度上反映区域的生态压力(靳相木和柳乾坤，2017)。足迹深度($EF_{depth}\geqslant 1$)表示人类活动对自然资源存量的需求程度，值越大，需求量越大，区域发展的可持续性越弱；反之越强。足迹广度是指在区域生态承载力限制范围内人类对生态生产性土地的年际需求，表征区域人类活动对资源流量的占用情况，其具有空间属性。足迹广度($0<EF_{size}\leqslant BC$)表示生态承载力是生态系统供给自然资源流量的上限，值越大，可持续性越强；反之越弱。

改进三维生态足迹模型将明确生态赤字和生态盈余的自然资本性质差异，使流量资本和存量资本的区分与追踪不再限制于区域尺度。足迹深度有所增加，足迹广度有所减少，通过数学推导证明，三维生态足迹相应减少。模型改进后，生态盈余既不会随着时间的推移发生累积，也不会因为地类载体间的流动导致生态赤字抵消(方恺等，2013)。这不仅在一定程度上改善了现有三维生态足迹模型忽视存量资本稳定的现象，而且克服了评价结果中存在的明显的生态偏向性(方恺，2015a)。

土地资本作为一种具有空间表现力和权威性的稀缺资源，支撑着人类社会经济活动的可持续发展(方恺，2015b)。基于资本转换角度，生态足迹模型的实质是通过生产力因子将不同地类上的自然资本供需状况重新投影到地球表面，形成准确的土地资本数量，这是生态足迹理论的精髓。改进后的三维生态足迹模型不仅在一定程度上提升了地表投影的精确度，而且提高了不同地类上流量资本和存量资本变化过程的清晰度。其计算公式为

$$EF_{depth,region}=1+\frac{\sum_{i=1}^{n}\max\{EF_i-EC_i,0\}}{\sum_{i=1}^{n}EC_i} \tag{4-4}$$

$$EF_{size,region}=\sum_{i=1}^{n}\min\{EF_i,EC_i\} \tag{4-5}$$

$$EF_{3D,region}=EF_{depth,region}\times EF_{size,region}=1+\frac{\sum_{i=1}^{n}\max\{EF_i-EC_i,0\}}{\sum_{i=1}^{n}EC_i}\times\sum_{i=1}^{n}\min\{EF_i,EC_i\} \tag{4-6}$$

式中，$EF_{depth,region}$、$EF_{size,region}$、$EF_{3D,region}$ 分别为区域足迹深度、足迹广度(hm^2)和三维生态足迹(hm^2)；EF_i、EC_i 分别为第 i 类生态生产性土地的生态足迹(hm^2)和生态承载力(hm^2)。

2. 指数平滑法

指数平滑法(exponential smoothing)作为时间序列预测中一种特殊的加权平均法，充分利用了时间序列的数据信息，克服了移动平均法在运算过程中对最近 N 期数据等权看待的缺点，强调了近期数据对预测结果的影响，具有形式简单、操作方便的特点，是时间序列分析的一种重要方法。

本章研究基于时间序列上的生态足迹和生态承载力数据构建预测模型，对 2016～2030 年兰考县的生态足迹和生态承载力进行预测，了解未来几年当地生态状况的发展态势，认清当前土地资源利用过程中存在的问题，以期为研究区土地资源的合理开发和利用提供理论依据。

指数平滑法是由 Brown 于 1960 年提出的，是基于移动平均法发展的一种对未来现象进行预测的时间序列分析预测方法。其基本原理是将序列分成整体均值、整体趋势和季节性 3 个部分进行分析，对最邻近的观察值给予更大的权重，远期值以较小的权重进行预测。根据参数的数量，指数平滑法包括三种类型：单指数平滑法、双指数平滑法和三指数平滑法(王国权等，2014)。以平滑次数作为参考依据，单指数平滑法可划分为一次指数平滑法、二次指数平滑法和三次指数平滑法。

1) 一次指数平滑法

一次指数平滑法能够根据最新的数据不断调整，以适应数据的变化。当时间序列没有显著的变化趋势时，采用一次指数平滑法进行预测。其计算公式为

$$S_t^{(1)} = \alpha X_t + (1-\alpha) S_{t-1}^{(1)} \tag{4-7}$$

预测模型为

$$Y_{t+1} = S_t^{(1)} = \alpha X_t + (1-\alpha) Y_t \tag{4-8}$$

式中，$S_t^{(1)}$ 为原始数列第 t 期对应的一次指数平滑值；α 为平滑系数；X_t 为实际值；Y_{t+1} 为 t+1 期预测值；Y_t 为 t 期预测值；1 为预测超过 t 期的时间数；t=1，2，3，…，n(n 为原始数据个数)。

2) 二次指数平滑法

当时间序列的变化呈线性趋势时，为减少预测值对实测值的滞后，采用二次指数平滑法。其计算公式为

$$S_t^{(2)} = \alpha S_t^{(1)} + (1-\alpha) S_{t-1}^{(2)} \tag{4-9}$$

预测模型为

$$Y_{t+T}=a_t+b_tT \tag{4-10}$$

$$a_t=2S_t^{(1)}-S_t^{(2)} \tag{4-11}$$

$$b_t=\frac{\alpha}{1-\alpha}[S_t^{(1)}-S_t^{(2)}] \tag{4-12}$$

式中，$S_t^{(2)}$为原始数列第 t 期对应的二次指数平滑值；$S_{t-1}^{(2)}$为原始数列第 t–1 期对应的二次指数平滑值；Y_{t+T}为预测值；a_t和 b_t为预测系数，即截距和斜率；T 为预测超过 t 期的时间数。

3) 三次指数平滑法

当时间序列的变化呈曲线趋势时，为使预测结果更加准确，采用三次指数平滑法。其计算公式为

$$S_t^{(3)}=\alpha S_t^{(2)}+(1-\alpha)S_{t-1}^{(3)} \tag{4-13}$$

预测模型为

$$Y_{t+T}=a_t+b_tT+c_tT^2 \tag{4-14}$$

$$a_t=3S_t^{(1)}-3S_t^{(2)}+S_t^{(3)} \tag{4-15}$$

$$b_t=\frac{\alpha}{2(1-\alpha)^2}[(6-5\alpha)S_t^{(1)}-2(5-4\alpha)S_t^{(2)}+(4-3\alpha)S_t^{(3)}] \tag{4-16}$$

$$c_t=\frac{\alpha^2}{2(1-\alpha)^2}[S_t^{(1)}-2S_t^{(2)}+S_t^{(3)}] \tag{4-17}$$

式中，$S_t^{(3)}$为原始数列第 t 期对应的三次指数平滑值；$S_{t-1}^{(3)}$为原始数列第 t–1 期对应的三次指数平滑值；c_t为预测系数。

4.2.2　生态足迹变化分析

1. 时空尺度上的动态分析

根据式(4-4)～式(4-6)，基于各类生物资源和能源消费量数据、热量数据及各类生态生产性土地面积数据等，对 2010～2015 年兰考县及各乡镇的三维生态足迹进行计算，结果见表 4-3 和图 4-1。

表 4-3　2010～2015 年兰考县及各乡镇三维生态足迹　　（单位：hm²）

地区	2010 年	2011 年	2012 年	2013 年	2014 年	2015 年
兰考县	164615.8838	166340.5887	178692.5801	177138.4403	177272.4239	169423.8433
城关镇	1135.0228	1269.5265	1359.1834	1195.1852	1306.5306	1453.0393
堌阳镇	9242.3501	9730.6126	10003.7563	9766.3987	10408.6687	9781.1965
南彰镇	10546.9361	10899.4790	11056.3382	11694.7354	11899.9739	11987.0429
张君墓镇	16817.4336	16956.8766	18755.9086	19577.7290	18010.1213	18770.0470
红庙镇	12920.4021	13153.8462	13810.4002	13953.2982	13116.4465	11851.6044
城关乡	11941.0146	12215.6851	13652.2604	11967.3132	12521.5354	11347.1592
三义寨乡	11228.6582	11974.2924	12280.7758	11720.0091	12112.7097	11950.1712
坝头乡	11788.8479	13555.2454	14162.3679	16340.7207	16586.3874	16235.4983
爪营乡	7691.8410	8437.4440	9275.9793	9336.1064	9332.1914	7243.2417
谷营乡	9245.4472	8925.4456	9893.6842	10125.0527	10194.5558	9523.3209
小宋乡	11919.8075	12160.7563	13253.3994	13349.6708	12902.7732	11574.2511
孟寨乡	9038.3042	8742.8212	9860.3299	9851.9091	9157.9037	7718.3870
许河乡	8146.1433	8434.7417	8840.3525	8444.4383	8675.5228	7588.8677
葡萄架乡	8255.3790	8378.6985	9325.1631	9774.8495	9292.8209	9161.9873
闫楼乡	6031.1873	6970.8457	8027.7075	6509.1873	6589.5567	7636.7095
仪封乡	8903.3862	9283.4410	9844.5436	10197.5105	10406.4687	10422.2054

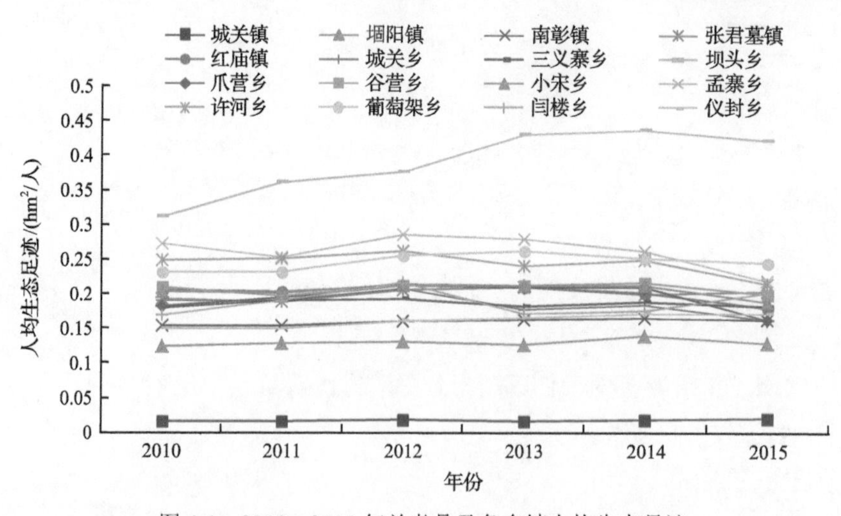

图 4-1　2010～2015 年兰考县及各乡镇人均生态足迹

从整体上看，2010～2015 年兰考县三维生态足迹呈现出“先增后减”的变化趋势，2010～2012 年，增幅明显，增长率为 8.5512%，到 2012 年达到顶峰，之后出现回降（表 4-3）。研究时段内，张君墓镇的三维生态足迹介于 16817.4336～19577.7290hm²，远高于其他各乡镇；城关镇在研究时段内的三维生态足迹的变动情况相对比较明显，增、降幅度均大于 7%，2012～2013 年，变化率达到–12.0659%，是所有乡镇中足迹最小的区域；

闫楼乡的三维生态足迹的变动轨迹与城关镇一致，2010～2012年显著上升，随后出现明显下降，并于2013年之后逐步回升；堌阳镇、城关乡、三义寨乡、许河乡的三维生态足迹轨迹与兰考县一致，呈现出“增—减—增—减”的变化特征，其中，堌阳镇、三义寨乡和许河乡的增、减幅度相对比较平缓，变化幅度介于8.2382%～9.3699%，而城关乡在2011～2012年及2012～2013年的增、降幅度比较明显，分别为11.7601%和–12.3419%；研究期间红庙镇、爪营乡、小宋乡、葡萄架乡的三维足迹表现出倒“U”形变化轨迹，其中，爪营乡和小宋乡在2010～2014年变化幅度比较平缓，在2014～2015年的下降幅度相对显著，降幅分别为22.3843%和10.2964%，葡萄架乡与爪营乡和小宋乡变动情况相反，2011～2012年的增长率为11.2961%，增幅明显，2013～2015年的下降幅度相对比较平缓；南彰镇和仪封乡在研究时段内的三维生态足迹变化情况比较一致，呈现出逐年上升的趋势，且增幅逐渐变小；2010～2014年，坝头乡的三维生态足迹呈现出波动式上升，并于2014年达到最高值，之后出现小幅下降；谷营乡和孟寨乡的发展趋势大致相同，表现为“减—增—减”的基本走势，但具体的变动情况存在差异。

研究区各乡镇人均生态足迹的变动情况与整体情况并不完全一致，除城关镇、三义寨乡、坝头乡、谷营乡、孟寨乡、许河乡、葡萄架乡、闫楼乡的人均生态足迹发展趋势与整体发展态势一致外，其余乡镇均存在不同程度的差异(图4-1)。2010～2015年，兰考县人均生态足迹波动明显，但变动幅度较小；城关乡和小宋乡的人均生态足迹发展趋势与兰考县一致，但变动幅度相对剧烈，2012～2014年和2014～2015年城关乡的人均生态足迹下降率分别为14.6324%和11.0773%，而小宋乡在2014～2015年的降幅也达到11.0773%；城关镇和闫楼乡在研究时段内的人均生态足迹变化情况一致，呈“增—减—增”的变化特征，且在各个研究时段内的增、降幅度均较大；堌阳镇、三义寨乡、爪营乡、许河乡的人均生态足迹变化规律相同，呈现出“增—减—增—减”的变化轨迹，且堌阳镇、三义寨乡、许河乡的人均生态足迹发展趋势与整体发展趋势一致；南彰镇的人均生态足迹发展态势与谷营乡一致，但波动程度存在差异，南彰镇的增长率大于下降率，整体表现为平缓上升态势，谷营乡与南彰镇相反，整体呈现出下降趋势；红庙镇和孟寨乡的变化趋势相同，整个变化过程变现为“减—增—减”的变化特征，且在研究末期下降幅度最为显著，变化率分别为–10.873%和–17.0565%，整体为负向变化；坝头乡的人均生态足迹介于0.3～0.45hm^2，明显高于其他各乡镇，2010～2014年人均生态足迹以不同的增长速度逐年递增，2014～2015年开始出现小幅度下降，这与坝头乡的整体生态足迹变动情况一致；仪封乡的人均生态足迹发展过程与坝头乡相似，但同时期增降程度不同；研究时段内葡萄架乡的人均生态足迹呈现出“增—减”的变化趋势，变幅较小，发展轨迹表现为一条平滑的曲线。

2. 地类组分上的变化分析

基于各类生物资源和能源消费量数据、热量数据及各类生态生产性土地面积数据等，根据式(4-4)～式(4-6)，得出2010～2015年兰考县不同地类的生态足迹存在显著差异(表4-4和表4-5)。

表 4-4　2010～2015 年兰考县不同地类生态足迹　　（单位：hm^2）

地类	2010 年	2011 年	2012 年	2013 年	2014 年	2015 年
耕地	180553.5402	180678.9496	195407.5604	193929.7259	196134.6912	183791.9366
林地	493.9020	501.6744	267.0886	639.4139	619.6073	228.9331
水域	54.8566	82.2262	117.4660	117.1988	118.9453	118.6406
建设用地	1539.2161	1883.5836	2192.9792	2191.0286	2407.8693	2575.9223
化石燃料用地	3624.7085	4719.3504	5239.0626	5087.4416	5604.4808	5956.0872

由表 4-4 可知，2010～2015 年耕地的生态足迹在生态足迹总量中占据了很大比例，是 5 种土地利用类型中对生态系统作用力度最强、影响效果最为显著的地类。随着区域社会经济的发展，当地粮食需求已经得到满足，饮食结构和生活质量正在逐步改善，但由于区域人口规模的不断扩张，粮食的充足有效供给仍然是当地发展过程中不容忽视的重要问题。林地生态足迹在研究时段内呈波动式下降趋势，且变幅较明显，由研究初期的 493.9020hm^2 降至研究末期的 228.9331hm^2，总变化率为–53.6481%，这主要与林地当年所提供的生物资源量和林地面积的变动有关。水域的生态足迹在生态足迹总量中所占比例最小，远低于其他地类，在研究前、后期表现出明显的差异，2010～2012 年增长幅度明显，增长率为 49.8930%和 42.8571%，呈现上升趋势，2013～2015 年，变幅较小，相对比较稳定，但整体表现为上升态势。随着社会经济发展，人民生活水平普遍提高，饮食结构不断改善，区域居民对水产品的偏好成为水域生态足迹增加的主要原因。建设用地的生态足迹在研究期间表现为逐步上升的趋势，上升幅度明显，但增幅在逐渐缩小，增长率由初期的 22.3729%降至末期的 6.9793%，整体情况趋于稳定。这一方面受当地建设用地面积变动的影响；另一方面受区域电力、热力利用效率的影响。化石燃料用地一般是指吸纳和转化燃烧能源产品所产生的废弃物的林地。化石燃料用地的生态足迹呈逐年增长的趋势，研究末年的生态足迹为 5956.0872hm^2，是研究初年的 1.64 倍。对比林地和化石燃料用地的生态足迹，人类对化石燃料的消耗速度远远大于生物资源，区域林地同化 CO_2 的压力在逐年增大。

由于不同乡镇的生物资源和能源的消费水平、土地面积及生产能力等存在差异，因此兰考县及各乡镇不同地类生态足迹的变动情况也存在不同程度的差异(表 4-5)。

表 4-5　兰考县及各乡镇不同地类生态足迹变化率(%)

地区	耕地	林地	水域	建设用地	化石燃料用地
兰考县	0.3562	–14.2541	16.4251	9.8968	10.1630
城关镇	10.5467	–21.9757	17.8118	12.6878	12.9621
堌阳镇	0.6467	–33.2080	16.7706	11.0693	11.3399
南彰镇	2.2469	–19.5982	16.0589	7.1280	7.3883
张君墓镇	2.4070	8.8804	16.3021	11.0177	11.2852
红庙镇	–1.8357	–24.4623	16.3065	10.1269	10.3946
城关乡	0.6214	7.4783	15.7882	6.4622	6.7213

续表

地区	耕地	林地	水域	建设用地	化石燃料用地
三义寨乡	1.3793	36.7190	15.9807	8.4557	8.7234
坝头乡	5.0196	31.7237	16.4392	8.5164	8.7786
爪营乡	–1.5781	–23.2475	16.6448	9.1453	9.4103
谷营乡	0.0902	35.5457	16.2546	10.3142	10.5818
小宋乡	–0.8296	17.7584	16.2930	12.7285	12.9990
孟寨乡	–3.6099	–20.7819	16.0782	9.5814	9.8467
许河乡	–3.0435	–23.3134	16.1411	9.3153	9.5721
葡萄架乡	2.0279	–3.5003	16.1939	9.3359	9.6004
闫楼乡	4.4731	22.1924	16.4088	9.5381	9.8038
仪封乡	2.7864	–1.1367	16.7472	10.8758	11.1420

由表 4-5 可知，兰考县及各乡镇的水域、建设用地和化石燃料用地的生态足迹的变化率均为正值，表明在研究时段内水域、建设用地和化石燃料用地的生态足迹均为正向发展，整体表现为上升趋势。其中，水域的生态足迹的变动情况相对比较稳定，除城关镇、城关乡、三义寨乡的生态足迹出现略微的差异外，其他各乡镇在研究时段内的水域生态足迹均处于 16%左右，这主要受水域面积变化和水产品消费能力变动等因素的影响；建设用地和化石燃料用地的全县生态足迹变化率分别为 9.8968%和 10.1630%，两种地类在各乡镇的变化率基本一致，变化率介于 6%～13%，均呈现出持续增长态势，这主要是由于受经济发展的影响，城镇化和工业化进程加快，区域对化石燃料和电力等能源的消费需求增加。兰考县的耕地生态足迹在研究期间表现为稳中有增的趋势，而各乡镇的耕地生态足迹的变化情况差异性显著。红庙镇、爪营乡、小宋乡、孟寨乡、许河乡的耕地生态足迹总体上表现为略微下降趋势，这主要是受到了耕地面积减少的影响，其他各乡镇的生态足迹变化率均为正值，其中城关镇的变化率达 10.5467%，远高于其他各乡镇，这与城关镇耕地面积少、人口密度高有关。研究时段内林地在各乡镇的生态足迹变化情况差异性明显，变动程度参差不齐，变化方向正负不同，其中，张君墓镇、城关乡、三义寨乡、坝头乡、谷营乡、小宋乡、闫楼乡的生态足迹变化率为正值，兰考县及其他各乡镇的变化率均为负值。

4.2.3　足迹深度计算结果评价

1. 时间尺度上的演变规律

根据式(4-4)～式(4-6)，基于各类生物资源和能源消费量数据、热量数据及各类生态生产性土地面积数据等，对 2010～2015 年兰考县不同地类的人均生态足迹深度进行计算，结果见表 4-6。

根据表 4-6 可知，2010～2015 年兰考县人均生态足迹深度介于 1～3，且呈波动上升趋势，说明兰考县的自然资源流量已经不足以支撑当地的自然资源消费需求，区域可持续发展受到威胁。2010～2015 年，兰考县耕地的人均生态足迹深度变化情况和全县人均

表 4-6　2010～2015 年兰考县不同地类人均生态足迹深度

年份	耕地	林地	水域	建设用地	化石燃料用地	兰考县
2010	2.3064	1	1	1	1.5486	1.9902
2011	2.3080	1	1	1	2.0163	2.0019
2012	2.4961	1	1	1	2.2384	2.1477
2013	2.4776	1	1	1	2.2307	2.1165
2014	2.4689	1	1	1	2.4214	2.1143
2015	2.3427	1	1	1	2.6057	2.0251

生态足迹深度变化情况比较贴近，耕地人均生态足迹深度稳定在 2～3，这意味着兰考县要实现区域粮食的足迹自足，还需要消耗耕地 2 年所生产的自然资源。林地、水域、建设用地在研究时段内的人均生态足迹深度始终为 1，人均生态足迹深度处于自然原长，区域处于生态盈余状态，即在研究时段内兰考县对林地、水域、建设用地的自然资源流量足以支撑当地发展对林地、水域、建设用地等资源消耗的需求。2010～2015 年，化石燃料用地的人均生态足迹深度呈现出小幅度上升的趋势，由 2010 年的 1.5486 增至 2015 年的 2.6057，成为兰考县人均生态足迹深度的主要来源之一，兰考县林地面积所占比重并不小，但由于其快速发展的社会经济、高耗能的生产方式及高消耗的生活方式，当前林地的固碳能力尚未达到同化区域所排放的 CO_2 的水平。

2. 空间尺度上的分布特征

根据式(4-4)～式(4-6)，基于各类生物资源和能源消费量数据、热量数据及各类生态生产性土地面积数据等，对 2010～2015 年兰考县及各乡镇的人均生态足迹深度进行计算，结果见表 4-7～表 4-12。

表 4-7　2010 年兰考县各乡镇不同地类人均生态足迹深度

地区	耕地	林地	水域	建设用地	化石燃料用地
城关镇	2.2505	1	1	1	14.6133
堌阳镇	2.4090	1	1	1	3.2844
南彰镇	2.4726	1	1	1	2.0865
张君墓镇	2.1187	1	1	1	2.6465
红庙镇	2.5125	1	1	1	1.1045
城关乡	2.1929	1	1	1	15.9572
三义寨乡	2.4349	1	1	1	2.0148
坝头乡	2.3089	1	1	1	19.6716
爪营乡	2.6969	1	1	1	8.3526
谷营乡	2.1009	1	1	1	24.8579
小宋乡	2.3334	1	1	1	34.6713
孟寨乡	2.7516	1	1	1	25.8495
许河乡	2.6115	1	1	1	4.3308
葡萄架乡	2.3337	1	1	1	1.1113
闫楼乡	2.3786	1	1	1	1.5519
仪封乡	2.3922	1	1	1	1

表 4-8　2011 年兰考县各乡镇不同地类人均生态足迹深度

地区	耕地	林地	水域	建设用地	化石燃料用地
城关镇	2.4493	1	1	1	19.0274
堌阳镇	2.5287	1	1	1	4.2765
南彰镇	2.5132	1	1	1	2.7165
张君墓镇	2.1282	1	1	1	3.4460
红庙镇	2.5838	1	1	1	1.4381
城关乡	2.2325	1	1	1	20.7767
三义寨乡	2.5912	1	1	1	2.6231
坝头乡	2.6957	1	1	1	25.6130
爪营乡	2.9654	1	1	1	10.8752
谷营乡	2.0097	1	1	1	32.3581
小宋乡	2.3756	1	1	1	45.1413
孟寨乡	2.6400	1	1	1	33.6554
许河乡	2.6525	1	1	1	5.6380
葡萄架乡	2.3550	1	1	1	1.4469
闫楼乡	2.6141	1	1	1	2.0205
仪封乡	2.4581	1	1	1	1

表 4-9　2012 年兰考县各乡镇不同地类人均生态足迹深度

地区	耕地	林地	水域	建设用地	化石燃料用地
城关镇	2.3490	1	1	1	21.1231
堌阳镇	2.5739	1	1	1	4.7475
南彰镇	2.5311	1	1	1	3.0157
张君墓镇	2.3795	1	1	1	3.8255
红庙镇	2.7118	1	1	1	1.5965
城关乡	2.5147	1	1	1	23.0653
三义寨乡	2.6418	1	1	1	2.9121
坝头乡	2.8186	1	1	1	28.4336
爪营乡	3.2699	1	1	1	12.0728
谷营乡	2.2437	1	1	1	35.9165
小宋乡	2.6007	1	1	1	50.1123
孟寨乡	2.9939	1	1	1	37.3614
许河乡	2.7365	1	1	1	6.2589
葡萄架乡	2.6395	1	1	1	1.6062
闫楼乡	3.1932	1	1	1	2.2430
仪封乡	2.7017	1	1	1	1

表 4-10　2013 年兰考县各乡镇不同地类人均生态足迹深度

地区	耕地	林地	水域	建设用地	化石燃料用地
城关镇	2.5587	1	1	1	21.8502
堌阳镇	2.5230	1	1	1	4.6321
南彰镇	2.7247	1	1	1	2.9426
张君墓镇	2.5117	1	1	1	3.7312
红庙镇	2.6726	1	1	1	1.5561
城关乡	2.5551	1	1	1	23.6859
三义寨乡	2.5836	1	1	1	2.8888
坝头乡	2.6730	1	1	1	27.7669
爪营乡	3.3299	1	1	1	11.7797
谷营乡	2.2197	1	1	1	35.0409
小宋乡	2.6338	1	1	1	48.8968
孟寨乡	3.0143	1	1	1	36.5477
许河乡	2.5149	1	1	1	6.1052
葡萄架乡	2.7953	1	1	1	1.5665
闫楼乡	2.4614	1	1	1	2.1934
仪封乡	2.6905	1	1	1	1

表 4-11　2014 年兰考县各乡镇不同地类人均生态足迹深度

地区	耕地	林地	水域	建设用地	化石燃料用地
城关镇	3.4496	1	1	1	25.3080
堌阳镇	2.7062	1	1	1	5.0405
南彰镇	2.7692	1	1	1	3.2023
张君墓镇	2.2920	1	1	1	4.0588
红庙镇	2.5483	1	1	1	1.6915
城关乡	2.8210	1	1	1	27.2097
三义寨乡	2.7277	1	1	1	3.1974
坝头乡	2.4542	1	1	1	30.2413
爪营乡	3.3334	1	1	1	12.8185
谷营乡	2.1843	1	1	1	38.1274
小宋乡	2.5369	1	1	1	53.2091
孟寨乡	2.7857	1	1	1	39.8734
许河乡	2.5403	1	1	1	6.6411
葡萄架乡	2.6337	1	1	1	1.7039
闫楼乡	2.4358	1	1	1	2.3921
仪封乡	2.6936	1	1	1	1

表 4-12　2015 年兰考县各乡镇不同地类人均生态足迹深度

地区	耕地	林地	水域	建设用地	化石燃料用地
城关镇	5.3161	1	1	1	29.1919
堌阳镇	2.5053	1	1	1	5.4378
南彰镇	2.7903	1	1	1	3.4549
张君墓镇	2.4024	1	1	1	4.3771
红庙镇	2.3054	1	1	1	1.8229
城关乡	2.6252	1	1	1	31.0944
三义寨乡	2.6939	1	1	1	3.5094
坝头乡	2.1846	1	1	1	32.6535
爪营乡	2.5193	1	1	1	13.8291
谷营乡	1.9799	1	1	1	41.1294
小宋乡	2.2494	1	1	1	57.4050
孟寨乡	2.3090	1	1	1	43.1306
许河乡	2.1183	1	1	1	7.1624
葡萄架乡	2.5990	1	1	1	1.8374
闫楼乡	2.9746	1	1	1	2.5864
仪封乡	2.6783	1	1	1	1

从不同地区来看，研究时段内所有乡镇耕地人均生态足迹深度均大于 1，说明当前区域粮食消耗正在透支资源存量，除城关镇、爪营乡、谷营乡、孟寨乡、闫楼乡在研究期间耕地人均生态足迹深度出现波动外，其他各乡镇在研究期间耕地人均生态足迹深度均稳定在 2～3(表 4-7～表 4-12)。其中，城关镇耕地人均生态足迹深度变化最为显著，由 2010 年的 2.2505 增至 2015 年的 5.3161，总增速 136.2186%，这意味着除了自然资源流量外，城关镇还需要消耗约 3 年的资源存量才能满足区域发展的需求；2010～2014 年，爪营乡耕地人均生态足迹深度呈逐年上升的趋势，并于 2014 年达到最高值 3.3334，到 2015 年回降至 2.5193，其资源消耗仍在透支资源存量，但资源存量压力较城关镇小；谷营乡耕地人均生态足迹深度在 2010～2014 年比较稳定，2015 年降至 1.9799，但整体变动幅度比较平缓；孟寨乡和闫楼乡的耕地人均生态足迹深度整体呈倒“U”形变化，孟寨乡耕地人均生态足迹深度在出现峰值后逐年下降，且存在继续减少的态势，而闫楼乡增幅较降幅明显，2015 年之后可能出现上升的趋势。研究期间，各乡镇化石燃料用地人均生态足迹深度存在较大的差异性，但整体均呈现逐年上升的趋势。城关镇、堌阳镇、张君墓镇、城关乡、坝头乡、谷营乡、小宋乡、孟寨乡、许河乡化石燃料用地人均生态足迹深度均高于其他用地，在其所有资源占用中同化 CO_2 对生态的占用成为最主要的部分。其中，小宋乡的人均生态足迹深度最高，由 2010 年的 34.6713 增至 2015 年的 57.4050，当地林地资源承担着巨大的压力；2015 年，城关乡和坝头乡人均生态足迹深度均超过 30，总变化率分别为 94.8613%和 65.9931%；谷营乡和孟寨乡分别由 2010 年的 24.8579 和 25.8495 增至 2015 年的 41.1294 和 43.1306，变化率均超过 10%；红庙镇和葡萄架乡是所

有乡镇中化石燃料用地人均生态足迹深度较小的乡镇，两乡镇人均生态足迹深度变化情况在研究时段内基本一致，稳定在1～2；研究时段内，仅封乡化石燃料用地人均生态足迹深度始终处于自然深度，表明该乡镇自身发展的需求仅通过当地自然资源流量的消耗即可得到满足。

4.2.4 足迹广度计算结果评价

1. 时间序列上的变化分析

基于各类生物资源和能源消费量数据、热量数据及各类生态生产性土地面积数据等，根据式(4-4)～式(4-6)，对2010～2015年兰考县不同地类的人均生态足迹广度进行计算，结果见表4-13。

表4-13 2010～2015年兰考县不同地类人均生态足迹广度 (单位：hm^2)

年份	耕地	林地	水域	建设用地	化石燃料用地	兰考县
2010	0.0883	0.0006	0.0001	0.0017	0.0026	0.0933
2011	0.0863	0.0006	0.0001	0.0021	0.0026	0.0916
2012	0.0858	0.0003	0.0001	0.0024	0.0026	0.0912
2013	0.0843	0.0007	0.0001	0.0024	0.0025	0.0900
2014	0.0856	0.0007	0.0001	0.0026	0.0025	0.0915
2015	0.0846	0.0002	0.0001	0.0028	0.0025	0.0902

总体来看，2010～2015年，兰考县人均生态足迹广度整体呈下降趋势，由2010年的0.0933hm^2降至2015年的0.0902hm^2，年均下降率为0.5538%，表明在研究时段内，兰考县对自然资本流量的占用水平在不断减弱(表4-13)。2010～2015年，耕地和化石燃料用地的人均生态足迹广度的变动轨迹与兰考县一致，整体呈下降趋势，研究时段内人均生态足迹广度分别介于0.0843～0.0883hm^2和0.0025～0.0026hm^2，相对比较稳定。由于两种地类均处于生态赤字状态，生态足迹广度即生态承载力，仅靠自然资本流量难以满足其消费需求。林地的人均生态足迹广度的变化轨迹呈现“减—增—减”的变化趋势，年均变化率为-11.1111%，整体表现为波浪式下降的发展态势。建设用地的人均生态足迹广度均表现为逐年增长的趋势，年增长率为10.7843%，由于两种地类在研究时段内均处于生态盈余状态，其人均生态足迹即人均生态足迹广度。其中，耕地人均生态足迹广度在全县人均生态足迹广度中所占比重介于93.5519%～94.6409%，化石燃料用地人均生态足迹广度在全县人均生态足迹广度中所占比重为2.7322%～2.8509%，说明在兰考县的人均占用土地面积中以耕地和化石燃料用地为主。

2. 空间格局上的动态变化

基于各类生物资源和能源消费量数据、热量数据及各类生态生产性土地面积数据等，根据式(4-4)～式(4-6)，对2010～2015年兰考县及各乡镇的人均生态足迹广度进行计算，结果见表4-14。

表 4-14 2010～2015 年兰考县各乡镇人均生态足迹广度 (单位：hm^2)

地区	2010 年	2011 年	2012 年	2013 年	2014 年	2015 年
城关镇	0.0104	0.0109	0.0118	0.0114	0.0116	0.0111
堌阳镇	0.0591	0.0575	0.0578	0.0571	0.0586	0.0579
南彰镇	0.0726	0.0703	0.0723	0.0697	0.0689	0.0676
张君墓镇	0.1008	0.0986	0.0971	0.0948	0.0971	0.0956
红庙镇	0.0958	0.0922	0.0921	0.0932	0.0927	0.0899
城关乡	0.0999	0.0980	0.0971	0.0904	0.0851	0.0797
三义寨乡	0.0837	0.0834	0.0829	0.0817	0.0804	0.0786
坝头乡	0.1595	0.1612	0.1618	0.1781	0.1970	0.2130
爪营乡	0.0772	0.0759	0.0754	0.0737	0.0741	0.0733
谷营乡	0.1105	0.1072	0.1043	0.1043	0.1087	0.1096
小宋乡	0.0975	0.0949	0.0933	0.0911	0.0949	0.0936
孟寨乡	0.1124	0.1089	0.1094	0.1064	0.1076	0.1058
许河乡	0.1162	0.1158	0.1173	0.1147	0.1180	0.1184
葡萄架乡	0.1133	0.1121	0.1112	0.1089	0.1100	0.1079
闫楼乡	0.0838	0.0860	0.0820	0.0814	0.0836	0.0805
仪封乡	0.0898	0.0887	0.0896	0.0913	0.0954	0.0951

从不同地区来看，2010～2015 年兰考县各乡镇人均生态足迹广度表现出明显的差异性(表 4-14)。研究时段内坝头乡、谷营乡、孟寨乡、许河乡和葡萄架乡的人均生态足迹广度大于 0.1hm^2，其他各乡镇的人均生态足迹广度均小于 0.1hm^2。2010～2015 年，城关镇、坝头乡、许河乡和仪封乡的人均生态足迹广度的年均变化率分别为 1.1218%、5.5904%、0.3155%和 0.9837%，均为正向变化，说明这些乡镇的资本流量占用水平在逐渐增加，而生态足迹广度的增加并不等同于生态承载能力的提升，其主要受区域自然资源占用水平提升的影响。张君墓镇在 2010 年人均生态足迹广度为 0.1008hm^2，之后出现波浪式下降，到 2015 年人均生态足迹广度为 0.0956hm^2，年平均下降率为 0.8598%。堌阳镇、南彰镇、红庙镇、城关乡、三义寨乡、爪营乡、小宋乡和闫楼乡的人均生态足迹广度介于 0.05～0.1hm^2，且均为负向变化，说明该区域的资本流量占用水平在不断降低。2010～2015 年城关镇人均生态足迹广度介于 0.0104～0.0118hm^2，是兰考县人均生态足迹广度最小的乡镇，远低于其他各乡镇的人均生态足迹广度，研究时段内人均生态足迹广度变化轨迹呈倒“U”形，表明当地的资源占用水平经历了先升后降的发展过程。

4.2.5 生态盈余和生态赤字分析

1. 时空尺度上的动态变化

基于人均生态足迹深度的计算结果(表 4-7～表 4-12)，对 2010～2015 年兰考县及各乡镇的生态盈余或生态赤字进行计算(表 4-15)。

表 4-15　2010～2015 年兰考县及各乡镇生态盈余或生态赤字　(单位：hm^2)

地区	2010 年	2011 年	2012 年	2013 年	2014 年	2015 年
	ED/ER	ED/ER	ED/ER	ED/ER	ED/ER	ED/ER
兰考县	–0.0677	–0.0681	–0.0813	–0.0774	–0.0781	–0.0680
城关镇	0.0296	0.0278	0.0270	0.0292	0.0293	0.0278
堌阳镇	–0.0479	–0.0530	–0.0564	–0.0526	–0.0623	–0.0534
南彰镇	–0.0612	–0.0638	–0.0676	–0.0741	–0.0761	–0.0761
张君墓镇	–0.0673	–0.0671	–0.0857	–0.0926	–0.0778	–0.0849
红庙镇	–0.0851	–0.0865	–0.0960	–0.0968	–0.0856	–0.0654
城关乡	–0.0589	–0.0617	–0.0825	–0.0546	–0.0609	–0.0422
三义寨乡	–0.0751	–0.0863	–0.0901	–0.0804	–0.0864	–0.0824
坝头乡	–0.0955	–0.1429	–0.1589	–0.2008	–0.1943	–0.1695
爪营乡	–0.0850	–0.1004	–0.1183	–0.1174	–0.1182	–0.0705
谷营乡	–0.0758	–0.0662	–0.0848	–0.0859	–0.0870	–0.0698
小宋乡	–0.0833	–0.0848	–0.1007	–0.1001	–0.0969	–0.0740
孟寨乡	–0.1344	–0.1211	–0.1534	–0.1494	–0.1314	–0.0890
许河乡	–0.0896	–0.0961	–0.1074	–0.0899	–0.0953	–0.0612
葡萄架乡	–0.0922	–0.0943	–0.1190	–0.1285	–0.1167	–0.1115
闫楼乡	–0.0630	–0.0869	–0.1142	–0.0718	–0.0749	–0.1015
仪封乡	0.0211	0.0143	0.0054	0.0003	–0.0025	–0.0021

注：正数表示生态盈余(ED)，负数表示生态赤字(ER)。

根据表 4-15 可知，除城关镇和仪封乡，其他各乡镇均处于生态赤字的状态，即当地自身的生产能力尚不足以支撑当前区域的资源需求。2010～2015 年，城关镇始终为生态盈余，介于 0.0270～0.0296hm^2，其变化曲线表现为涨落相间的波浪式起伏变动；2010～2013 年，仪封乡一直处于生态盈余状态，2014 年之后开始由生态盈余转变为生态赤字，经济增长往往是区域生态足迹增加的主要驱动因素，2013 年仪封乡的 GDP 增长率达 15.0821%，城镇化、工业化进程的加快在很大程度上增加了资源的消费量，加剧了区域生态系统的压力。研究时段内，坝头乡生态赤字明显大于其他乡镇，2010～2014 年不断增加，各年份均表现出显著的线性特征，2014～2015 年逐渐得到缓解，但在研究末年依然是所有乡镇中生态赤字最为严重的乡镇；孟寨乡的生态赤字情况较坝头乡好一些，整体呈逐渐减小的趋势，到 2015 年降至–0.0890hm^2，且 2012～2015 年降速逐年增加。南彰镇、张君墓镇、闫楼乡生态赤字情况存在加重的可能性，各乡镇均出现生态足迹增加而生态承载力降低的情况，从而导致乡镇整体生态压力增强。

2. 地类组分上的变化分析

基于兰考县不同地类人均生态足迹深度的计算结果(表 4-6)，对 2010～2015 年兰考县不同地类的生态盈余或生态赤字进行计算，结果如图 4-2 所示。

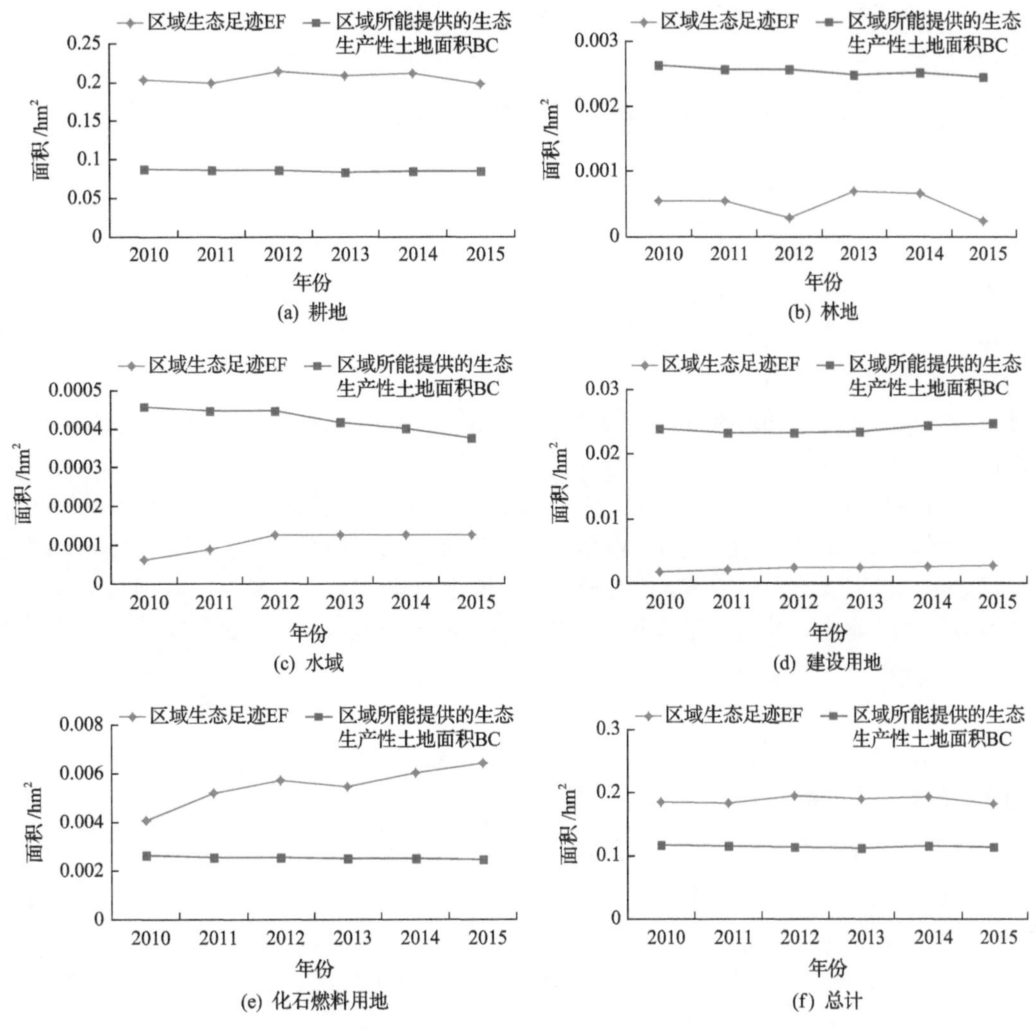

图 4-2　兰考县生态足迹与区域生态生产性土地面积变化趋势

由图 4-2 可知，2010～2015 年，兰考县整体上始终处于生态赤字状态，赤字面积介于 0.06～0.09hm^2，研究时段内出现小幅度波动，但总体情况比较稳定。从整体上看，兰考县的生态赤字情况可能存在增加的趋势，说明当地的自然资源流量已经难以支撑当前兰考县的发展需求，土地承载力面临挑战。2010～2015 年，耕地和化石燃料用地始终处于生态赤字状态，区域面临严峻的生态压力。其中，耕地的生态赤字基本保持稳定，未出现明显变动，这主要与兰考县居民对粮食产品的需求稳定有关；化石燃料用地的生态赤字则呈现出逐年增加态势，年增长率高达 22.2564%，这在很大程度上受到化石能源产品消费量增加的影响。林地、水域、建设用地均处于生态盈余状态，表明研究时段区域内的自然资源流量能够支撑当地对资源的消耗。2010～2015 年，林地的生态盈余出现了不同程度的波动，但整体基本围绕 0.002hm^2 上下浮动；水域用地的生态盈余在不断减少，由 2010 年的 0.0004hm^2 减少至 2015 年的 0.0002hm^2，年减少率为 9.7957%；建设用地的生态盈余在 6 年间一直比较稳定，这主要是因为该时段内生态足迹和生态承载力均处于比较稳定的状态。

4.2.6　2016～2030 年生态足迹预测

1. 生态足迹和生态承载力的发展趋势预测

平滑次数是单指数平滑法划分的依据。平滑次数不同，则预测精度存在差异，要根据实际数据的变化情况来确定。一次指数平滑法多应用于时间序列出现水平趋势的情况；二次指数平滑法多应用于时间序列出现线性趋势的情况；三次指数平滑法多应用于时间序列出现曲线趋势的情况(芮海田等，2013)。由于本章研究三维生态足迹和生态承载力数据均呈曲线趋势，因此构建三次指数平滑模型对兰考县的生态足迹和生态承载力进行预测。

平滑系数 α 在很大程度上决定着预测结果的精确程度，取值范围介于[0,1]，序列变化越平缓，α 越接近于 0；反之，越接近于 1。EViews 提供两种方式确定指数平滑系数：自动给定和人工确定两种方式。自动给定，即依据预测误差平方和最小原则系统自动确定系数；人工确定，即指定平滑参数，参数范围限定在[0,1]，根据均方误差(MSE)值的大小对系统的计算结果进行筛选。

初始值，即第一预测值或第一期观察值，是人为确定的。当时间序列数据项数较多($N \geqslant 15$)时，第一期观察值即初始值；当时间序列数据项数较少($N < 15$)时，初始值即最初几期的均值(通常取 3)。

1)人均三维生态足迹的发展趋势预测

通过自动给定和人工确定两种方式分别对平滑系数进行计算，当平滑系数 α=0.5140 时，MSE=0.008194，为最小值，实际值和预测值相对误差均低于 10%，其拟合程度较好。由于本章研究样本容量少于 15 个，即选取 2010 年、2011 年、2012 年的均值作为初始值，初始值为 0.188338。人均三维生态足迹三次指数平滑计算过程见表 4-16。

表 4-16　人均三维生态足迹三次指数平滑计算表

年份	人均生态足迹	$S_t^{(1)}$	$S_t^{(2)}$	$S_t^{(3)}$	a_t	b_t	c_t	Y_{t+T}
2010	0.185748	0.187006	0.187653	0.187986				
2011	0.183306	0.185105	0.186343	0.187142	0.183425	−0.002488	−0.000246	
2012	0.195959	0.190684	0.188574	0.187878	0.194207	0.006011	0.000790	0.180691
2013	0.190566	0.190623	0.189628	0.188777	0.191765	0.001442	0.000081	0.201008
2014	0.193552	0.192129	0.190913	0.189875	0.193522	0.001760	0.000099	0.193289
2015	0.182682	0.187273	0.189042	0.189447	0.184140	−0.005520	−0.000763	0.195382

人均三维生态足迹预测模型为

$$Y_{2015+T}=a_t+b_tT+c_tT^2=0.193522+0.001760T+0.000099T^2 \tag{4-18}$$

采用单因子方差分析对三次指数平滑的预测效果进行验证，分析结果见表 4-17。

表 4-17　人均三维生态足迹单因素方差分析

差异源	SS	df	MS	F	P-value	F crit
组间	4.74×10^{-6}	1	4.74×10^{-6}	0.100401	0.762084	5.987378
组内	0.000283	6	4.72×10^{-5}			
总计	0.000288	7				

注：F crit 指在相应显著水平下的 F 临界值，下同。

根据分析结果可知，F=0.100401＜$F_{0.05}$=5.987378，P=0.762084＞0.05，因此，在 0.05 显著性水平下不能拒绝原假设 H_0：实际值与预测值的总体均值没有显著差别，故可知两者不存在明显差异。

2) 生态承载力的发展趋势预测

通过自动给定和人工确定两种方式分别对平滑系数进行计算，当平滑系数 α=0.5980 时，MSE=0.001709，为最小值，实际值和预测值相对误差均低于 5%，其拟合程度较好。由于本章研究样本容量少于 15 个，即选取 2010 年、2011 年、2012 年的均值作为初始值，初始值为 0.115975。人均生态承载力三次指数平滑计算过程见表 4-18。

表 4-18　人均生态承载力三次指数平滑计算表

年份	人均生态承载力	$S_t^{(1)}$	$S_t^{(2)}$	$S_t^{(3)}$	a_t	b_t	c_t	Y_{t+T}
2010	0.118001	0.117187	0.116700	0.116409	0.117870	0.001524	0.000217	
2011	0.115243	0.116024	0.116296	0.116341	0.115527	−0.001327	−0.000250	
2012	0.114682	0.115222	0.115653	0.115930	0.114634	−0.001277	−0.000172	0.113949
2013	0.113137	0.113975	0.114650	0.115164	0.113140	−0.001657	−0.000177	0.113185
2014	0.115465	0.114866	0.114779	0.114934	0.115195	0.001116	0.000268	0.111305
2015	0.114663	0.114744	0.114758	0.114829	0.114787	0.000211	0.000063	0.116578

人均生态承载力预测模型为

$$Y_{2015+T}=a_t+b_tT+c_tT^2=0.114787+0.000211T+0.000063T^2 \tag{4-19}$$

采用单因子方差分析对三次指数平滑的预测效果进行验证，分析结果见表 4-19。

表 4-19　人均生态承载力单因素方差分析

差异源	SS	df	MS	F	P-value	F crit
组间	6.41×10^{-7}	1	6.41×10^{-7}	0.29835	0.604619	5.987378
组内	1.29×10^{-5}	6	2.15×10^{-6}			
总计	1.35×10^{-5}	7				

根据分析结果可知，F=0.29835＜$F_{0.05}$=5.987378，P=0.604619＞0.05，因此，在 0.05 显著性水平下不能拒绝原假设 H_0：实际值与预测值的总体均值没有显著差别，故可知两者不存在明显差异。

2. 基于时间序列的预测结果分析

根据式(4-18)和式(4-19)，对 2016～2030 年兰考县人均生态足迹和人均生态承载力发展趋势进行预测，预测结果见表 4-20 和图 4-3。

表 4-20　预测结果汇总　　（单位：hm^2）

年份	人均生态足迹	人均生态承载力	人均生态赤字
2016	0.197440	0.115061	–0.082379
2017	0.199697	0.115460	–0.084237
2018	0.202152	0.115985	–0.086167
2019	0.204807	0.116635	–0.088172
2020	0.207659	0.117411	–0.090248
2021	0.210711	0.118312	–0.092399
2022	0.213960	0.119339	–0.094621
2023	0.217409	0.120491	–0.096918
2024	0.221056	0.121769	–0.099287
2025	0.224902	0.123172	–0.101730
2026	0.228946	0.124701	–0.104245
2027	0.233189	0.126355	–0.106834
2028	0.237630	0.128135	–0.109495
2029	0.242270	0.130041	–0.112229
2030	0.247109	0.132072	–0.115037

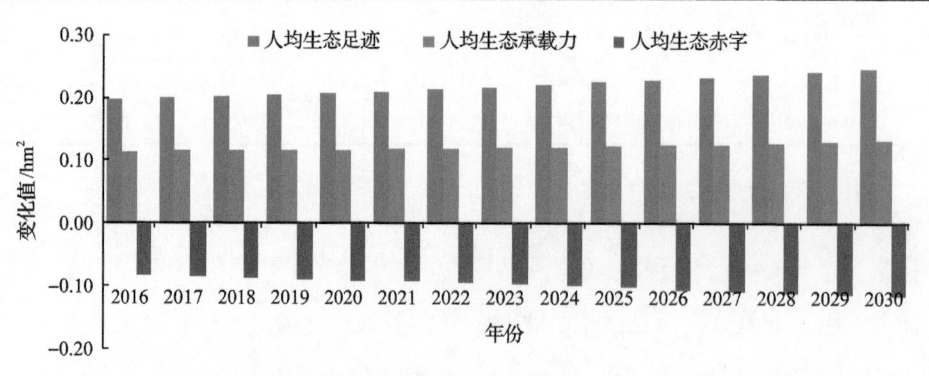

图 4-3　2016～2030 年兰考县人均生态足迹、人均生态承载力、人均生态赤字变化情况

根据表 4-20、图 4-3 可知，2016～2030 年，兰考县人均生态足迹呈逐年上升趋势，由 2016 年的 0.197440hm^2 增至 2030 年的 0.247109hm^2，年均变化率为 1.6157%，是研究时段内年均变化率的 4.8628 倍。2016～2030 年，兰考县人均生态承载力呈逐年增长的态势，由 2016 年的 0.115061hm^2 增至 2030 年的 0.132072hm^2，增加了 14.7843%，年均增长率为 0.9898%，由研究时段内的负增长转变为正增长，但增幅较小。2016～2030 年，兰考县仍然表现为生态赤字，且生态赤字情况有加重的趋势，人均生态赤字由 2016 年的 –0.082379hm^2 变为 2030 年的–0.115037hm^2，增长率为 2.4138%，高于研究时段内人均生

态赤字的增长率，且高于人均生态足迹和人均生态承载力的年均增长速度。预测时段内，兰考县人均生态足迹和人均生态承载力均表现出逐年上升的趋势，而人均生态足迹的年均增长率高于人均生态承载力，人均生态赤字逐渐扩大，区域发展偏离可持续性状态。未来当地相关部门应该考虑采取有效措施，缓解生态赤字状况，促使兰考县的社会经济发展逐渐趋向可持续。

4.3　土地承载力与可持续发展评价

4.3.1　研究方法

1. 基于改进模型的土地承载力评价指数

生态足迹模型是土地承载力评价的重要方法，通过追踪自然资源消费，来评估人类活动对土地施加的压力。依据改进三维生态足迹模型的足迹深度内涵和计算方法，构建土地承载力指数体系，评价当前自然资源消费活动对土地生态系统产生的压力(粮食、水资源、建设、碳汇等)。基于生态足迹模型的土地承载力评价体系是科学评价区域生态占用及土地承载状况的关键环节，是一种以生态价值为价值取向的评价体系，其评价结果为自然资源消费结构的改善和土地资源的合理开发利用提供重要的理论指导。

1) 粮食承载指数

粮食承载指数是区域所承受的粮食压力与粮食生产能力的比值。粮食压力来源于人类对粮食产量的需求(朱会义，2010；朱红波和张安录，2007)，粮食生产能力主要受耕地面积和耕地生产能力的影响。其计算公式为

$$G_p = G_a \times P \tag{4-20}$$

$$G_a = P_a \times F \tag{4-21}$$

$$I_{food} = \frac{G_p}{G_a} = \frac{G_a \times P}{G_a \times F} = \frac{\dfrac{G_a \times P}{P_a}}{F} = \frac{EF^{arable}}{EC^{arable}} = EF^{arable}_{depth} \tag{4-22}$$

式中，I_{food}为粮食承载指数(耕地生态足迹深度)；G_p和G_a分别为区域粮食压力和粮食生产能力；P为区域人口总量；F为区域耕地总面积；EF^{arable}和EC^{arable}分别为区域粮食消费的生态足迹和生态承载力。

2) 水资源承载指数

水资源承载指数是指区域居民对水资源的需要与水域所能提供的水资源数量的比值。区域居民对水资源的需要，包括直接的生产生活用水和消费产品中所包含的虚拟水(段锦等，2012；黄林楠等，2008)。其计算公式为

$$W_{\mathrm{p}}=W_{\mathrm{a}}\times P \tag{4-23}$$

$$I_{\mathrm{water}}=\frac{W_{\mathrm{p}}}{W_{\mathrm{s}}}=\frac{W_{\mathrm{a}}\times P}{W_{\mathrm{s}}}=\frac{\dfrac{W_{\mathrm{a}}\times P}{W}}{\dfrac{W_{\mathrm{s}}}{W}}=\frac{\mathrm{EF}^{\mathrm{sea}}}{\mathrm{EC}^{\mathrm{sea}}}=\mathrm{EF}_{\mathrm{depth}}^{\mathrm{sea}} \tag{4-24}$$

式中，I_{water} 为水资源承载指数(水域生态足迹深度)；W_{s}、W_{p}、W_{a} 分别为区域水资源生态承载力、水资源压力和人均消费水产品的用水量；W 为单位面积水域所提供的水资源数量；$\mathrm{EF}^{\mathrm{sea}}$ 和 $\mathrm{EC}^{\mathrm{sea}}$ 分别为区域水资源消费的生态足迹和水资源面积。

3)建设承载指数

建设承载指数是建设用地需求量和建设用地供给量的比值(靳相木和柳乾坤，2017)。区域内人类活动对建设用地的需求量越大，建设压力越大。其计算公式为

$$I_{\mathrm{built\text{-}up}}=\frac{\mathrm{CD}}{\mathrm{CS}}=\frac{\mathrm{EF}^{\mathrm{built\text{-}up}}}{\mathrm{EC}^{\mathrm{built\text{-}up}}}=\mathrm{EF}_{\mathrm{depth}}^{\mathrm{built\text{-}up}} \tag{4-25}$$

式中，$I_{\mathrm{built\text{-}up}}$ 为建设承载指数(建设用地生态足迹深度)；CD 和 CS 分别为区域建设用地的需求量和所能提供的建设用地面积；$\mathrm{EF}^{\mathrm{built\text{-}up}}$ 和 $\mathrm{EC}^{\mathrm{built\text{-}up}}$ 分别为区域建设用地的生态足迹和建设用地面积。

4)碳汇承载指数

碳汇承载指数是衡量区域生物圈同化 CO_2 压力的指标(靳相木和柳乾坤，2017)。区域人类活动所排放的 CO_2 越多，碳汇压力越大。由于林地发挥着同化 CO_2 的作用，土地碳汇能力以区域林地所同化的 CO_2 的数量来表示。其计算公式为

$$C_{\mathrm{p}}=E_{\mathrm{a}}\times P \tag{4-26}$$

$$I_{\mathrm{sink}}=\frac{C_{\mathrm{p}}}{P_{\mathrm{a}}}=\frac{\dfrac{C_{\mathrm{p}}}{C}}{\dfrac{P_{\mathrm{a}}}{C}}=\frac{\mathrm{EF}^{\mathrm{fossil}}}{\mathrm{EC}^{\mathrm{forest}}}=\mathrm{EF}_{\mathrm{depth}}^{\mathrm{fossil}} \tag{4-27}$$

式中，I_{sink} 为碳汇承载指数(化石燃料用地生态足迹深度)；C_{p} 和 E_{a} 分别为区域所能承担的碳汇能力和人均 CO_2 排放量；C 为单位面积林地同化 CO_2 的数量；$\mathrm{EF}^{\mathrm{fossil}}$ 和 $\mathrm{EC}^{\mathrm{forest}}$ 分别为区域化石燃料消耗的生态足迹和所能提供的林地面积。

5)土地综合承载指数

土地综合承载指数是区域生态足迹和生态承载力之比，可用以反映区域土地的压力承载状况。其计算公式为

$$I_{\mathrm{comprehensive}}=\frac{\mathrm{EF}}{\mathrm{EC}}=\mathrm{EF}_{\mathrm{depth}} \tag{4-28}$$

式中，$I_{\text{comprehensive}}$为土地综合承载指数(区域生态足迹深度)；EF 和 EC 分别为区域生态足迹和生态承载力。

$I_{\text{comprehensive}}$的临界点，即土地利用可持续的平衡点，为 1，理论上，当$I_{\text{comprehensive}}>1$时，表明区域土地资源未实现可持续利用；当$I_{\text{comprehensive}}<1$时，表明区域土地资源处于可持续利用状态。本章研究以区域生态足迹深度来表示土地综合压力指数，由式(4-28)可知，$I_{\text{comprehensive}}\geqslant 1$。当$I_{\text{comprehensive}}=1$时，生态足迹深度为自然原长，资源流量足以支撑区域消费需求，区域土地资源处于可持续利用状态；当$I_{\text{comprehensive}}>1$时，区域资源流量已经不能满足消费需求，需要占用资源存量，$I_{\text{comprehensive}}$越大，发展越不可持续。

2. 基于改进模型的可持续发展能力评价指标

生态足迹模型是定量研究区域可持续发展的重要方法，通过引入生态生产性土地面积，来衡量人类活动对生态环境的影响力度。依据改进三维生态足迹模型理论，构建可持续发展能力评价指标，从资本利用程度、资源利用效率、生态系统稳定性等方面，评估乡镇尺度上土地利用可持续性的空间差异性。基于改进三维生态足迹模型的可持续发展能力指标，能够更加准确地反映区域生态环境状况，对区域可持续发展进行新的探索，实现可持续发展研究的纵深发展，其评价结果对区域资源利用效率的提高和社会经济的可持续发展具有重要的指导意义。

1) 存量流量利用比

存量流量利用比将能否消耗存量资本视为区域可持续发展的标准，表示存量资本消耗时，存量资本与流量资本的比例关系(向秀容等，2016)。其计算公式为

$$R_{\text{flow}}^{\text{stock}}=\left(\text{EF}_{3\text{D}}-\text{EF}_{\text{size}}\right)/\,\text{EF}_{\text{size}}=\text{ED}/\text{EC}=\text{EF}_{\text{depth}}-1\quad\left(\text{EF}>\text{BC}\right)\tag{4-29}$$

式中，$R_{\text{flow}}^{\text{stock}}$为存量流量利用比；$\text{EF}_{3\text{D}}$、$\text{EF}_{\text{size}}$、$\text{EF}_{\text{depth}}$分别为区域三维生态足迹、足迹广度和足迹深度。

2) 生态资源利用效率指数

生态资源利用效率指数，即单位万元 GDP 生态足迹，是区域生态足迹与国内生产总值的比率，反映经济发展质量与资源利用效率之间的关系(杨丹荔等，2017)。其计算公式为

$$\text{EE}=\text{EF}_{3\text{D}}/\,\text{GDP}\tag{4-30}$$

式中，EE 为生态资源利用效率指数；GDP 指国内生产总值(万元)。

3) 生态足迹多样性指数

生态足迹多样性指数是指区域内各种消费所需生态生产性土地面积的均衡程度，通常以 Shannon-Weaver 公式来表示(Shannon and Weaver，1949)。本章研究的生态足迹多样性指数是基于三维生态足迹模型计算结果所构建的指数模型(杨屹和加涛，2015)。其计算公式为

$$H=-\sum\left(P_i\times\ln P_i\right)\tag{4-31}$$

式中，H 为生态足迹多样性指数；P_i 为土地利用类型 i 的改进三维生态足迹占比；$\ln P_i$ 为土地利用类型 i 在生态足迹中的分配情况。H 值越大，说明区域内生态足迹分配越平均，区域生态系统的多样性越高；反之，表明区域内类型比较单一或者比例失调，区域生态系统处于不稳定状态。

4) 土地利用可持续状态指数

基于研究区三维生态足迹和生态承载力计算结果，计算其比值，以反映区域土地利用可持续状态(张红等，2016)。其计算公式为

$$\mathrm{LUSI} = \frac{\mathrm{EF_{3D}}}{\mathrm{EC}} \tag{4-32}$$

式中，LUSI 为土地利用可持续状态指数。当 LUSI=1 时，即临界点，表示土地利用可持续的平衡状态；当 LUSI＜1 时，土地利用呈现可持续状态；当 LUSI＞1 时，土地利用处于不可持续状态。

4.3.2　评价标准

1. 土地承载力状况等级划分标准

基于土地综合承载指数构建土地承载力警情识别体系，并对其进行等级划分，分别以 $I_{\mathrm{comprehensive}}=1$、$I_{\mathrm{comprehensive}}=1.5$、$I_{\mathrm{comprehensive}}=2$、$I_{\mathrm{comprehensive}}=2.5$ 作为生态盈余、基本平衡、一般超载、轻度超载和严重超载的分界线(柳乾坤，2016)(表 4-21)。生态盈余表示区域土地承载力高于生态足迹，区域自然资源流量足以支撑当地的资源消费需求；基本平衡表示区域土地承载力已经超越了超载与不超载的临界状态，资源消费活动对生态生产性土地的需求已经超出区域所能提供的最大值；一般超载表示土地的生态生产能力已难以支撑当地资源消耗压力，当地资源流量难以满足区域发展对资源消耗的需求；轻度超载表示区域发展规模明显超过生态容量，自然资源流量支撑不了区域发展对资源的消耗；严重超载表示区域发展规模超出生态容量的两倍，资本存量的消耗程度不断加强，可持续发展受到威胁。

表 4-21　土地承载力警情识别体系

等级	指数范围	承载状况
I	$I_{\mathrm{comprehensive}}=1$	生态盈余
II	$1<I_{\mathrm{comprehensive}}\leqslant 1.5$	基本平衡
III	$1.5<I_{\mathrm{comprehensive}}\leqslant 2$	一般超载
IV	$2<I_{\mathrm{comprehensive}}\leqslant 2.5$	轻度超载
V	$I_{\mathrm{comprehensive}}>2.5$	严重超载

2. 土地利用可持续性等级划分标准

依据土地利用可持续状态指数理论，当 LUSI=1 时，表示区域土地利用处于可持续的平衡状态。由于 LUSI 实际值会出现一定程度的浮动，根据相关研究(张红等，2016)

将浮动范围设定为10%，土地利用可持续状态的阈值为0.9＜LUSI≤1.1。在生态盈余和生态赤字区内，根据取值范围，浮动范围均为50%，将LUSI=0.5作为土地利用高度可持续和轻度可持续的分界线，将LUSI=1.5和LUSI=2作为轻度不可持续、中度不可持续和高度不可持续的分界线。基于此，将土地利用可持续性划分为6个等级(表4-22)。

表4-22　土地利用可持续性等级划分标准

等级	生态类型	取值范围	可持续状况
Ⅰ	生态盈余	0＜LUSI≤0.5	高度可持续
Ⅱ		0.5＜LUSI≤0.9	轻度可持续
Ⅲ	生态平衡	0.9＜LUSI≤1.1	平衡状态
Ⅳ		1.1＜LUSI≤1.5	轻度不可持续
Ⅴ	生态赤字	1.5＜LUSI≤2	中度不可持续
Ⅵ		LUSI＞2	高度不可持续

4.3.3　土地承载力评价结果分析

1. 土地承载力指数评价

根据式(4-20)～式(4-28)，基于三维生态足迹计算结果，对2010～2015年兰考县土地承载力指数进行计算，结果见表4-23。

表4-23　2010～2015年兰考县土地承载力指数

土地承载力指数	2010年	2011年	2012年	2013年	2014年	2015年
粮食承载指数(I_{food})	2.3064	2.3080	2.4961	2.4811	2.4707	2.3427
水资源承载指数(I_{water})	1	1	1	1	1	1
建设承载指数($I_{built\text{-}up}$)	1	1	1	1	1	1
碳汇承载指数(I_{sink})	1.5486	2.0163	2.2384	2.1957	2.4022	2.6057
土地综合承载指数($I_{comprehensive}$)	1.9902	2.0019	2.1477	2.1297	2.1208	2.0251

由表4-23可知，2010～2015年，兰考县粮食承载指数呈现倒“U”形变化曲线，但整体呈上升趋势，粮食承载指数介于2～3，耕地承担着较大的粮食消费压力，要实现兰考县粮食的自给自足，还需要消耗耕地1～2年生产的自然资源。由于区域人口规模的不断扩展，粮食压力逐年增加，受益于耕地保护政策的贯彻实施，区域耕地压力逐渐得到缓解。

研究时段内，水资源承载指数和建设承载指数始终为1，说明当地的水域和建设用地一直处于生态盈余的状态。兰考县的水域能够承担当前区域的水资源压力，且区域所提供的建设用地能够满足人类活动对建设用地的需求量。

碳汇承载指数在研究时段内整体呈增长态势，由2010年的1.5486增至2015年的2.6057，年均增长率为68.2617%，远高于其他承载指数。随着社会经济的发展，化石燃料的消耗量逐年增加，而区域林地面积却在不断减少，导致人类活动所排放的CO_2超过林地的同化能力，碳汇承载指数不断升高。

2010～2015 年，土地综合承载指数的变化轨迹与粮食承载指数一致，且年变化率相近。由 1.9902 增至 2.0251，土地处于超载状态，各类资源消耗对土地造成的压力超过其承载能力。受城镇化和工业化进程加快的影响，人类活动对自然资源的需求不断增加，土地压力不断加强，土地承载能力越来越难以支撑当前的资源消耗，土地综合承载指数逐年升高。

2. 土地承载力警情分析

根据 2010～2015 年兰考县土地承载力警情状况，运用 ArcGIS10.2 软件平台对其进行可视化表达，使其结果更加直观(图 4-4)。

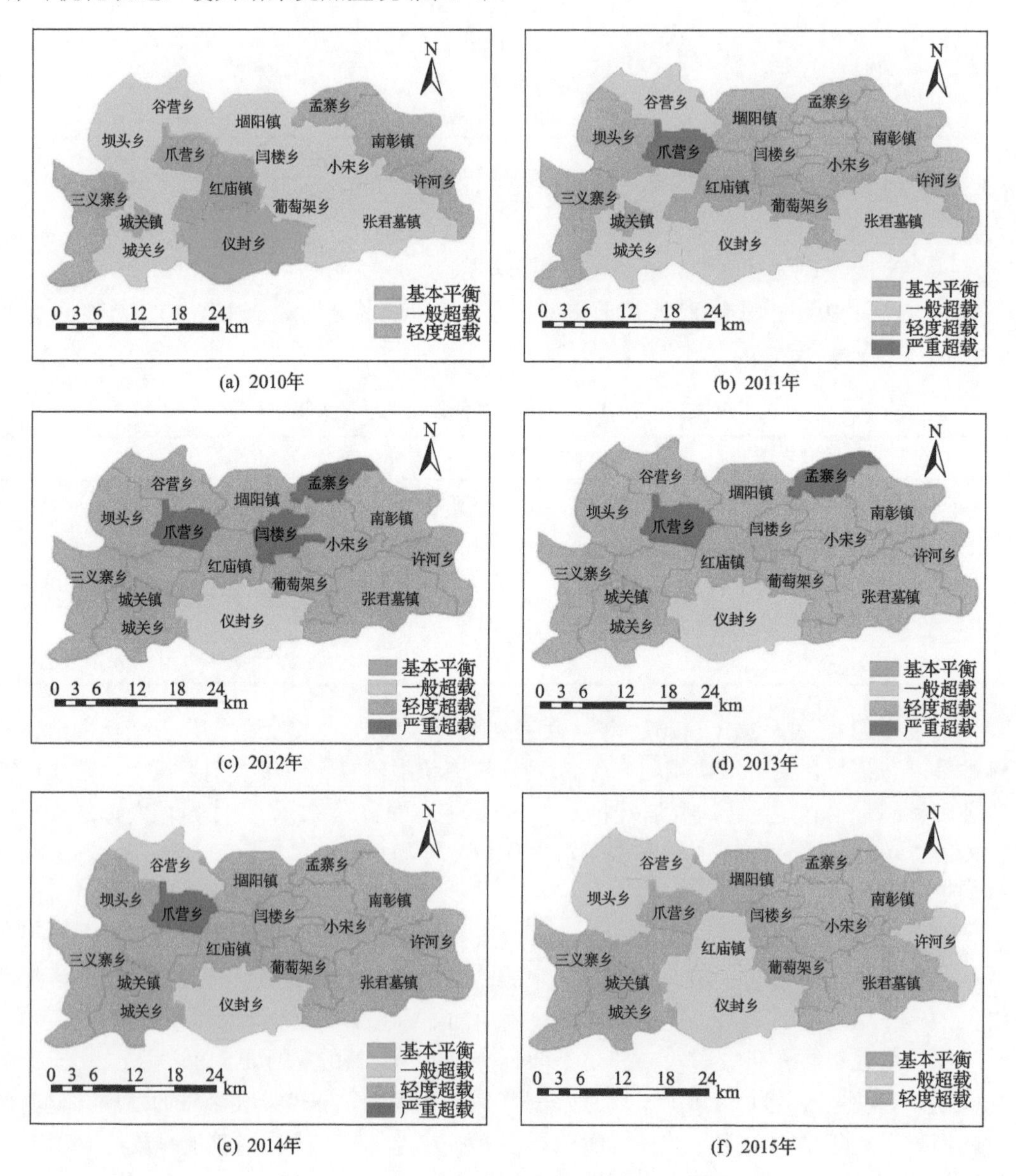

图 4-4　2010～2015 年兰考县土地承载力警情

根据图4-4可知，2010～2015年，兰考县土地承载力状况整体处于不断恶化的状态。2010～2012年土地超载状况不断加剧，处于基本平衡状态和一般超载状态的乡镇减少，处于轻度超载和严重超载状态的乡镇增加，截至2012年兰考县处于轻度超载状态的乡镇占比达到68.75%，处于严重超载状态的乡镇所占比重高达18.75%，而处于基本平衡和一般超载状态的乡镇仅占12.5%，区域土地承载力状况不容乐观。2012～2015年，兰考县土地承载力状况逐渐得到缓解，严重超载和轻度超载的乡镇数量有所下降，一般超载的乡镇占比增加至31.25%，维持基本平衡状态的乡镇数量未发生改变。到2015年，一般超载的乡镇占比增加至31.25%，轻度超载的乡镇占比降至62.5%，严重超载的乡镇消失，全县土地承载力状态不断得到改善。根据土地综合承载指数计算公式可知，土地综合承载指数即区域足迹深度，足迹深度主要受生态足迹和生态承载力的影响，其中生态足迹主要受区域资源消费水平和土地生产能力影响；生态承载力主要受土地面积的制约。资源消费水平表示区域对某类产品的消费量，主要受区域经济发展水平的影响，而土地生产能力主要取决于土地质量和人类劳动与社会经济投入，由此可知，经济发展水平是区域生态足迹的主要影响因素。参照2010～2015年兰考县及各乡镇GDP数据，孟寨乡、闫楼乡、爪营乡、张君墓镇、红庙镇、小宋乡、三义寨乡GDP年变化率在研究时段内均表现为一条较平缓的弧线，与兰考县土地承载力指数变化曲线基本一致，而这些乡镇是研究时段内土地承载状况发生变化的主要乡镇，且各乡镇的GDP年增长率变动情况与土地承载状况一致。

从各乡镇来看，2010～2015年城关镇土地承载力状况相对比较健康，一直处于基本平衡状态，仪封乡次之，2011～2015年始终处于一般超载状态，其他乡镇均处于不同程度的超载状态。其中，西部地区的三义寨乡、坝头乡，北部地区的谷营乡、堌阳镇，中、东部地区的小宋乡、南彰镇、许河乡、张君墓镇土地承载力状况相对严重一些，基本处于轻度超载状态，而中部的爪营乡、闫楼乡及北部地区的孟寨乡土地承载力状况最为严重，在2012年达到严重超载状态。这主要与各乡镇的经济发展水平、交通便捷程度和相对地理位置等有关。国道106和日南高速穿过三义寨乡、爪营乡、谷营乡、闫楼乡和堌阳镇，省道313横穿三义寨乡、城关乡、城关镇、红庙镇、葡萄架乡、张君墓镇和许河乡，整体来看，道路系统更发达的地区土地承载力状况更糟糕，而同样交通便捷、GDP较高的城关乡和城关镇，土地承载力状况较其他乡镇良好。因此，区域所处的经济发展阶段、土地利用效率、产业结构等因素同样是影响区域土地承载力状况的重要原因。

4.3.4 可持续发展能力评价结果分析

1. 可持续发展能力评价指标分析

基于三维生态足迹计算结果，根据式(4-29)～式(4-32)，对2010～2015年兰考县可持续发展能力评价指标进行计算，结果见表4-24。

表 4-24　2010～2015 年兰考县生态可持续发展能力评价指标

年份	存量流量利用比	生态资源利用效率指数/(hm^2/万元)	生态足迹多样性指数	土地利用可持续状态指数
2010	0.9902	0.1469	0.1646	1.7811
2011	1.0019	0.1238	0.1954	1.7964
2012	1.1477	0.1186	0.1939	1.9433
2013	1.1297	0.1042	0.2033	1.9248
2014	1.1208	0.0954	0.2143	1.9133
2015	1.0251	0.0862	0.2227	1.8118

根据表 4-24 可知，2010～2015 年兰考县存量流量利用比呈倒“U”形变化趋势。2010～2012 年表现为逐年增长的态势，于 2012 年到达峰值，为 1.1477，区域资本存量的消耗已经超出资本流量占用的 57.3847%，2012～2015 年呈现下降趋势，降至 1.0251。研究时段内，存量流量利用比平均值为 1.0692，年均变化率为 0.6946%，整体为正向变化，但变幅较小。2011～2015 年，存量流量利用比始终大于 1，说明该时段内兰考县的资本流量已经完全被资本存量代替，且资本存量的消耗速度存在增加的趋势。当前兰考县生态赤字现象严重，为满足区域发展的资源需求，大幅消耗资本存量已成为常态。

2010～2015 年兰考县生态资源利用效率指数呈逐年下降的趋势，由 0.1469hm^2/万元降至 0.0862hm^2/万元，变化率为–10.1108%，生态资源利用效率指数不断下降，且降幅明显。经济发展方式的转变和产业结构优化升级，致使兰考县三大产业结构不断得到调整和优化，第三产业所占比重不断提高，生产万元单位 GDP 所消耗的生态足迹越来越小，区域逐渐向可持续发展方向转变。

研究时段内，兰考县生态足迹多样性指数呈现出逐年上升的态势，从 2010 年的 0.1646 增至 2015 年的 0.2227，年均增长率为 6.2333%，生态足迹多样性指数波动不大，系统稳定性增强。生态足迹多样性指数是衡量区域消费结构合理性的指标，指数越大，消费结构越合理。2010～2015 年兰考县生态足迹多样性指数整体上表现为逐年增高的趋势，且增速趋于平缓。土地利用方式的转变、土地资源利用效率的提升及土地利用类型均匀度的提高，推动区域生态足迹分布平衡度不断提升。

2010～2015 年兰考县土地利用可持续状态指数平均值为 1.8618，且研究时段内各年度土地利用可持续状态指数均大于 1.5，表明当前兰考县处于生态赤字状态，土地利用始终处于高度不可持续状态。研究时段内兰考县土地利用可持续状态指数变化轨迹呈倒“U”形，于 2012 年达到峰值 1.9433，区域单位生态承载力需要承担将近 2 倍的生态足迹，生态压力较大。随着城镇化、工业化进程的加快，人口规模的扩张，居民消费结构不断升级，区域资源的消费量增加，生态系统所担负的压力超过其所能承担的负荷，区域不可持续性加剧。

2. 土地利用可持续性评价

参照土地利用可持续性等级划分标准，将 2010～2015 年兰考县各乡镇土地利用可持续性评价指标计算结果进行等级划分，利用 ArcGIS10.2 软件平台对其进行可视化表达，使结果更加清晰地呈现(图 4-5)。

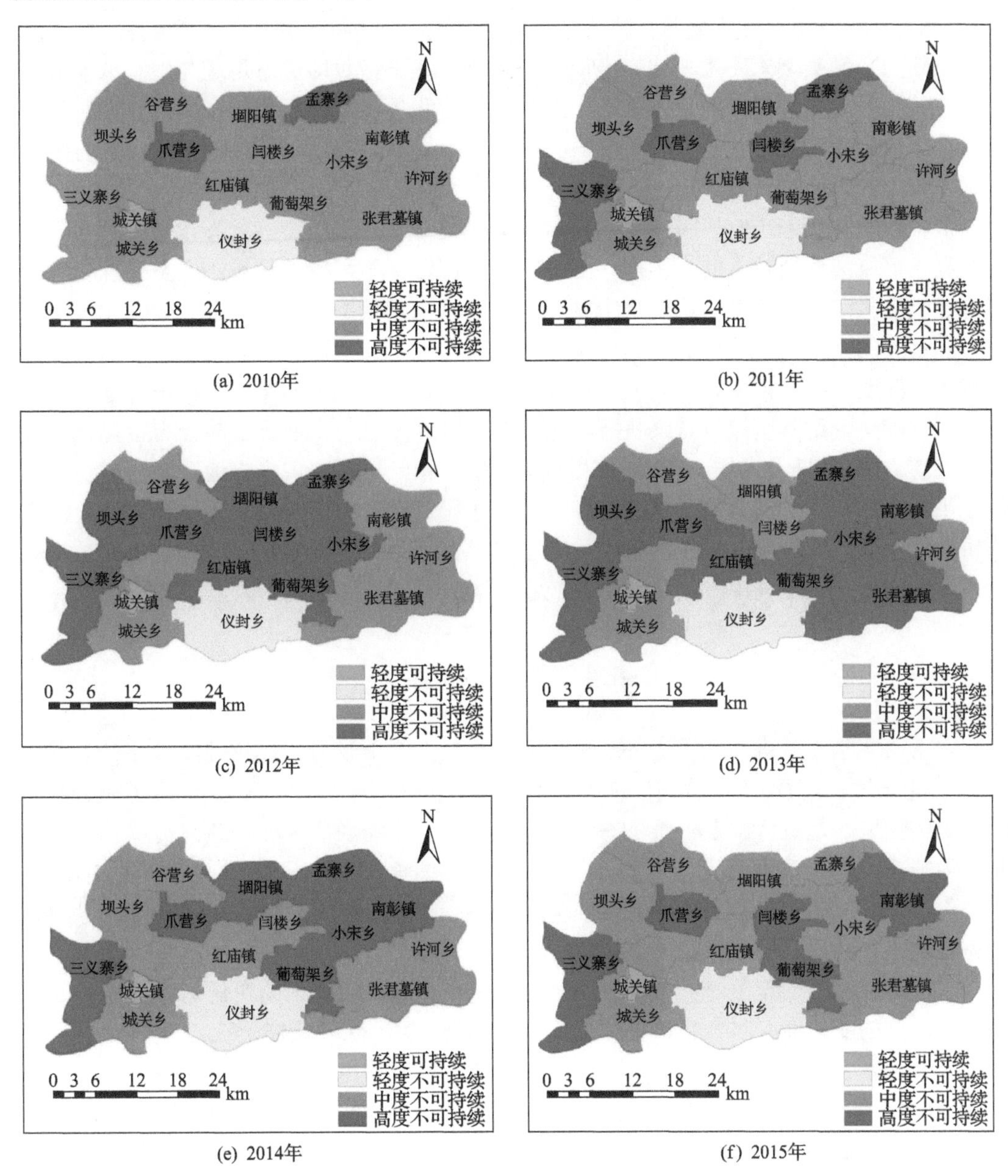

(a) 2010年　(b) 2011年

(c) 2012年　(d) 2013年

(e) 2014年　(f) 2015年

图 4-5　2010～2015 年兰考县土地利用可持续性状况

由图 4-5 可知，研究时段内兰考县处于不可持续状态的乡镇数量比重高达 93.75%，整个区域生态压力较大，土地系统处于不安全的状态。2010～2013 年，兰考县土地不可持续不断加剧，中度和高度不可持续的乡镇数量持续增加，2012 和 2013 年，中度不可持续和高度不可持续的乡镇占比分别为 31.25%和 56.25%，但分布存在差异，区域生态环境受到严重破坏。2013～2015 年，区域生态压力逐渐得到缓解，高度不可持续的乡镇数量有所下降，生态系统的不安全局面逐渐得到改善，这与土地承载力评价结果相一致。

2013～2015 年，高度不可持续的乡镇数量下降了 44.44%，高度不可持续的乡镇所占比重降至 31.25%，中度不可持续的乡镇数量增加了 80%，增至 56.25%，轻度可持续和轻度不可持续的乡镇数量未发生变化。土地利用可持续状态指数即生态足迹与生态承载力的比值，其同时受区域资源消费水平、土地生产能力和各类土地面积的影响，研究时段内兰考县土地利用可持续状态变动情况与同时期兰考县 GDP 年变化率基本一致，且与区域土地承载力评价结果一致。

从各乡镇来看，2010～2015 年城关镇土地始终处于轻度可持续状态，是兰考县唯一一个处于可持续发展状态的乡镇。仪封乡一直保持轻度不可持续状态，生态系统的平衡状态已经被打破，其他乡镇均处于中度和高度不可持续状态，区域生态压力较大。与开封市相毗邻的西部地区的坝头乡、三义寨乡，北部地区的堌阳镇、孟寨乡，中部地区的爪营乡、红庙镇、闫楼乡、小宋乡、葡萄架乡，以及东部地区的南彰镇、张君墓镇，均在不同时段呈现出高度不可持续状态。它们在一定程度上与交通干线的分布相契合，且多为人均 GDP 较低及人均 GDP 增速相对缓慢的乡镇，同时表现出土地资源分布及利用程度不均衡的现象。谷营乡、城关乡和许河乡在研究时段内未发生变化，一直处于中度不可持续状态。区域土地系统的安全状态不单受个别主导因素的决定性影响，同时还受经济发展潜力、土地利用方式及效率、产业结构分布、相关政策等因素的共同制约。

4.4 小　结

本章研究基于改进的三维生态足迹模型，并与土地承载力指数和可持续发展能力评价指标相结合，以黄河下游背河洼地区兰考县为研究区，对 2010～2015 年该区域及各乡镇的足迹深度、足迹广度及三维生态足迹进行计算，判断当前区域资源消费对区域生态的占用情况；基于改进模型的计算结果，对区域土地承载力状况和土地利用可持续性进行评价；根据三维生态足迹曲线和生态承载力曲线的态势性，对 2016～2030 年兰考县的生态状况进行预测。研究结论如下：

(1) 2010～2015 年兰考县三维生态足迹呈现出“先增后减”的变化趋势。各乡镇人均生态足迹的变动情况与各乡镇整体情况并不完全一致，除城关镇、三义寨乡、坝头乡、谷营乡、孟寨乡、许河乡、葡萄架乡、闫楼乡的人均生态足迹发展趋势与整体发展态势一致外，其余乡镇均存在不同程度的差异。兰考县及各乡镇的水域、建设用地和化石燃料用地的生态足迹的变化率均为正值，整体表现为上升趋势，耕地生态足迹在研究期间表现为稳中有增的趋势，林地在各乡镇的生态足迹变化情况差异性明显，变动程度参差不齐，变化方向正负不同。

(2) 2010～2015 年兰考县人均生态足迹深度呈波动上升的趋势。各乡镇耕地人均生态足迹深度均大于 1，除城关镇、爪营乡、谷营乡、孟寨乡、闫楼乡在研究期间耕地人均生态足迹深度出现波动外，其他各乡镇在研究期间耕地人均生态足迹深度均稳定在 2～3。各乡镇化石燃料用地人均生态足迹深度存在较大的差异性，但整体均呈现逐年上升的趋势。2010～2015 年，兰考县人均生态足迹广度整体呈下降趋势，年均下降率为 0.6779%。除坝头乡、谷营乡、孟寨乡、许河乡和葡萄架乡的人均生态足迹广度大于 0.1hm^2

外，其他各乡镇的人均生态足迹广度均低于 0.1hm^2。

(3) 2010～2015 年，兰考县整体上始终处于生态赤字状态，赤字面积介于 0.06～0.09hm^2，研究时段内出现小幅度波动，但总体情况比较稳定。从整体上看，兰考县的生态赤字情况可能存在增加的趋势，土地承载力面临挑战。耕地和化石燃料用地始终处于生态赤字状态，成为区域主要的赤字来源，区域面临严峻的生态压力，林地、水域、建设用地均处于生态盈余状态。研究时段内，除城关镇和仪封乡外，其他各乡镇均处于生态赤字状态。

(4) 2016～2030 年，兰考县人均生态足迹呈逐年上升的趋势，年均变化率为 1.6157%，是研究时段内年均变化率的 4.8628 倍。人均生态承载力呈逐年增长的态势，增加了 14.7843%，年均增长率为 0.9898%，由研究时段内的负增长转变为正增长。2016～2030 年，兰考县仍然表现为生态赤字，且生态赤字有加重的趋势，且高于人均生态足迹和人均生态承载力的年均增长速度。预测时段内，兰考县人均生态足迹和人均生态承载力均表现出逐年上升的趋势，人均生态赤字逐渐扩大，区域发展偏离可持续性状态。

(5) 2010～2015 年，兰考县土地承载力状况整体处于不断恶化的状态，2010～2012 年土地超载状况不断加剧，处于基本平衡状态和一般超载状态的乡镇减少，轻度超载和严重超载状态的乡镇增加；2012～2015 年，兰考县土地承载力状况逐渐得到缓解，严重超载和轻度超载的乡镇数量有所下降，全县土地承载力状态不断得到改善。西部地区的三义寨乡、坝头乡，北部地区的谷营乡、堌阳镇，中、东部地区的小宋乡、南彰镇、许河乡、张君墓镇土地承载力状况相对严重一些，基本处于轻度超载状态，而中部的爪营乡、闫楼乡及北部地区的孟寨乡土地承载力状况最为严重。

(6) 研究时段内，兰考县处于不可持续状态的乡镇占比高达 93.75%，整个区域生态压力较大，土地系统处于不安全的状态。2010～2013 年，兰考县土地不可持续状态不断加剧，中度和高度不可持续状态的乡镇数量持续增加；2013～2015 年，区域生态压力逐渐得到缓解，高度不可持续的乡镇数量有所下降，生态系统的不安全局面逐渐得到改善。与开封市相毗邻的西部地区的坝头乡、三义寨乡，北部地区的堌阳镇、孟寨乡，中部地区的爪营乡、红庙镇、闫楼乡、小宋乡、葡萄架乡，以及东部的南彰镇、张君墓镇，均在不同时段呈现出高度不可持续状态。

参考文献

段锦, 康慕谊, 江源. 2012. 基于淡水资源账户和污染账户的生态足迹改进模型[J]. 自然资源学报, 27(6): 953-963.

方恺, 高凯, 李焕承. 2013. 基于三维生态足迹模型优化的自然资本利用国际比较[J]. 地理研究, 32(9): 1657-1667.

方恺. 2015a. 足迹家族: 概念、类型、理论框架与整合模式[J]. 生态学报, 35(6): 1647-1659.

方恺. 2015b. 基于改进生态足迹三维模型的自然资本利用特征分析——选取 11 个国家为数据源[J]. 生态学报, 35(11): 3766-3777.

黄林楠, 张伟新, 姜翠玲, 等. 2008. 水资源生态足迹计算方法[J]. 生态学报, 28(3): 1279-1286.

靳相木, 柳乾坤. 2017. 基于三维生态足迹模型扩展的土地承载力指数研究——以温州市为例[J]. 生态学报, 37(9): 2982-2993.

柳乾坤. 2016. 基于改进三维生态足迹模型的土地承载力指数研究[D]. 杭州: 浙江大学.

芮海田, 吴群琪, 袁华智, 等. 2013. 基于指数平滑法和马尔科夫模型的公路客运量预测方法[J]. 交通运输工程学报, 13(4): 87-93.

王国权, 王森, 刘华勇, 等. 2014. 基于自适应的动态三次指数平滑法的风电场风速预测[J]. 电力系统保护与控制, (15): 117-122.

向秀容, 潘韬, 吴绍洪, 等. 2016. 基于生态足迹的天山北坡经济带生态承载力评价与预测[J]. 地理研究, 35(5): 875-884.

杨丹荔, 罗怀良, 蒋景龙. 2017. 基于生态足迹方法的西南地区典型资源型城市攀枝花市的可持续发展研究[J]. 生态科学, 36(6): 64-70.

杨屹, 加涛. 2015. 21世纪以来陕西生态足迹和承载力变化[J]. 生态学报, 35(24): 7987-7997.

姚争, 冯长春, 阚俊杰. 2011. 基于生态足迹理论的低碳校园研究——以北京大学生态足迹为例[J]. 资源科学, 33(6): 1163-1170.

张红, 陈嘉伟, 周鹏. 2016. 基于改进生态足迹模型的海岛城市土地承载力评价——以舟山市为例[J]. 经济地理, 36(6): 155-167.

朱红波, 张安录. 2007. 中国耕地压力指数时空规律分析[J]. 资源科学, 29(2): 104-108.

朱会义. 2010. 北方土石山区的土地压力及其缓解途径[J]. 地理学报, 65(4): 476-484.

Galli A, Halle M, Grunewald N. 2015. Physical limits to resource access and utilisation and their economic implication in Mediterranean economies[J]. Environmental Science and Polity, (51): 125-136.

Menconi M E, Stella G, Grohmann D. 2014. Revisiting the food component of the ecological footprint indicator for autonomous rural settlement models in Central Italy[J]. Ecological Indicators, 34: 580-589.

Niccolucci V, Galli A, Reed A, et al. 2011. Towards a 3D national ecological footprint geography[J]. Ecological Modelling, 222(16): 2939-2944.

Rees W E. 1992. Ecological footprints and appropriated carrying capacity: What urban economics leaves out[J]. Environment and Urbanization, 4(2): 121-130.

Shannon C E, Weaver W. 1949. The Mathematical Theory of Communication[M]. Urbana: University of Illinois Press.

Wackernagel M. 1994. Ecological Footprint and Appropriated Carrying Capacity: A Tool for Planning Toward Sustainability[D]. Vancouver: University of British Columbia.

第5章　黄河下游背河洼地区(开封段)土地利用变化的碳排放测算与模拟研究

5.1　数据来源与数据处理

5.1.1　数据来源

1. 统计资料数据

1) 农业资本投入数据

化肥(氮肥、磷肥、钾肥)、农药、农膜、灌溉面积、耕作面积等农业资本投入数据用于计算耕地碳排放中农业资本投入所引起的直接和间接碳排放。渔业养殖面积数据用于计算渔业养殖所引起的水域碳排放。上述农业资本投入数据均来源于 1992 年、2002 年、2009 年、2017 年《河南统计年鉴》和《中国农村统计年鉴》，2000～2017 年《中国县域统计年鉴》及各地区统计公报。

2) 农产品产量数据

稻谷、小麦、玉米、其他谷类、大豆、其他豆类、红薯、花生、油菜籽、芝麻、棉花、烟叶、蔬菜、瓜果 14 类农产品产量数据用于计算农作物生命周期的碳源量和碳汇量。该数据来源于 1991～2017 年《河南统计年鉴》。

3) 能源消费量数据

能源消费量数据来源于 1991～2017 年《河南统计年鉴》并运用相应年份的《中国能源统计年鉴》进行校正。能源消费量数据种类包括原煤、焦炭、原油、柴油、燃料油消费量。各类能源测算碳排放量所需数据均来自 2008 年《中国能源统计年鉴》中的《各种能源折标准煤参考系数》及 IPCC 报告。

2. 遥感影像数据

1) 归一化植被指数(NDVI)数据

考虑到现有的 NDVI 数据精度，NDVI 数据选用 1990～2016 年遥感卫星影像(Landsat TM)进行波段运算，并将其空间分辨率统一为 100m×100m，采用最大值合成法对 1990～2016 年逐月的 NDVI 数据进行合并，并对异常数据进行修正。

2) 土地利用覆被数据

分别选取 1990 年、2001 年、2008 年和 2016 年云量较少的 4 月 Landsat 遥感影像作为解译对象。遥感影像分别来自 Landsat 5、Landsat 6、Landsat 7 及 Landsat 8 卫星，获

得遥感影像后，对其进行裁剪并经过大气校正及几何校正后，采用最大似然法对研究区各年的土地利用情况进行解译(解译目标主要包括耕地、建设用地、林地、水域和未利用地)，遥感影像的 Kappa 精度均大于 0.80。

3) 气象监测数据

选用中国地面气候资料日值数据集(V3.0)中的平均气温、降水量、日照时数对黄河下游背河洼地区(开封段)NPP 进行估算。考虑到研究区气象站点较少，因此对河南省气象数据进行空间插值后，对研究区的气象数据进行提取。考虑到太阳辐射站点数据较少，因此运用日照时数对太阳辐射量进行计算，并运用 ANUSPLIN 对气象数据进行空间插值。

4) 前人研究成果

本书部分模型计算系数及土地利用程度分级指数来自前人研究成果，对于他人研究成果的应用已在文章引用处进行了标注。

5.1.2　数据处理

1. 统计数据标准化处理

在统计数据完备的基础上，对统计数据进行标准化处理是数据挖掘的一项基础工作。由于不同指标具有不同的量纲单位，在进行统一后，对不同量纲指标数据进行标准化处理，以增加不同类别数据间的可比性。

2. 空间数据可视化处理

首先对遥感影像进行几何校正与辐射校正，并对影像进行整饰，在此基础上对遥感影像进行解译。采用目视解译方法对黄河下游背河洼地区(开封段)的土地利用数据进行解译，并将解译结果进行实地校验。根据研究区实际情况，将黄河下游背河洼地区(开封段)土地利用类型划分为耕地、林地、水域、建设用地、未利用地 5 类，并以栅格形式进行保存。在遥感解译的基础上，考虑黄河下游背河洼地区(开封段)的实际面积大小及不同指标数据源的差异，将所有栅格重采样为 100m×100m。将土地利用数据与其他空间数据纳入统一的坐标系当中(图 5-1)。

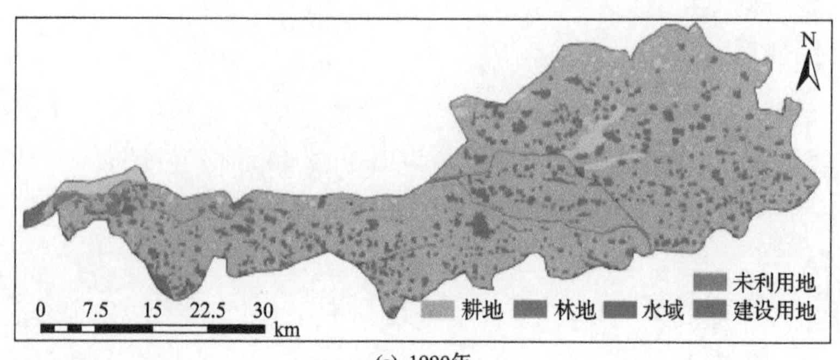

(a) 1990年

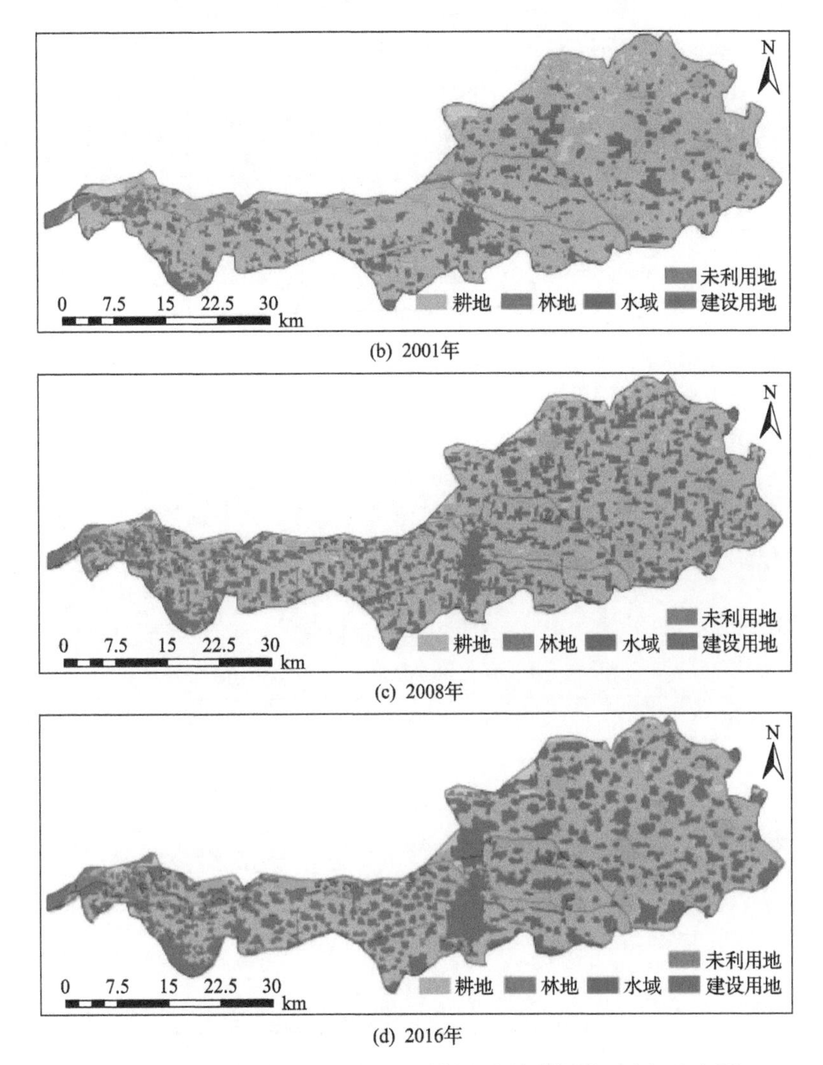

(b) 2001年

(c) 2008年

(d) 2016年

图 5-1　黄河下游背河洼地区(开封段)土地利用类型空间分布图

5.2　保持土地利用碳排放分析

5.2.1　保持土地利用碳排放评估体系构建

1. 农用地利用碳排放估算体系

农用地利用既是土地利用的重要组成部分之一，也是全球碳循环研究的一个重要内容(吴金凤和王秀红，2017)。农用地利用既是主要碳源，同时也是重要的碳汇(李波和张俊飚，2012)。国外学者认为，农业活动是重要的温室气体排放源，其中 20%的 CO_2、70%的 CH_4 和 90%的 N_2O 来源于农业活动及其相关过程(Smith et al.，2008)。2010 年 IPCC 第五次评估报告(IPCC，2014)表明，全球农林业温室气体排放达到 12.0Gt(CO_2 当量)，占人类活动总排放的 24%(49.00±4.50Gt)，而良好的农用地管理将促使农业的减排潜力占总自然潜力的 20%以上(IPCC，2007)。更多的研究表明，全球耕地总的固碳潜力为 0.75～1.0Pg/a C(Lal and Bruce，1999)，未来 50～100 年农田土壤可固碳 40～80Pg C(Lal，2000)($1Pg = 10^{15}g$)。因此，农用地利用碳源、碳汇的准确估算对制定有效的碳减排政策具有相当大的意义(Tian et al.，2015)。

1)农业资本投入碳排放

农用地碳排放主要来源于农业资本投入(王才军等，2012)，主要分为化肥(氮肥、磷肥、钾肥)、农药、农膜等农用化学物质所引起的直接碳排放，以及由农业灌溉和农业日常耕作所引起的间接碳排放。其中，常用各农业资本投入碳排放系数对农业资本投入碳排放量进行核算，如式(5-1)所示：

$$\mathrm{CF_{ACI}} = \sum_{k=1}^{n} \mathrm{ACI}_k \times \alpha_k \tag{5-1}$$

式中，$\mathrm{CF_{ACI}}$ 为农业资本投入碳排放；ACI_k 为不同类型农业资本投入；α_k 为不同农业资本投入碳排放系数(表 5-1)。

表 5-1　农业资本投入碳排放系数

农业资本投入类型	单位	碳排放系数
化肥(氮肥)	kg C/kg N	2.116
化肥(磷肥)	kg C/kg P_2O_5	0.636
化肥(钾肥)	kg C/kg K_2O	0.180
农药	kg C/kg	6.00
农膜	t CO_2/t	2.58
农业灌溉	kg C/hm^2	25
农业耕作	kg C/hm^2	31.06

资料来源：陈舜等，2015；Lal，2004；Dubey and Lal，2009；黄祖辉和米松华，2011；吴金凤和王秀红，2017。

在化肥(氮肥)投入过程中，其所引起的直接碳排放量[式(5-2)]也是农业资本投入过程中不可忽视的重要组成(邓明君等，2016)。其中，氮肥在农业资本投入过程中产生的直接碳排放量为间接碳排放量的 20%以上(廖千家骅和颜晓元，2010)。

$$\mathrm{CF_N} = F_\mathrm{N} \times \alpha_F \times \beta_F \tag{5-2}$$

式中，$\mathrm{CF_N}$ 为氮肥直接碳排放量；F_N 为氮肥投入量；α_F 为氮肥氮碳折算系数；β_F 为氮肥直接碳排放系数。氮肥氮碳折算系数及氮肥直接碳排放系数分别为 81.27t C/t N_2O、0.0057kg N_2O-N/kg N(马翠梅等，2013)。

2)农作物生命周期的碳源、碳汇

农作物整个生命周期活动主要可以分为呼吸作用与光合作用。其中，农作物自身碳排放主要来自其呼吸作用，而光合作用以 CO_2 为原料合成有机物，进而促进植物自身生长，即形成了植株自身的碳吸收功能。农作物自身生命周期内的碳汇作用远大于碳源作用(何介南等，2009)，而前人关于农作物碳汇作用的研究往往只考虑农作物地面以上部分，忽略了农作物根系对碳吸收的重要影响(谷家川和查良松，2012)。由于农业植被相比森林存在明显的收割行为，运用NPP无法准确对其碳汇量进行估算，因而选用以农作物产量为基础的农作物碳汇估算模型[式(5-3)]对农作物生命周期内的碳汇量进行估算。

$$CS_{Crops}=\sum_{l}C_f\times P_{Crops_l}\times(1-r_l)\div H_l \tag{5-3}$$

式中，CS_{Crops}为农作物全生命周期的碳吸收总量；C_f为农作物自身合成单位有机质(干重)所需要吸收的碳；P_{Crops_l}为农作物实际经济产量；H_l为农作物经济系数；r_l为农作物经济产品部分的含水率；l为农作物的不同种类。各相关指标详见表5-2。

表5-2　农作物经济系数、含水率和碳吸收率

作物类型	经济系数	含水率	碳吸收率
稻谷	0.40	0.12	0.45
小麦	0.40	0.12	0.49
玉米	0.40	0.13	0.47
其他谷类	0.40	0.12	0.45
大豆	0.34	0.13	0.45
其他豆类	0.40	0.12	0.45
红薯	0.70	0.70	0.42
花生	0.43	0.10	0.45
油菜籽	0.43	0.10	0.45
芝麻	0.43	0.10	0.45
棉花	0.10	0.08	0.45
烟叶	0.55	0.85	0.45
蔬菜	0.60	0.90	0.45
瓜果	0.70	0.90	0.45

资料来源：王修兰，1996；田云和张俊飚，2013。

秸秆是农作物生命周期结束后的重要产物，更是整个农业生产过程中的必然附属物，河南省的秸秆处理以焚烧为主(鞠园华等，2018)。秸秆燃烧是农作物光合作用的逆行为，即将农作物生命周期所固定的碳返还至大气中，因而秸秆燃烧成为农业生产过程中重要的碳排放来源。结合各类植被自身生理特征和农业生产特征，运用式(5-4)对不同农作物的秸秆燃烧碳排放量进行估算。

$$CF_s=P_{Crops_l}\times S_t\times SC_l\times\theta_l \tag{5-4}$$

式中，CF_s为秸秆燃烧碳排放量；S_t为各类农作物秸秆系数(各类农作物的秸秆产量与作物产量之比)；SC_l为各类农作物秸秆收集系数(各类农作物秸秆收集量与秸秆总产量之比)；θ_l为秸秆燃烧碳排放系数(单位秸秆燃烧所能产生的碳排放量)。根据前人研究成果

(谢光辉等，2011a，2011b；刘丽华等，2011；时在涛和徐广印，2011；葛树春等，2005)，研究区各类农作物的秸秆燃烧碳排放系数见表5-3。河南省农作物秸秆燃烧主要包括发电燃烧(3.53%)及生活燃料(13.5%)两部分，即设定研究区秸秆总燃烧率为17.03%。

表5-3　秸秆燃烧碳排放系数表

作物类型	秸秆系数	秸秆收集系数	秸秆燃烧碳排放系数/(kg C/kg)
稻谷	1.000	0.890	0.058
小麦	1.100	0.890	0.089
玉米	2.000	0.910	0.041
其他谷类	1.600	0.900	0.068
大豆	1.600	0.950	0.061
其他豆类	1.600	0.900	0.068
红薯	0.500	0.950	0.019
花生	1.500	0.950	0.04
油菜籽	3.000	0.900	0.068
芝麻	3.000	0.900	0.068
棉花	1.690	0.910	0.112
烟叶	0.710	0.950	0.032
蔬菜	—	—	—
瓜果	—	—	—

2. 基于NPP的自然林地、未利用地碳汇模型估算体系

植被作为陆地生态系统的主体，其在全球碳循环中起着重要的桥梁作用(Friend et al.，2014)，能够有效地调节全球碳平衡和减缓大气中温室气体增加。其中，NPP是全球气候变化背景下生物地球化学碳循环的重要环节(Reyer et al.，2014)，直接反映植物群落在自然环境条件下的生产能力(Lieth and Whittaker，1975；Melillo et al.，1993；Nemani et al.，2003)，也是判定”碳源/汇”以及调节生态过程的主要因子(Field et al.，1998；Running et al.，2004；Reeves et al.，2014)。国外研究人员多运用NPP对森林、未利用地碳储量进行估算(Field et al.，1998；Hicke et al.，2002；Nayak et al.，2010)。中国关于植被碳汇的研究开始于20世纪70年代,且大多数研究集中在森林生态系统植被碳储量方面(刘兆丹等，2016；黄从德等，2008)，而研究尺度多集中在全国(徐新良等，2007；曹明奎等，2003)、省区(汲玉河等，2016；张骏等，2010；杨浩等，2014；关晋宏等，2016；戴尔阜等，2016)或更小的尺度(徐松浚和徐正春，2015；王建等，2016；牛攀新等，2014)。

1)林地、未利用地NPP估算——改进的CASA模型

CASA模型由Potter等(1993)首次提出，运用该模型测算了全球陆地生态系统碳汇量。CASA模型是以植被生理过程为出发点，结合植被生长区气候状况而建立的NPP估算模型(Potter et al.，1993)。考虑到CASA模型是针对北美地区而进行开发的，因此选用朱文泉(2005)改进的适用于中国气候、植被的CASA模型对黄河下游背河洼地区(开封段)NPP进行估算[具体计算公式见式(3-30)～式(3-38)]。

2) 基于净生态系统生产力(NEP)模型的林地、未利用地碳汇核算

在不考虑其他自然和人为因素影响的情况下，植被碳汇可以理解为 NPP 与土壤微生物呼吸碳排放之间的差值，其计算公式如式(5-5)所示(Houghton，1996)：

$$\mathrm{NEP}=\mathrm{NPP}-R_{\mathrm{H}} \tag{5-5}$$

式中，NEP 为净生态系统生产力，指 $1\mathrm{hm}^2$ 的植被 1 年能够吸纳的碳排放量(李洁等，2014；何介南和康文星，2008)；NPP 为植被净初级生产力；R_{H} 为土壤微生物呼吸量，当 NEP＞0 时，说明植被固定的碳多于土壤碳排放，表现为碳汇，反之则为碳源。

本书的研究在前人研究的基础之上(Woodwell et al.，1978)，将土壤微生物呼吸量的计算表达为式(5-6)和式(5-7)：

$$R_{\mathrm{H}}=0.22\times[\exp(0.0912T)+\ln(0.3145R+1)\times 30\times 46.5\%] \tag{5-6}$$

式中，T 为气温；R 为降水量。

$$\mathrm{CS}_{\mathrm{NEP}}=(\mathrm{NEP}_{\mathrm{Unuseful}}\times A_{\mathrm{Unuseful}})+(\mathrm{NEP}_{\mathrm{Forest}}\times A_{\mathrm{Forest}}) \tag{5-7}$$

式中，$\mathrm{CS}_{\mathrm{NEP}}$ 为林地与未利用地的碳吸收总量；$\mathrm{NEP}_{\mathrm{Unuseful}}$、$\mathrm{NEP}_{\mathrm{Forest}}$ 分别为未利用地、林地单位面积碳汇量；A_{Unuseful}、A_{Forest} 分别为未利用地和林地的面积。

3. 基于碳排放系数法的水域用地、未利用地碳排放估算

自然水体在全球碳循环中具有明显的碳汇作用，但考虑黄河下游背河洼地区(开封段)的实际情况，其淡水养殖相对较多，而考虑渔业的整个生命周期，在鱼类养殖过程中碳排放主要来自鱼塘增氧和鱼塘换水所产生的间接碳排放。因而，对黄河下游背河洼地区(开封段)水域碳排放进行估算时，将其分为直接碳吸收和间接碳排放两个部分[式(5-8)]。

$$\mathrm{CS}_{\mathrm{Water}}=A_{\mathrm{Water}}\times\sigma_{\mathrm{Water}} \tag{5-8}$$

式中，$\mathrm{CS}_{\mathrm{Water}}$ 为水域碳吸收量；A_{Water} 为水域面积，σ_{Water} 为水域的碳吸收系数，根据前人研究成果，水域的碳吸收系数为–0.0253[kg/(m^2·a)](彭文甫等，2016)。

根据前人研究成果(董双林和罗福凯，2010)，研究区水域利用以淡水养殖为主，则碳排放量计算公式如式(5-9)所示：

$$\mathrm{CF}_{\mathrm{Water}}=A_{\mathrm{Fish}}\times(\mu+\rho) \tag{5-9}$$

式中，$\mathrm{CF}_{\mathrm{Water}}$ 为河南省渔业碳排放量；A_{Fish} 为渔业养殖面积；μ、ρ 分别为鱼塘增氧及换水过程中的碳排放系数。

4. 能源消费视角下的建设用地碳排放核算模型

从能源消费视角对建设用地碳排放量进行估算由来已久，国外研究人员对全球能源消耗引起的碳排放进行了估算，分析模拟了未来碳排放发展趋势，并提出了长期减缓全

球气候变暖的措施与对策(McGlade and Ekins，2015；Carlson et al.，2013；Friedlingstein et al.，2014)。我国对于能源消耗碳排放的研究尺度较广，从国家尺度看，Liu 等(2015)和何凡能等(2015)对中国能源消耗碳排放进行核算，并对中美两国过去 300 年的土地利用变化进行比较并提出相关低碳排放建议。除针对国家尺度的研究外，针对省、市、县等行政区划的碳排放研究也较为广泛(唐洪松等，2016；高奇等，2013；刘建等，2015)。随着城市化的快速推进，城市土地利用碳排放变化显著，加强二者间的相关关系研究，对于提出面向未来的低碳经济土地利用政策具有一定的理论和现实意义。根据 IPCC 推荐的碳排放计算指南，并参考前人相关研究(Wang et al.，2015，2014；王长建等，2017)，对黄河下游背河洼地区(开封段)的相关碳排放指标进行核算[式(5-10)]。

$$\mathrm{CF}_{\mathrm{Emergy}} = \sum_{e=1} E_i \times \mathrm{LCV}_i \times C_{F_i} \times O_i \tag{5-10}$$

式中，$\mathrm{CF}_{\mathrm{Emergy}}$ 为能源消费碳排放量(万 t)；e 为不同种类的能源；E_i 为第 i 种能源的消费总量(万 t)；LCV_i 为第 i 种能源的燃料低值；C_{F_i} 为第 i 种能源的碳排放系数；O_i 为第 i 种能源的燃烧氧化率(表 5-4)。

表 5-4　能源消费碳排放转换因子

能源种类	碳排放因子	转换因子	氧化率/%	低热值
原煤	25.800	0.7143tce/t	0.918	20.908
焦炭	29.200	0.9714tce/t	0.928	28.435
原油	20.000	1.4286tce/t	0.979	41.816
柴油	20.200	1.4571tce/t	0.982	42.652
煤油	19.600	1.4714tce/t	0.980	43.070
汽油	18.900	1.4714tce/t	0.986	43.070
燃料油	21.100	1.4286tce/t	0.985	41.816
天然气	15.300	1.3300tce/$10^3\mathrm{m}^3$	0.990	38.931

对耕地、林地、未利用地、水域、建设用地的碳排放进行整理核算，获得黄河下游背河洼地区(开封段)土地利用碳排放总量[式(5-11)～式(5-13)]。

$$\mathrm{CF} = \mathrm{CF}_{\mathrm{ACI}} + \mathrm{CF}_{\mathrm{N}} + \mathrm{CF}_{\mathrm{Water}} + \mathrm{CF}_s + \mathrm{CF}_{\mathrm{Emergy}} \tag{5-11}$$

$$\mathrm{CS} = \mathrm{CS}_{\mathrm{Crops}} + \mathrm{CS}_{\mathrm{NEP}} + \mathrm{CS}_{\mathrm{Water}} \tag{5-12}$$

$$\mathrm{NCE} = \mathrm{CF} - \mathrm{CS} \tag{5-13}$$

式中，CF 为碳排放总量；CS 为碳吸收总量；NCE 为净碳排放量。

5.2.2　农用地利用碳排放

1. 背河洼地区农业资本投入碳排放变化

根据农业资本投入碳排放量计算模型得出背河洼地区(开封段)农业资本投入碳排放

总量（图 5-2）。1990～2016 年，背河洼地区（开封段）农业资本投入碳排放总量整体呈现较快上升的趋势。农业资本投入碳排放总量由 1990 年的 29270.61t 增长到 2016 年的 107700.05t，年均增幅为 9.92%。其中，农业化学品所产生的间接碳排放量是农业耗能所产生的碳排放量的 10～15 倍，26 年间背河洼地区（开封段）因农业化学品投入所产生的平均碳排放量为 70683.25t，因农业耗能所产生的平均碳排放量为 6029.32t，并且农业化学品投入产生的碳排放量增幅更明显于农业耗能，其增幅分别为 324.13%和 20.59%。

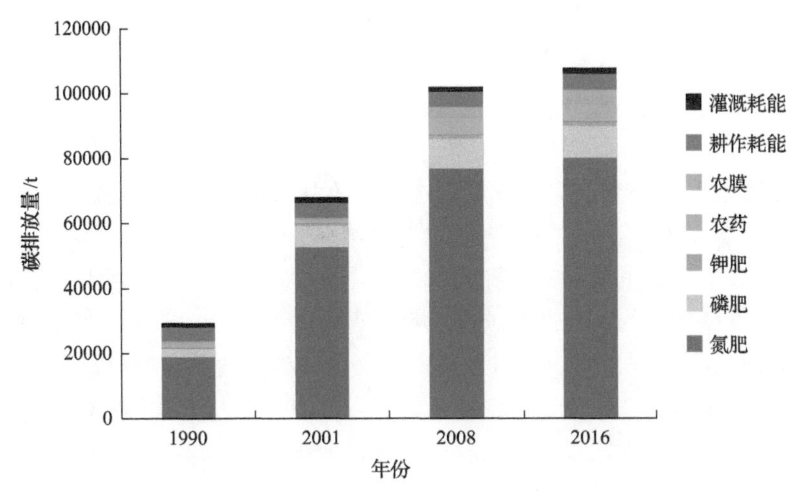

图 5-2　1990～2016 年背河洼地区（开封段）农业资本投入碳排放量

测算不同类型农业资本投入碳排放量对背河洼地区（开封段）农业资本投入碳排放总量的贡献率（图 5-3）。其中，氮肥对背河洼地区（开封段）农业资本投入碳排放总量的贡献率最大，为 74.66%，其次是磷肥和耕作耗能，其贡献率均分别为 8.95%和 5.93%，农药、农膜、灌溉耗能和钾肥的贡献率分别为 4.50%、2.86%、1.93%和 1.17%。其主要归因于两个方面：其一，背河洼地区（开封段）人口不断增长导致对粮食的需求日益上涨；其二，随着农业投入的日益多样化，化肥可以大大提高土地生产力。

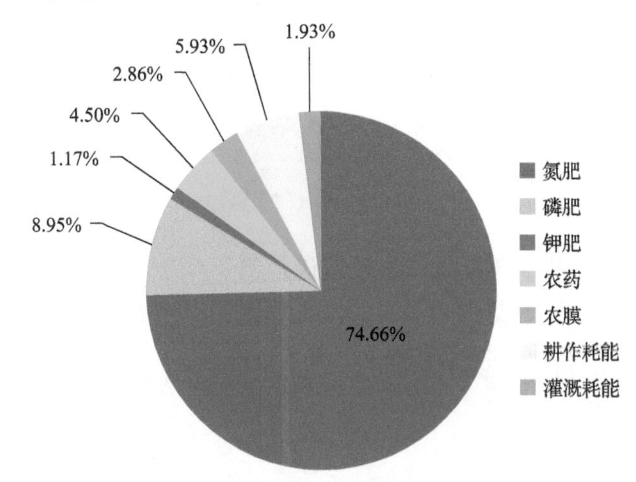

图 5-3　不同类型农业资本投入碳排放量对背河洼地区（开封段）农业资本投入碳排放总量的贡献率

不同于背河洼地区(开封段)农业资本投入碳排放总量呈平缓上升的变化趋势，背河洼地区(开封段)不同类型农业资本投入所产生的碳排放量的变化差异较大。其中，农膜的年均变化率最大，为 32.72%，其次为钾肥，年均变化率为 13.18%，磷肥、氮肥、农药、灌溉耗能和耕作耗能的年均变化率分别为 12.43%、12.32%、8.36%、1.63%、和 0.55%，最大变化率约是最小变化率的 60 倍。

2. 背河洼地区秸秆燃烧碳排放

根据研究区不同粮食作物的产量及前人研究成果(谢光辉等，2011a，2011b；刘丽华等，2011；时在涛和徐广印，2011；葛树春等，2005)，计算得出背河洼地区(开封段)不同农作物秸秆燃烧碳排放量(图 5-4)，研究期间，背河洼地区(开封段)秸秆燃烧碳排放总量整体呈逐年上升的趋势，秸秆燃烧碳排放总量由 1990 年的 14051.26t 上升到 2016 年的 29679.32t，年均增幅为 4.12%。不同农作物秸秆燃烧碳排放的时间变化趋势也不尽相同，其中稻谷、小麦、玉米和油菜籽的秸秆燃烧碳排放量呈现上升的趋势，而高粱、大豆、花生、芝麻和棉花的秸秆燃烧碳排放量呈现下降的趋势。玉米秸秆燃烧产生的碳排放量年均增幅最大，为 6.11%，稻谷秸秆燃烧产生的碳排放量年均增幅最小，为 1.03%；芝麻秸秆燃烧产生的碳排放量年均减幅最大，为 3.40%，花生秸秆燃烧产生的碳排放量减幅最小，为 1.04%，不同农作物秸秆燃烧碳排放量的变化情况与不同农作物产量具有极大的相关性。

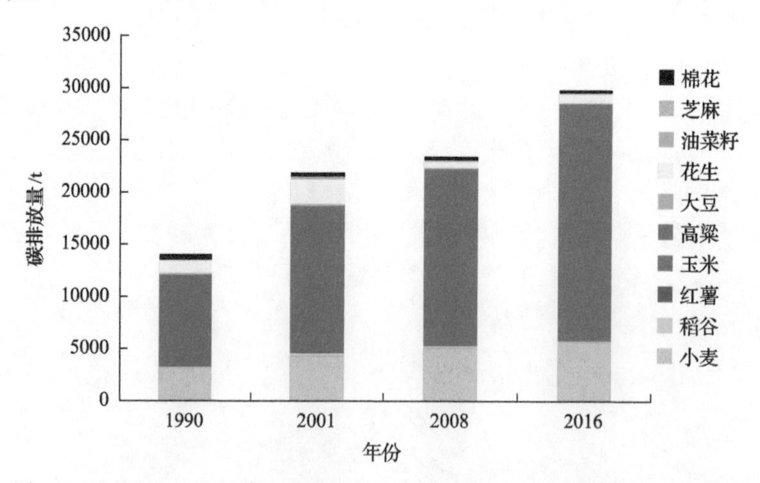

图 5-4　1990～2016 年背河洼地区(开封段)不同农作物秸秆燃烧碳排放量

通过分类计算不同类型农作物秸秆燃烧碳排放量对背河洼地区(开封段)农作物秸秆燃烧碳排放总量的贡献率表明(图 5-5)，玉米秸秆燃烧碳排放量对研究区秸秆燃烧碳排放总量的贡献率最大，为 69.92%，其次为小麦，贡献率为 20.72%，这主要是因为玉米和小麦是其主要农作物，玉米和小麦秸秆燃烧产生的碳排放量对研究区秸秆燃烧碳排放总量的贡献率也较大。

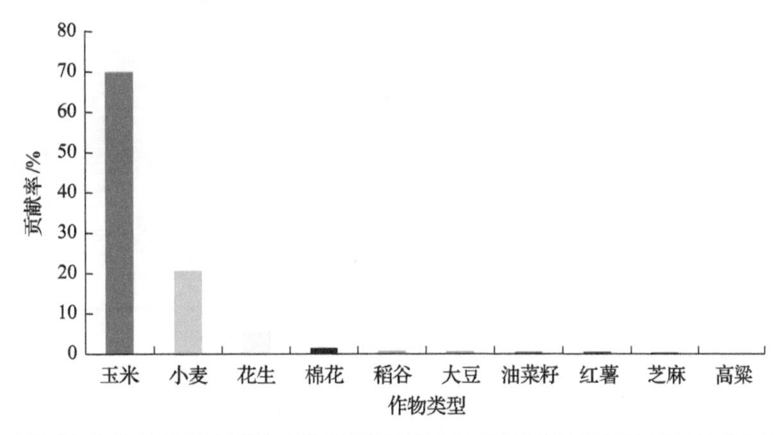

图 5-5　不同农作物秸秆燃烧碳排放量对背河洼地区（开封段）秸秆燃烧碳排放总量的贡献率

3. 背河洼地区农用地利用碳吸收变化特征

依据农用地利用碳吸收测算模型计算得到背河洼地区（开封段）农用地利用碳吸收总量（图 5-6）。1990～2016 年，背河洼地区（开封段）农用地利用碳吸收总量整体呈现逐年上升的趋势，碳吸收总量由 1990 年的 73336.81t 上升到 2016 年的 135844.62t，增幅为 85.23%。其中，瓜果的碳吸收量年均增幅最大，为 24.57%，小麦、玉米和稻谷等作为背河洼地区（开封段）的主要粮食作物，其所固定的碳吸收量均随着时间的递进呈现逐年增长的趋势，其中，小麦的年均增幅为 3.94%，玉米的年均增幅为 7.09%，稻谷先增后减，1990～2016 年总体是增加的。芝麻、棉花、高粱、大豆、红薯和花生碳吸收量呈现逐年下降的趋势，其年均减幅分别为 3.35%、3.08%、2.56%、1.78%、1.44%和 0.89%。

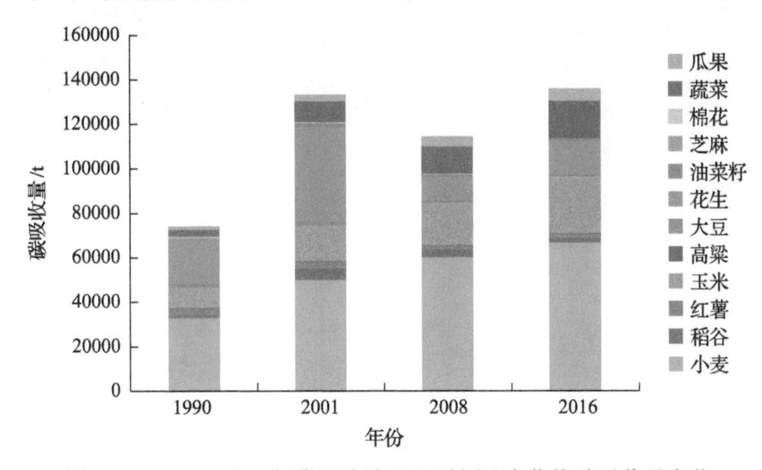

图 5-6　1990～2016 年背河洼地区（开封段）农作物碳吸收量变化

从背河洼地区（开封段）主要农作物的平均碳吸收量贡献率来看（图 5-7），小麦占比最高，为 46.10%，种植面积较广是小麦碳吸收量高的主要原因。粮食作物中小麦、玉米、稻谷、花生四者的平均碳吸收量占碳吸收总量的比例超过 80%；蔬菜的贡献率也较大为 9.14%，其他作物的贡献率则较小，均未超过 4%。

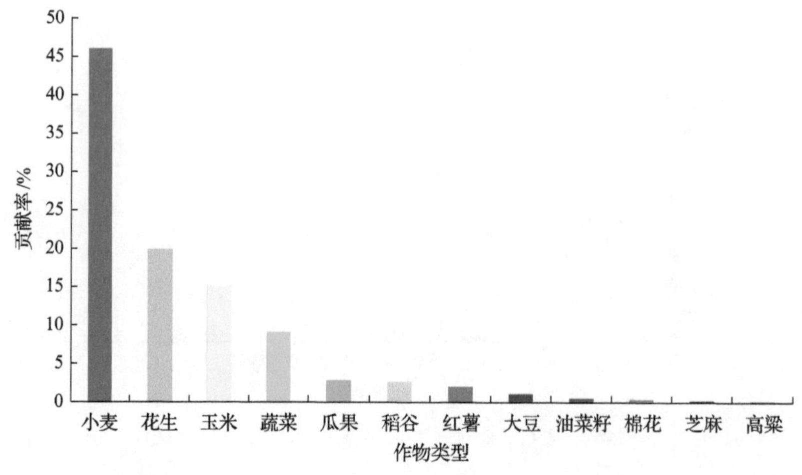

图 5-7　不同农作物碳吸收量对背河洼地区(开封段)农作物碳吸收总量的贡献率

5.2.3　建设用地碳排放

由于县域能源获取的难度较大，本书研究在获取 2001 年、2008 年和 2016 年开封市、兰考县、开封县(今开封市祥符区)能源数据的基础上，建立 1990 年黄河下游背河洼地区(开封段)能源消费量估算模型。具体流程为：首先，将获取的能源指标均转换为可合并的标准煤形式，考虑到生产生活中的能源消费主要体现在产业消耗、供暖发热及交通运输等方面，因而选用第一产业产值代表农业能源消费指标，第二产业产值代表工业能源消费指标，第三产业产值代表生活用途能源消费指标，三者之和代表总产值，验证后发现，总产值与 1990 年能源消费量的拟合程度较高；其次，将上述指标均统一量纲，即能源消费总量(标准煤)、总产值(元)；再次，对能源消费总量与总产值直接的相关性进行检验，其 R^2 值为 0.95，证明二者之间相关性显著；最后，考虑到能源结构的问题，1990 年能源结构仍以煤炭等固体非金属能源为主，因而 1990 年能源结构参考各地区 2001 年能源结构。

运用开封市 2008 年 6 个县(区)的数据对预测数据进行验证。由图 5-8 可知，模型预测值与实际值相关性达到 0.9107，说明模型预测结果的可应用性较强。结合研究区能源结构，对 1990 年各类能源消费量进行估算，而后求得 1990 年黄河下游背河洼地区(开封段)建设用地碳排放量为 94679.14t。

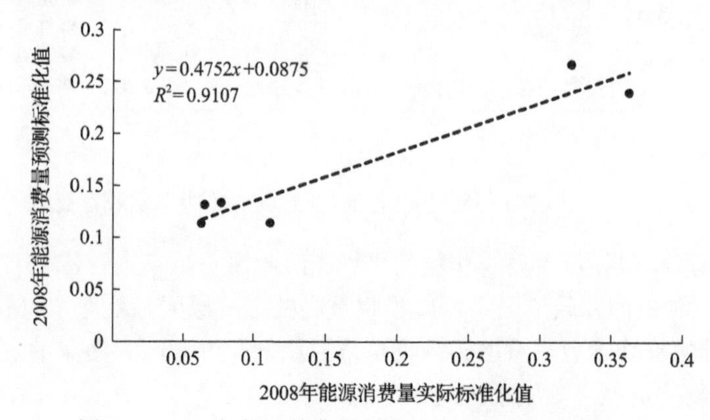

图 5-8　2008 年能源消费量预测值与实际值相关性比对

5.2.4　非农、建设用地碳排放/吸收

由于黄河下游背河洼地区(开封段)以农用地及建设用地为主，因而将林地、水域或未利用地 3 类用地归并为非农、建设用地进行碳排放/吸收分析。黄河下游背河洼地区(开封段)的林地主要呈线状、带状分布，其主要作为耕地的分割界线，并存在固定采伐现象。因而，其林地的碳吸收能力相对有限。

由图 5-9 可知，背河洼地区(开封段)林地碳吸收量由 1990 年的 10586.83t 增加到 2016 年的 45443.74t，年均增幅为 12.19%；未利用地碳吸收量由 1990 年的 26.64t 下降到 2016 年的 17.34t，年均减幅为–1.29%。

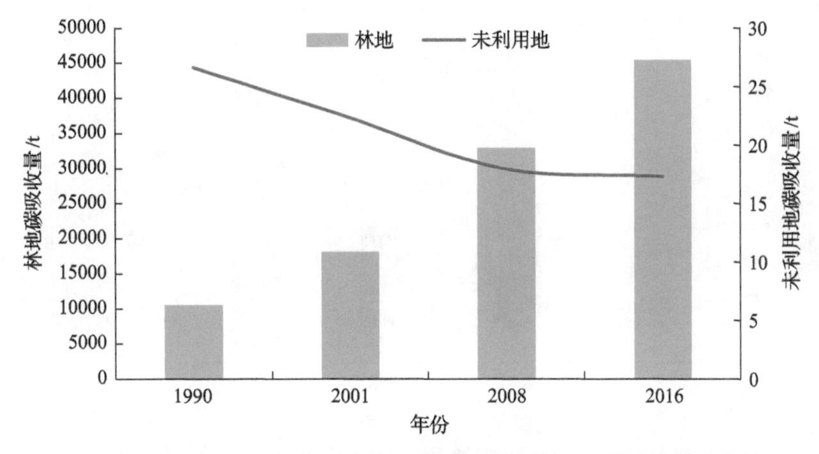

图 5-9　1990～2016 年背河洼地区(开封段)林地、未利用地碳吸收量

由图 5-10 可知，背河洼地区(开封段)水域碳排放量随着时间的递进而呈现上升的变化趋势，水域碳排放量由 1990 年的–634.09t 上升到 2016 年的–223.07t。其中，水域养殖而导致的碳排放量由 1990 年的 196.82t 上升到 2016 年的 983.54t，而水域碳吸收量由 1990 年的 830.91t 上升到 2016 年的 1206.61t。

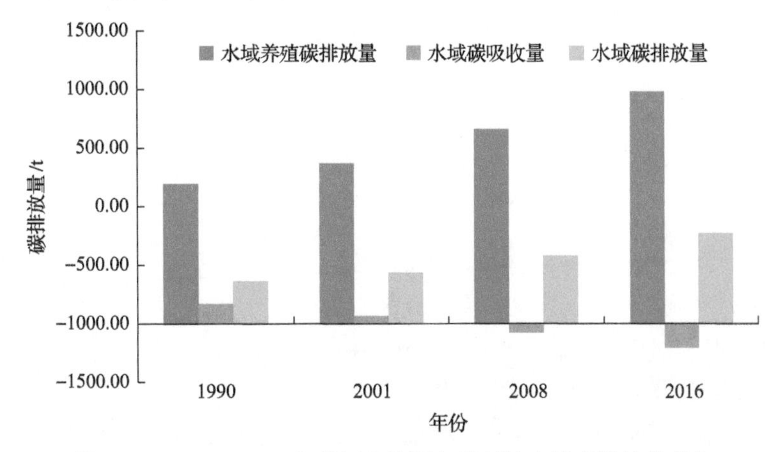

图 5-10　1990～2016 年背河洼地区(开封段)水域碳排放量变化

5.2.5　土地利用碳排放总量

综上所得，黄河下游背河洼地区（开封段）土地利用碳排放总量由1990年的53450.90t增加到2016年的681092.85t，年均增幅为43.49%，不同土地利用类型的碳排放量如图5-11所示。1990～2016年背河洼地区（开封段）土地利用碳排放总量呈现不断增长的态势，大致可以划分为两个阶段：第一阶段（1990～2001年），该阶段背河洼地区（开封段）土地利用碳排放总量一直处于平缓上升的状态，年均增幅为8.39%；第二阶段（2001～2016年），该阶段背河洼地区（开封段）土地利用碳排放总量呈现快速增长的状态，年均增幅为31.16%。不同土地利用类型所产生的碳排放量中，建设用地碳排放量占碳排放总量的比例最大，建设用地扩张是导致背河洼地区（开封段）土地利用碳排放总量增加的主要原因。

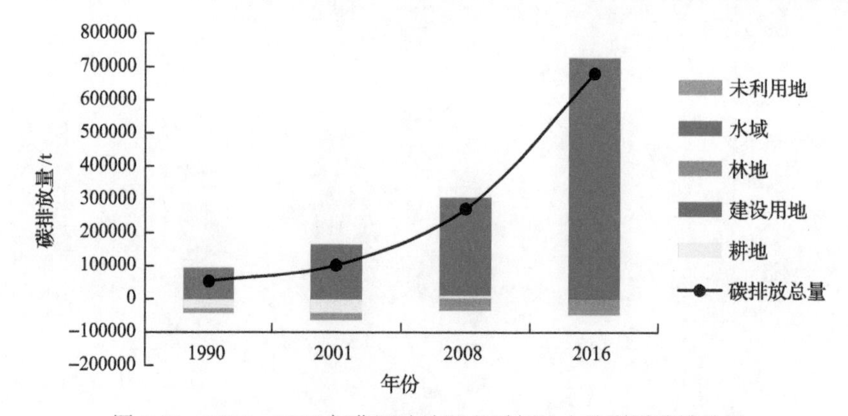

图5-11　1990～2016年背河洼地区（开封段）土地利用碳排放量

5.2.6　土地利用碳排放总量、强度、足迹分析

1. *碳排放效应计量体系构建*

1）碳排放强度及碳足迹

碳排放量与经济产出有极大的相关性，如何降低单位经济产出的碳排放量是需要全世界共同攻克的难题。而碳排放强度则是衡量单位经济产出碳排放量的重要指标［式（5-14）］。

$$C_P = \sum_i C_{P_i} = \frac{\sum_i C_{t_i}}{\sum_i A_i} \tag{5-14}$$

式中，C_P为研究区碳排放强度；C_{P_i}为研究区不同土地利用类型的碳排放强度，考虑到林地以碳吸收为主，则将其与耕地归并为农业用地；i为不同土地利用类型；A_i和C_{t_i}分别为不同土地利用类型面积及该土地利用类型的碳排放量。

结合研究区实际情况，将碳足迹看作生态足迹的一部分来对黄河下游背河洼地区（开封段）的碳足迹进行估算，消纳碳排放所需要的生态生产性土地（植被）的面积，即碳排放的生态足迹［式（5-15）］。

$$CF = C_t \times \left(\frac{P_{\text{Forest}}}{\text{NEP}_{\text{Forest}}} + \frac{P_{\text{Unuseful}}}{\text{NEP}_{\text{Unuseful}}} + \frac{P_{\text{Farm}}}{\text{NEP}_{\text{Farm}}} + \frac{P_{\text{Water}}}{\text{NEP}_{\text{Water}}} \right) \tag{5-15}$$

式中，CF为碳足迹；C_t为碳排放总量；P_{Forest}、P_{Unuseful}、P_{Farm}、P_{Water}分别为森林、未利用地、耕地、水域碳吸收量在黄河下游背河洼地区(开封段)碳吸收总量中所占的比重；$\text{NEP}_{\text{Forest}}$、$\text{NEP}_{\text{Unuseful}}$、$\text{NEP}_{\text{Farm}}$、$\text{NEP}_{\text{Water}}$分别为林地、未利用地、耕地、水域的碳吸收量。考虑到耕地相比森林、未利用地存在明显的定期收割行为，因此参考前人研究(赵荣钦等，2010)，单独对耕地的净生态系统生产力进行计算[式(5-16)]。

$$\text{NEP}_{\text{Farm}} = \frac{\text{CS}_{\text{Farm}}}{A_{\text{Farm}}} \tag{5-16}$$

式中，CS_{Farm}为农作物全生命周期的碳吸收总量；A_{Farm}为耕地面积。

2)碳足迹压力指数

黄河下游背河洼地区(开封段)自然用地的快速开发使得人类活动对土地生态系统的扰动日益显著，自然生态系统碳循环压力逐渐增大。本书引入碳足迹压力指数对黄河下游背河洼地区(开封段)人类活动对区域生态系统的扰动程度进行评估，具体计算方法如式(5-17)所示：

$$\text{CF}_P = C_t / C_s \tag{5-17}$$

式中，CF_P为碳足迹压力指数。当$\text{CF}_P < 1$时，表明黄河下游背河洼地区(开封段)生态系统仍有碳吸收能力，生态系统受人类扰动较小；$\text{CF}_P = 1$时，表明黄河下游背河洼地区(开封段)生态系统碳排放与碳吸收互相平衡；$\text{CF}_P > 1$时，表明黄河下游背河洼地区(开封段)生态系统受人类扰动较大，区域生态系统的碳排放能力大于碳吸收能力，生态系统碳循环过程压力较大。

2. 碳排放效应及其变化分析

背河洼地区(开封段)不同土地利用类型的碳排放强度如图5-12所示。1990～2016年，背河洼地区(开封段)土地利用类型碳排放总强度整体呈现上升的变化趋势，土地利用类型碳排放总强度由1990年的41.60t/km^{2}上升到2016年的513.70t/km^2。其中，建设用地碳排放强度由1990年的559.76t/km^{2}上升到2016年的1648.07t/km^2，林地碳排放强度由1990年的–496.26t/km^{2}下降到2008年的–723.33t/km^2，继而又上升到2016年的–674.91t/km^2；耕地碳排放强度也呈现逐年上升的变化趋势，其碳排放强度分别由1990年的–28.58t/km^{2}上升到2016年的2.08t/km^2，年均增幅为3.97%；而水域碳排放强度未发生较大变化。

背河洼地区(开封段)碳足迹变化如图5-13所示，1990～2016年背河洼地区(开封段)碳足迹整体呈现出逐年上升的变化态势，碳足迹由1990年的21.26hm^{2}上升到2016年的36.47hm^2，年均增幅为2.65%。背河洼地区(开封段)的碳足迹均小于同期生态生产性土地面积的碳足迹，说明背河洼地区(开封段)的土地利用存在生态盈余，出现生态盈余则表明背河洼地区(开封段)的土地开发与利用处于其生态系统承载范围之内，并且可以补

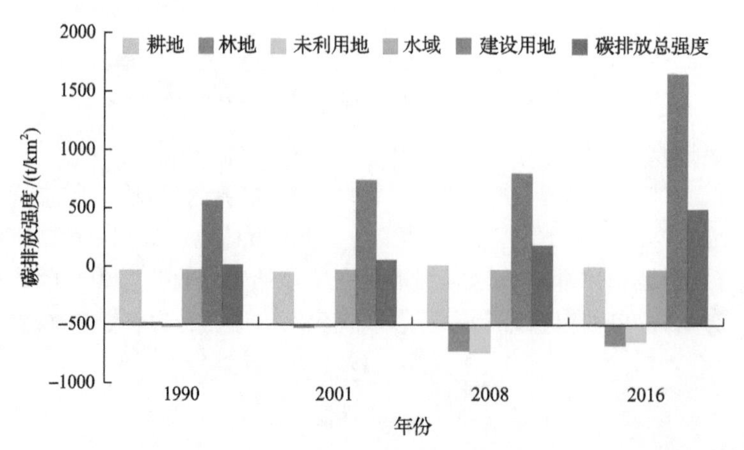

图 5-12　1990～2016 年背河洼地区（开封段）不同土地利用类型碳排放强度

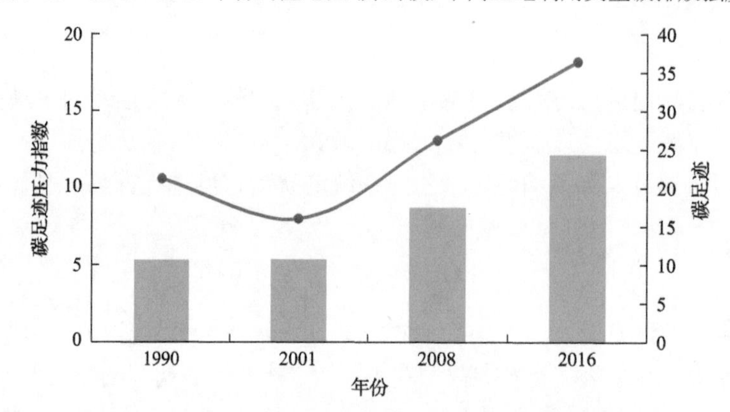

图 5-13　1990～2016 年背河洼地区（开封段）碳足迹变化

图中红线代表碳足迹；蓝柱代表碳足迹压力指数

充由工业和生活所引起的碳生态赤字。随着时间的递进，背河洼地区（开封段）碳足迹占生态生产性土地面积的比例呈现逐年上升的趋势，说明背河洼地区（开封段）随着建设用地的快速扩张，大量耕地、林地遭到破坏和被占用，使得背河洼地区（开封段）生态系统的碳库能力减弱。

如图 5-13 所示，背河洼地区（开封段）碳足迹压力指数呈现出逐年上升的变化趋势，1990 年背河洼地区（开封段）碳足迹压力指数为 5.32，到 2016 年则快速上升到 12.15，1990～2016 年背河洼地区（开封段）的碳足迹压力指数均大于 1，说明背河洼地区（开封段）生态系统受到人类的扰动较大，区域生态系统的碳排放能力远远大于碳吸收能力，生态系统碳循环过程压力较大。

5.3　转变土地利用碳排放分析

5.3.1　转变土地利用碳排放评估体系构建

1. 土地利用变化计量模型

土地间数量变化和土地间类型的转移是土地利用变化的两种表现类型。其中，土地间数量变化可以归纳为土地利用变化的幅度和速度(杜自强等，2007)。土地利用变化幅度是指各类型土地在研究时段内面积的绝对变化量(秦富仓等，2016)。而土地利用变化速度反映了土地利用的变化趋势和区域土地利用结构的稳定性(涂小松和濮励杰，2008)，二者在土地间数量变化中均起到重要作用。

1)土地利用数量变化模型

A. 单一土地利用动态度

单一土地利用动态度表达了某区域 T 时间范围内某种土地利用类型的数量变化情况，即某种土地利用类型的年变化率[具体计算公式参见式(2-3)]。

B. 综合土地利用动态度

在单一土地利用动态度的基础上，引入综合土地利用动态度。综合土地利用动态度对土地利用状况进行了定量综合的描述，对土地利用整体变化速度及未来土地利用变化趋势的预测具有重要意义[具体计算公式参见式(2-4)]。

C. 土地利用综合转换速率

土地利用/覆被变化的实质是区域内不同土地利用类型间的相互转换。土地利用综合转换速率在考虑研究区土地面积及土地利用结构的基础上，有效地反映了研究区各种土地利用类型的变化速度[式(5-18)]。

$$\mathrm{LU}_V = \frac{1}{T}\sqrt{\sum_{i=1}^{n}\left[\frac{A_i^{t+1} - A_i^t}{A_i^t}\right] \times \frac{A_i^t}{A}} \tag{5-18}$$

式中，LU_V 为土地利用综合转换速率；A_i^t、A_i^{t+1} 分别为 t 时刻和 t+1 时刻第 i 类土地利用类型面积；T 为间隔时长；n 为研究区土地利用类型数量。

2)土地利用程度变化模型

根据前人研究所提出的综合分级方法(刘纪远，1996)，按照表 5-5 对黄河下游背河洼地区(开封段)进行土地利用程度分级，以揭示其土地利用发展情况[式(5-19)和式(5-20)]。

$$\Delta \mathrm{LU}_{d_{(t+1)-(t)}} = \mathrm{LU}_{d_{t+1}} - \mathrm{LU}_{d_t} = 100 \times \left(\sum_{i=1}^{n}\frac{A_i^{t+1}}{A} \times \tau_i - \sum_{i=1}^{n}\frac{A_i^t}{A} \times \tau_i\right) \tag{5-19}$$

$$R_{\mathrm{LU}} = \frac{\sum_{i=1}^{n}\frac{A_i^{t+1}}{A} \times \tau_i - \sum_{i=1}^{n}\frac{A_i^t}{A} \times \tau_i}{\sum_{i=1}^{n}\frac{A_i^t}{A} \times \tau_i} \tag{5-20}$$

式中，$\mathrm{LU}_{d_{t+1}}$、LU_{d_t} 分别为 $t+1$ 时刻和 t 时刻的土地利用程度综合指数；τ_i 为土地利用程度分级指数；R_{LU} 为土地利用变化率；其余变量含义同式(5-18)。

表 5-5　土地利用程度分级指数

土地利用类型	未利用地	林地、水域	耕地	建设用地
土地利用程度分级指数	1	2	3	4

当 $\Delta \mathrm{LU}_{d_{(t+1)-(t)}} > 0$ 或 $R_{\mathrm{LU}} > 0$ 时，则黄河下游背河洼地区(开封段)土地利用处于发展期；相反，则处于调整期或衰退期(王秀兰和包玉海，1999)。

2. 土地利用转移矩阵

土地利用转移矩阵可以较为全面地对区域土地利用变化的数理结构与各类用地的转化方向进行描述(刘瑞和朱道林，2010)，因而其在土地利用变化和未来变化趋势的分析模拟中具有不可替代的作用，且应用广泛。土地利用转移矩阵含有丰富的土地转化信息[式(5-21)]。首先，除了某一区域特定时间点的静态土地信息外，土地利用转移矩阵还反映了研究始末区域各类土地面积之间相互转化的动态过程(乔伟峰等，2013；朱会义和李秀彬，2003)。

$$A_{ij} = \begin{bmatrix} A_{11} & A_{12} & \cdots & A_{1n} \\ A_{21} & A_{22} & \cdots & A_{2n} \\ \vdots & \vdots & \vdots & \vdots \\ A_{n1} & A_{n2} & \cdots & A_{nn} \end{bmatrix} \tag{5-21}$$

土地利用转移矩阵的行、列分别代表转移前第 i 类土地向转移后各类土地流向的信息及转移后第 j 类土地从转移前的各地类来源的信息。当转移前后土地利用类型数相一致时，即 A_{ij} 的行列数相同时，则构成土地利用转移 n 阶矩阵。其中，A 为土地面积；n 为转移前后的土地利用类型数；$i, j(i, j = 1,2,\cdots,n)$ 分别为转移前与转移后的土地利用类型；A_{ij} 为转移前后第 i 类土地转移为第 j 类土地的面积。

n 阶转移矩阵的土地利用转移信息可以分为以下几个方面：

(1) 当 $i = j$ 时，即 n 阶矩阵主对角线上的土地利用信息，表示研究初期第 i 类用地在研究时段面积没有发生变化的部分；

(2) 当 $i \neq j$ 时，即 n 阶矩阵非主对角线上的土地利用信息，表示研究时段内第 i 类土地面积发生转化的部分；

(3) 当 $i \neq j$ 时，n 阶矩阵中第 i 行元素之和，即 $A_i = \sum_{j=1}^{n} A_{ij}$，表示研究初期第 i 类土地的面积，因此，研究期间第 i 类土地的面积减少可以表达为 $D_i = \sum_{j=1}^{n} A_{ij} - A_{ii}$；

(4) 当 $i \neq j$ 时，n 阶矩阵中第 j 行元素之和，即 $A'_j = \sum_{j=1}^{n} A_{ij}$，表示研究末期第 j 类土地的面积，因此，研究期间第 j 类土地面积的增加可以表达为 $I_j = \sum_{j=1}^{n} A_{ij} - A_{jj}$；

(5) 当对 A_i 的 i 行进行累加或对 A'_j 的 j 列进行累加时，结果均为 $A_{总}$，即 n 阶矩阵中所有元素之和为研究区总面积；

(6) 当对 D_i 的 i 行进行累加或对 I_j 的 j 列进行累加时，其结果分别表示研究时段所有土地利用类型减少面积之和与研究期内所有土地利用类型面积增加之和；

(7)当 $D_{总}=I_{总}$ 时，则表示整个研究区域土地利用类型的增加量与减少量持平。

3. 单位面积土地碳排放系数

采用直接碳排放系数法对研究区土地利用的碳排放进行估算。但考虑到不同研究区存在区域异质性和发展程度差异性，运用前人研究成果对黄河下游背河洼地区(开封段)土地利用类型碳排放进行估算精度较低。因此，对研究区各种土地利用类型的碳排放系数进行求取及修正，进而开展土地利用格局变化下的碳排放估算[式(5-22)]。

$$C_i = \frac{CF_i}{A_i} \tag{5-22}$$

式中，C 为不同土地利用类型的碳排放系数；CF 为不同土地利用类型碳排放(碳吸收)总量；A 为土地利用面积；i 为不同土地利用类型。

5.3.2　土地利用格局变化分析

根据1990年、2001年、2008年、2016年各年的土地利用面积(表5-6)，计算得出背河洼地区(开封段)1990～2016年的单一土地利用动态度(表5-7)。由表5-7可知，1990～2001年背河洼地区(开封段)单一土地利用动态度最大的是林地，达5.22%，其次为建设用地，单一土地利用动态度为2.68%，单一土地利用动态度最小的是未利用地，为–1.51%；2001～2008年背河洼地区(开封段)单一土地利用动态度最大的是建设用地，为7.37%，单一土地利用动态度最小的是未利用地，为–1.96%；2008～2016年背河洼地区(开封段)单一土地利用动态度最大的是林地，为5.97%，单一土地利用动态度最小

表5-6　1990～2016年背河洼地区(开封段)土地利用面积　(单位：km^2)

土地利用类型	1990年	2001年	2008年	2016年
耕地	1050.09	987.91	830.95	738.25
林地	21.33	34.69	45.57	67.33
未利用地	54.39	44.55	36.69	34.53
水域	32.84	37.00	42.60	47.69
建设用地	169.20	223.71	372.05	440.06

表5-7　1990～2016年背河洼地区(开封段)单一土地利用动态度(%)

土地利用类型	1990～2001年	2001～2008年	2008～2016年	1990～2016年
耕地	–0.49	–1.77	–1.39	–1.75
林地	5.22	3.49	5.97	12.68
未利用地	–1.51	–1.96	0.00	–2.15
水域	1.05	1.68	1.49	2.66
建设用地	2.68	7.37	2.28	9.42

的是耕地，为–1.39%；1990～2016 年背河洼地区（开封段）单一土地利用动态度最大的是林地，为 12.68%，其次为建设用地，单一土地利用动态度为 9.42%，而未利用地的单一土地利用动态度最小，为–2.15%。

由表 5-8 可知，1990～2001 年背河洼地区（开封段）综合土地利用动态度最大的是水域和未利用地，均为 4.17%，其次为建设用地，综合土地利用动态度为 2.46%，最小的是耕地，其综合土地利用动态度为 0.04%；2001～2008 年背河洼地区（开封段）综合土地利用动态度最大的是水域和未利用地，均为 6.25%，其次为建设用地，综合土地利用动态度为 5.60%，耕地的综合土地利用动态度最小，为 0.60%；2008～2016 年背河洼地区（开封段）综合土地利用动态度最大的为水域，达 5.56%，其次为建设用地，综合土地利用动态度为 2.67%，最小的为耕地，其综合土地利用动态度为 0.24%；1990～2016 年背河洼地区（开封段）综合土地利用动态度最大的为水域和未利用地，均为 2.94%，其次为建设用地，综合土地利用动态度为 2.69%，最小的为耕地，为 0.29%。

表 5-8　1990～2016 年背河洼地区（开封段）综合土地利用动态度（%）

土地利用类型	1990～2001 年	2001～2008 年	2008～2016 年	1990～2016 年
耕地	0.04	0.60	0.24	0.29
林地	0.21	4.96	1.53	2.44
未利用地	4.17	6.25	0.00	2.94
水域	4.17	6.25	5.56	2.94
建设用地	2.46	5.60	2.67	2.69

由表 5-9 可知，1990～2001 年背河洼地区（开封段）土地利用综合转换速率最大的是建设用地，为 0.96%；2001～2008 年背河洼地区（开封段）土地利用综合转换速率最大的是建设用地，达到 3.40%；2008～2016 年背河洼地区（开封段）土地利用综合转换速率最大的是建设用地，为 1.08%，未利用地的综合转换速率最小，为 0.00；1990～2016 年背河洼地区（开封段）土地利用综合转换速率最大的是建设用地，达到 5.42%，其次为林地，土地利用综合转换速率为 2.86%，未利用地的综合转换速率最小，为 0.35%。

表 5-9　1990～2016 年背河洼地区（开封段）土地利用综合转换速率（%）

土地利用类型	1990～2001 年	2001～2008 年	2008～2016 年	1990～2016 年
耕地	0.44	1.71	0.98	1.30
林地	0.66	0.63	0.98	2.86
未利用地	0.30	0.40	0.00	0.35
水域	0.17	0.32	0.24	0.50
建设用地	0.96	3.40	1.08	5.42

表 5-10 表达了黄河下游背河洼地区（开封段）土地利用程度年际间变化情况。1990～2016 年黄河下游背河洼地区（开封段）土地均处于发展趋势，但不同时间段内发展程度有所差异。2001～2008 年黄河下游背河洼地区（开封段）土地利用呈高速发展趋势，土地利

用变化率 R_{LU} 达 3.65%。而 2008～2016 年其整体趋势变缓，R_{LU} 下降 2.57%，由于研究区是我国重要的耕地资源保护区域，因而其土地利用规划中可变更的土地相对较少，在总面积保持不变的情况下，其未来土地利用变更速度势必减慢。

表 5-10 1990～2016 年背河洼地区(开封段)土地利用程度变化

类型	1990～2001 年	2001～2008 年	2008～2016 年	1990～2016 年
$\Delta LU_{d_{(t+1)-(t)}}$	0.04	0.11	0.03	0.19
R_{LU}/%	1.42	3.65	1.08	6.26

5.3.3 转变土地利用碳排放估算

1. 土地利用转移矩阵

图 5-14 展示了黄河下游背河洼地区(开封段)土地利用转移的空间分布状态。其中，2001～2008 年土地利用转移状况最为剧烈。研究区未利用地主要位于研究区西北部，其来源主要为枯水期裸露河道的转变及撂荒地的转变，主要转向为水域；城镇用地变化多呈现辐射式扩张，其主要侵占城镇周边土地，进而呈现由内向外扩张的态势，并且建设用地很少单独出现在大片林地、耕地内部，这也与其发展方式具有极大相关性，并与道路的畅通性具有极大相关性。

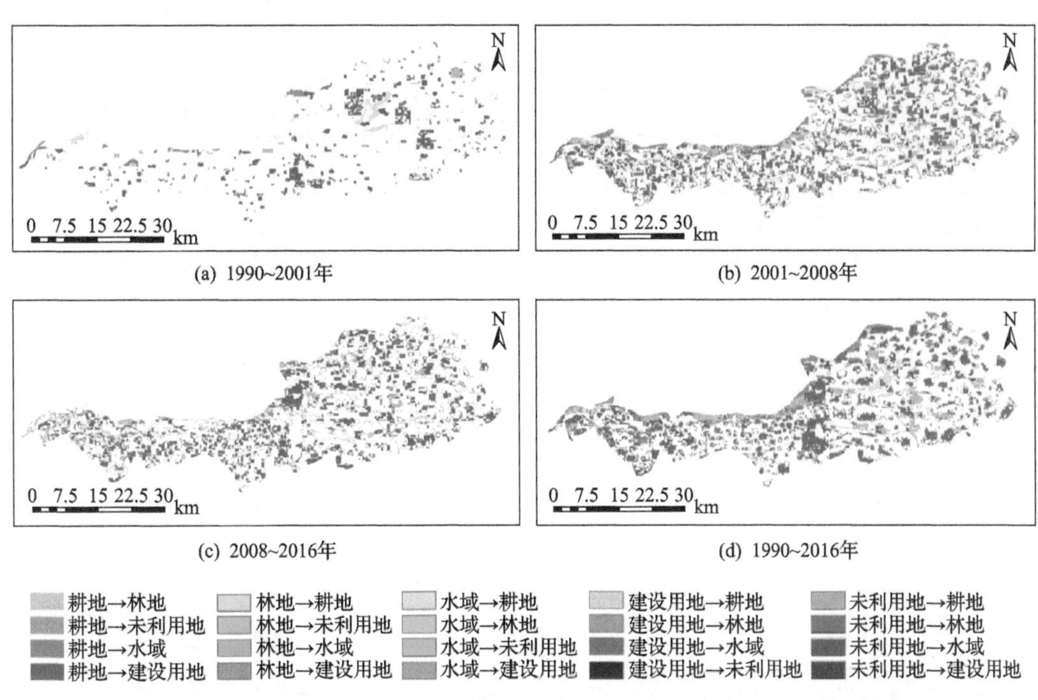

图 5-14 1990～2016 年背河洼地区(开封段)土地利用转移的空间分布状态

由表 5-11 可知，1990～2001 年，背河洼地区(开封段)土地利用变化的主要贡献类型是耕地和未利用地，共占转出贡献率为 83.99%。其中，耕地的转出贡献率最高，达 61.79%，转出面积为 89.33km^2；主要的转入土地利用类型为建设用地；建设用地的转入率为 51.84%。

表 5-11 1990～2001 年背河洼地区（开封段）土地利用变化转移矩阵 （单位：km^2）

土地利用类型	耕地	林地	未利用地	水域	建设用地
耕地	960.69	0.04	18.45	0.00	7.50
林地	9.04	20.25	3.66	0.00	2.05
未利用地	11.94	0.00	22.28	0.00	10.27
水域	4.96	0.25	1.46	30.62	0.01
建设用地	63.39	0.80	8.53	2.22	149.37

由表 5-12 可知，2001～2008 年，背河洼地区（开封段）土地利用变化的主要贡献类型为耕地和建设用地，共占转出贡献率为 61.65%。其中，建设用地的转出贡献率为 17.97%，转出面积为 75.76km^2。主要转入土地利用类型为建设用地和耕地；耕地的转入率为 24.46%，转出面积为 103.09km^2。

表 5-12 2001～2008 年背河洼地区（开封段）土地利用变化矩阵 （单位：km^2）

土地利用类型	耕地	林地	未利用地	水域	建设用地
耕地	727.75	9.76	13.79	9.55	69.99
林地	32.33	7.17	2.91	1.22	1.94
未利用地	29.98	0.33	4.64	0.65	1.03
水域	17.42	0.68	3.09	18.61	2.80
建设用地	180.14	16.87	20.09	6.96	147.90

由表 5-13 可知，2008～2016 年，以建设用地和耕地的土地利用转移面积最大，共占转出贡献率为 88.57%。其中，耕地的转出贡献率最高，达 59.78%，转出面积为 209.85km^2，建设用地转出面积为 101.05km^2。主要转入土地利用类型为耕地和建设用地，其次为林地，转入面积为 34.22km^2。

表 5-13 2008～2016 年背河洼地区（开封段）土地利用变化转移矩阵 （单位：km^2）

土地利用类型	耕地	林地	未利用地	水域	建设用地
耕地	620.59	6.54	10.13	6.64	93.96
林地	26.16	33.01	3.82	0.49	3.75
未利用地	12.50	0.70	18.96	0.29	1.90
水域	11.56	1.12	0.99	32.51	1.44
建设用地	159.63	4.18	2.61	2.62	270.81

由表 5-14 可知，1990～2016 年，背河洼地区（开封段）土地利用变化的主要贡献类型为未利用地和耕地，共占转出率为 87.11%。其中，耕地的转出贡献率最高，达 76.74%，转出面积为 366.67km^2，主要转入土地利用类型为林地和建设用地；林地的转出贡献率为 11.56%，转出面积为 63.65km^2。

表 5-14　1990～2016 年背河洼地区（开封段）土地利用变化转移矩阵　（单位：km^2）

土地利用类型	耕地	林地	未利用地	水域	建设用地
耕地	682.77	5.11	20.32	5.17	24.64
林地	58.62	3.62	2.64	1.35	1.04
未利用地	29.05	0.22	4.73	0.15	0.20
水域	21.97	0.22	6.14	17.06	2.23
建设用地	257.03	12.15	20.47	9.11	140.97

由此可见，自然用地类型针对人文用地类型的转出仍然是多用地类型转化的重点之一，该种转换方式表明，在研究期内，背河洼地区（开封段）的城市化水平不断提高，但整体的生态环境却不断恶化。随着城市化发展的不断推进，城市公园用地成为城市建设用地向自然用地转换的主要方式之一，但其相比于自然用地向人文用地转换而言，其量较小，无法弥补自然用地对碳源/汇作用的价值，从而造成内部自然环境问题的进一步凸显。

2. 土地利用变化净碳收支

1990～2001 年，背河洼地区（开封段）净碳排放变化量为 49300.82t，保持用地类型的碳排放变化量为 11303.13t，发生土地利用类型转换的碳排放变化量为 37997.42t，背河洼地区（开封段）碳源变化量为 83878.05t，碳汇变化量为 34577.23t，碳汇变化量可抵消 41.22%的碳源变化量（表 5-15 和图 5-15）。

表 5-15　1990～2001 年背河洼地区（开封段）土地利用变化的净碳收支量转移矩阵　（单位：t）

土地利用类型	耕地	林地	建设用地	水域	未利用地
耕地	−14450.99	−4443.09	48154.76	65.91	333.06
林地	17.98	−545.27	979.38	119.46	0.00
建设用地	−4495.99	−2205.63	26174.91	−5.71	−5715.55
水域	0.00	0.00	1665.99	124.75	0.00
未利用地	−792.40	−1901.00	6241.85	−21.34	−0.26

注：表中负号“–”代表碳汇增加量。

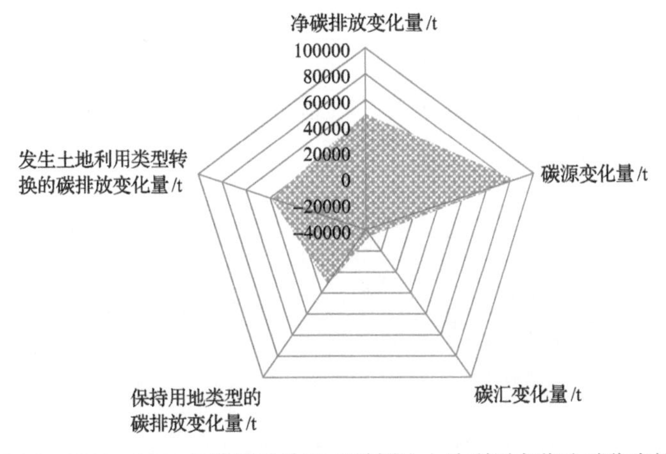

图 5-15　1990～2001 年背河洼地区（开封段）土地利用变化净碳收支情况

2001～2008 年，背河洼地区(开封段)净碳排放变化量为 170028.61t，保持用地类型的碳排放变化量为 48630.43t，发生土地利用类型转换的碳排放变化量为 121388.66t，背河洼地区(开封段)碳源变化量为 252688.91t，碳汇变化量为 82660.30t，碳汇变化量可抵消 32.71%的碳源变化量(表 5-16 和图 5-16)。

表 5-16　2001～2008 年背河洼地区(开封段)土地利用变化的净碳收支量转移矩阵　(单位：t)

土地利用类型	耕地	林地	建设用地	水域	未利用地
耕地	41542.75	–21969.33	150729.95	592.11	1296.07
林地	5237.96	–1433.58	22206.50	349.24	172.53
建设用地	–50583.73	–2831.13	8419.36	–2088.30	–758.68
水域	272.81	–863.82	5625.21	101.85	9.56
未利用地	191.18	–2103.21	15941.77	–28.52	0.05

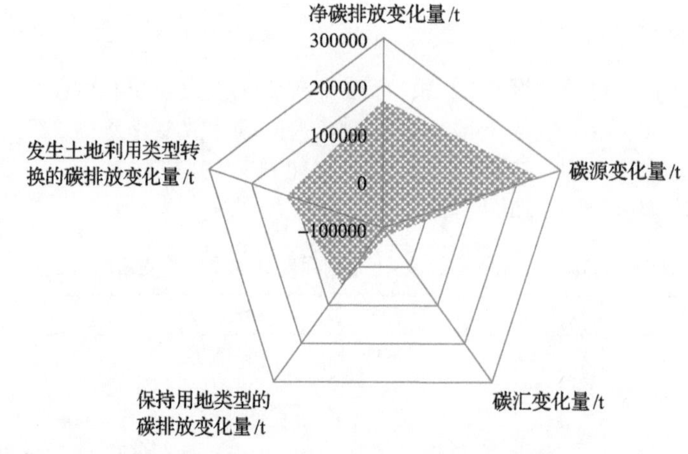

图 5-16　2001～2008 年背河洼地区(开封段)土地利用变化净碳收支情况

2008～2016 年，背河洼地区(开封段)净碳排放变化量为 408312.51t，保持用地类型的碳排放变化量为 226365.27t，发生土地利用类型转换的碳排放变化量为 181944.34t，背河洼地区(开封段)碳源变化量为 518966.418t，碳汇变化量为 110327.86t，碳汇变化量可抵消 21.26%的碳源变化量。保持用地类型的碳排放变化量对碳源变化量的贡献率为 43.62%，低于转变土地利用对碳源变化量的贡献能力(表 5-17、图 5-17)。

表 5-17　2008～2016 年背河洼地区(开封段)土地利用变化的净碳收支量转移矩阵　(单位：t)

土地利用类型	耕地	林地	建设用地	水域	未利用地
耕地	–7005.35	–18010.92	261031.23	–208.62	–173.38
林地	4745.71	1599.06	9915.62	805.15	506.14
建设用地	–74348.24	–5506.79	231607.39	–1149.17	–1508.33
水域	78.45	–326.04	4344.82	164.39	2.68
未利用地	26.04	–2577.09	4304.11	–4.15	–0.22

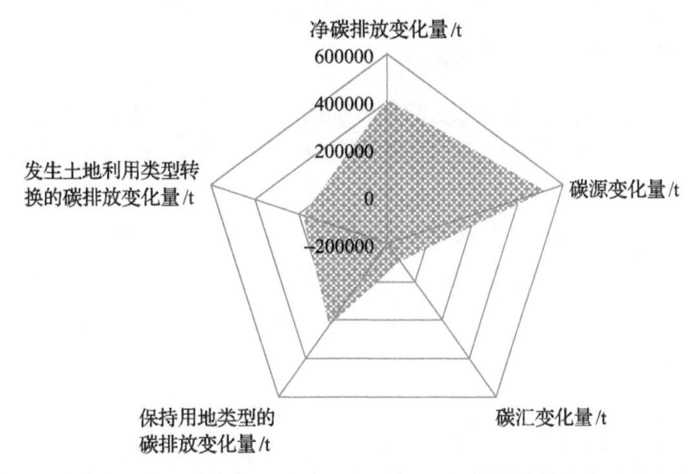

图 5-17　2008～2016 年背河洼地区(开封段)土地利用变化净碳收支情况

1990～2016 年，背河洼地区(开封段)净碳排放变化量为 627641.94t，保持用地类型的碳排放变化量为 174081.90t，发生土地利用类型转换的碳排放变化量为 453557.16t；背河洼地区(开封段)碳源变化量为 685304.85t，碳汇变化量为 57662.91t，碳汇变化量可抵消 8.41%的碳源变化量。发生土地利用类型转换的碳排放变化量对碳源变化量的贡献率为 66.18%，因而土地转变过程是碳排放增加的主要原因(表 5-18 和图 5-18)。

表 5-18　1990～2016 年背河洼地区(开封段)土地利用变化的净碳收支量转移矩阵　(单位：t)

土地利用类型	耕地	林地	建设用地	水域	未利用地
耕地	20950.27	−37914.72	431259.14	525.59	816.34
林地	2548.36	−647.16	26072.34	108.23	109.15
建设用地	−13751.11	−1284.98	153529.08	−1259.60	−112.13
水域	110.65	−885.70	15200.69	249.76	2.82
未利用地	52.23	−1781.74	33770.21	−25.73	−0.06

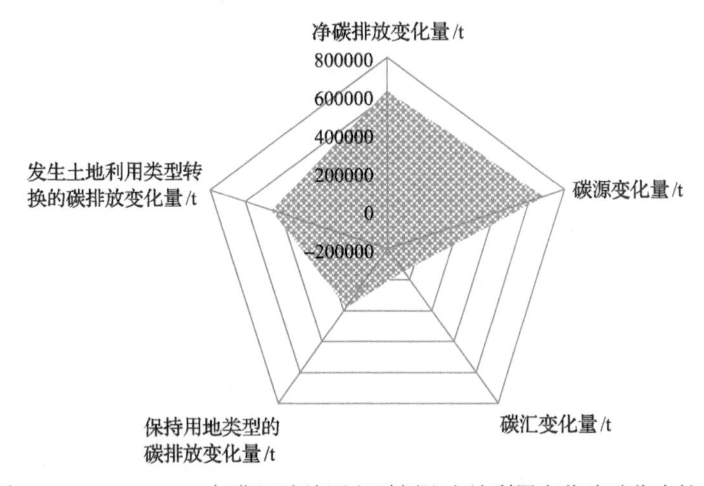

图 5-18　1990～2016 年背河洼地区(开封段)土地利用变化净碳收支情况

3. 土地利用变化与碳源汇的映射关系

明晰土地利用变化净碳收支强度的相对大小是建立调控对策的前提。由表 5-19 可以看出，1990～2016 年，背河洼地区(开封段)各种土地利用类型对碳汇贡献率较大的土地利用变化类型依次为：耕地转变为林地(贡献率为 65.75%)＞建设用地转变为耕地(贡献率为 23.85%)＞未利用地转变为林地(贡献率为 3.09%)，这三种土地利用变化类型的累积贡献率达 92.69%；对碳源量贡献较大的土地利用变化类型依次为：耕地转变为建设用地(贡献率为 62.93%)＞建设用地(保持)(贡献率为 22.40%)＞未利用地转变为建设用地(贡献率为 4.93%)，这三种土地利用类型对碳汇量的累积贡献率达 90.26%。

表 5-19　背河洼地区(开封段)土地利用变化与碳源汇的映射关系

LUCC 类型	1990～2016 年	
	面积/km^2	碳效应/t
耕地(保持)	682.77	20950.27
耕地→林地	5.11	–37914.72
耕地→建设用地	24.64	431259.14
耕地→水域	5.17	525.59
耕地→未利用地	20.32	816.34
林地→耕地	58.62	2548.36
林地(保持)	3.62	–647.16
林地→建设用地	1.04	26072.34
林地→水域	1.35	108.23
林地→未利用地	2.64	109.15
未利用地→耕地	29.05	52.23
未利用地→林地	0.22	–1781.74
未利用地→建设用地	0.20	33770.21
未利用地→水域	0.15	–25.73
未利用地(保持)	4.73	–0.06
水域→耕地	21.97	110.65
水域→林地	0.22	–885.70
水域→建设用地	2.23	15200.69
水域(保持)	17.06	249.76
水域→未利用地	6.14	2.82
建设用地→耕地	257.03	–13751.11
建议用地→林地	12.15	–1284.98
建设用地(保持)	140.97	153529.08
建设用地→水域	9.11	–1259.60
建设用地→未利用地	20.47	–112.13

1990～2016年，背河洼地区(开封段)土地利用变化的碳效应有着显著的差异。保持的耕地面积广阔，占总面积的71.71%，但其对碳源的贡献率却很小，仅有3.06%；保持的建设用地面积虽然很小，占总面积的10.62%，但其对碳源的贡献率却相当可观，贡献率高达22.42%；建设用地面积扩张较快，转变为建设用地的面积虽然很小，约169.08km^2，占总面积的12.74%，但其对碳源的贡献率高达96.38%，而退耕还林的面积为5.11km^2，占总面积的0.39%，对碳汇的贡献率65.57%。由此可见，背河洼地区(开封段)应进一步调整土地利用结构，限制建设用地扩张，保持足够的耕地面积，加大林地用地面积，这样才有助于加强背河洼地区(开封段)的碳汇能力，建设一个生态环境良好的宜居地区。

5.4　未来土地利用碳排放模拟及优化

5.4.1　低碳导向下土地利用优化模型体系构建

土地利用优化配置，即从人类主观视角出发，依据主观能动性，有计划、分层次、合理地对区域土地利用不合理问题进行整改，以提高土地利用效率，并维持土地碳平衡和资源的可持续利用(刘彦随和杨子生，2008)。而土地利用优化配置主要从土地利用优化模型(Marulla et al.，2010；郑新奇等，2008)、土地利用的结构和动态(Gong et al.，2009；Liu et al.，2008；段学军等，2009)方面进行开展。但由于不同地区的土地利用发展定位存在差异，因此明确地区土地利用发展方向，发挥土地利用综合优势，是完成该区域土地利用优化配置、解决土地利用矛盾的根本途径(Sadeghi et al.，2009)。

基于碳排放的土地利用优化配置，主要以土地有机碳储量为目标效益函数，进而对不同土地利用类型的面积进行调控，以达到预期目标。根据黄河下游背河洼地区(开封段)的自然和社会经济状况，考虑到黄河下游背河洼地区(开封段)主体位于河南省开封市，因而结合《开封市土地利用总体规划大纲(2006—2020年)》，运用Lingo 9.0建立黄河下游背河洼地区(开封段)土地利用变化线性规划模型，对该区域的土地利用格局进行优化配置，规划首先遵循耕地以往的自然变动情况，在此基础上对低碳土地利用状况进行调整。

线性规划模型满足下列约束条件[式(5-23)]：

$$F(A)=\sum_{i=1}^{n}C_iA_i=\min \tag{5-23}$$

式中，A_i为决策变量，即不同土地利用面积；C_i为土地利用碳源/汇系数；$F(A)$为黄河下游背河洼地区(开封段)土地利用碳排放量。

根据研究区实际情况，针对不同土地利用类型建立约束条件：

黄河下游背河洼地区(开封段)土地利用总面积为1327.86km^2，且各类土地利用面积均为正值，则建立约束条件为[式(5-24)]

$$\sum_{i=1}^{n}A_i=1327.86(A_i>0) \tag{5-24}$$

考虑到河南省为中国人口大省，未来人口数量将不断增加，因而未来发展过程中必须保有一定数量的耕地。2016 年背河洼地区（开封段）耕地面积为 738.25km^2，依据《开封市土地利用总体规划大纲（2006—2020 年）》，2020 年开封市耕地面积应占总土地面积的 66.94%，但考虑到背河洼地区（开封段）作为开封市重要的后备耕地资源区，其耕地占比应高于开封市平均规划水平。2016 年黄河下游背河洼地区（开封段）耕地面积占总土地面积的 55.60%，为了增强区域整体耕地功能，参考《开封市土地利用总体规划大纲（2006—2020 年）》，规定区域保有量不得低于 50%，因而耕地面积的约束条件为[式（5-25）]

$$663.93 \leqslant A_{\mathrm{Farm}} \leqslant 738.25 \tag{5-25}$$

林地面积的增加有助于研究区整体碳汇功能的增强。2016 年背河洼地区（开封段）拥有林地面积 67.33km^2，根据开封市“在黄河沿岸宜林地、黄河故道沙地区建设绿色廊道，开展治沙造林，构建农业生产的生态屏障”的基本战略，2020 年黄河下游背河洼地区（开封段）林地面积将有所扩大，但考虑到背河洼地区（开封段）林地不可无限扩张，根据研究期间林地增长速度，林地面积的约束条件为[式（5-26）]

$$67.33 \leqslant A_{\mathrm{Forest}} \leqslant 74.15 \tag{5-26}$$

人口的不断增多，使得城市用地面积不断扩张。其中，考虑到未来河南省城市化仍将继续扩张，建设用地中将整合农村居民点转换为城市用地，来优化城乡用地结构。但考虑到建设用地不能无限扩张，且 2020 年开封市整体建设用地面积占比为 18.94%，因此规定 2040 年建设用地总面积不得超过区域总面积的 35%，因而对建设用地面积设置上限值，则其约束条件为[式（5-27）]

$$440.06 \leqslant A_{\mathrm{Construction}} \leqslant 464.75 \tag{5-27}$$

考虑到水域面积受自然影响因素较大，因而选用的研究时段内黄河下游背河洼地区（开封段）水域面积的上限受自然因素影响较大，考虑到水域开发问题是区域生态环境保护的主要问题之一，水域面积最小值设定为区域总面积的 5%，则水域用地的约束条件为[式（5-28）]

$$32.84 \leqslant A_{\mathrm{Water}} \leqslant 66.39 \tag{5-28}$$

黄河下游背河洼地区（开封段）未利用地呈减小趋势，但考虑到耕地“撂荒”及水域干涸等现象的发生会使得未利用地面积增加，因而对未利用地建立约束条件[式（5-29）]：

$$0.00 \leqslant A_{\mathrm{Unuseful}} \leqslant 34.54 \tag{5-29}$$

运用 Lingo 9.0 对土地利用进行优化。首先以 2020 年为规划目标，对比《开封市土地利用总体规划大纲（2006—2020 年）》，验证优化结果的合理性，随后对研究区 2020～2040 年未来土地利用格局进行优化。

为了兼顾区域生态功能与行政功能的实现，根据开封市《开封市土地利用总体规划大纲（2006—2020 年）》，2020 年开封市生态用地与耕地占比为 70.58%，但考虑到黄河下游背河洼地区(开封段)的实际情况，将 2020 年、2030 年、2040 年生态用地与耕地占比调整为均不低于 75%，并按照逐年递减率进行规划。

为了验证模型体系和模拟结果的精度，首先将 2008 年作为背河洼地区(开封段)土地利用基期，对 2016 年区域土地利用碳排放量最小时的土地利用面积进行规划；其次，考虑不同的土地利用碳排放系数将对预测结果具有重要影响，因此本章研究选用 4 种碳排放系数对 2016 年土地利用最优面积进行模拟，进而筛选出最优的土地利用碳排放系数(表 5-20)。

表 5-20 不同土地利用碳排放系数

土地利用类型	碳排放系数平均值/(t/km^2)	碳排放系数极小值/(t/km^2)	碳排放系数极大值/(t/km^2)	碳排放综合系数值/(t/km^2)
耕地	–60.71	–99.41	–29.78	–60.71
林地	–611.55	–725.52	–509.11	–611.55
建设用地	1688.87	747.04	3710.70	3710.70
水域	–12.23	–19.31	–4.68	–12.23
未利用地	–0.50	–0.50	–0.50	–0.50

注：表中的负号“–”表示该地类未排放碳且在一定程度上吸收了部分其他地类排放的碳。

2016 年背河洼地区(开封段)实际碳排放量为 68.01 万 t，其中碳排放系数极大值所估算的碳排放量与 2016 年实际碳排放量差距最小，但考虑到林地、水域受自然因素影响较大，且研究期间背河洼地区(开封段)建设用地面积增加明显，随着人口的不断增多，该区域未来建设用地所产生的碳排放量势必增加；粮食产量的增长会提高耕地单位面积的碳吸收量，进而降低耕地单位面积的碳排放量，因此选用碳排放综合系数值对 2016 年的土地利用变化进行预测。

5.4.2 未来土地利用变化模拟分析

在前文的基础上，以 2016 年土地利用情况为起始年，对背河洼地区(开封段)2020 年、2030 年、2040 年的土地利用情况进行预测。就人口而言，为达到碳减排目标，2020 年后建设用地整体碳排放较 2020 年应减速上升或有所下降。根据《河南省人口发展规划(2016—2030 年)》，2020 年河南总人口约为 1.115 亿人，而 2030 年上升至 1.15 亿人，相比 2015 年增长 0.08 亿人，且人口城镇化率不断提高，这说明需要更多的建设用地去容纳更庞大的人口数量；从能源结构来看，《河南省能源中长期发展规划(2012—2030 年)》中指出：2030 年能源消费总量将达到 5.1 亿 tce，且能源结构发生改变，天然气及非化石能源占比 26%，相比 2015 年、2020 年分别提高 14%、6%，根据天然气和原煤的碳排放系数，单位天然气碳排放量为单位原煤的 81.63%，且 2015 年、2020 年、2030 年河南省天然气分别占能源消费总量的 6.98%、10%、11%，能源结构的改变意味着单位能源消费所产生的碳排放量减少。综合而言，虽然能源结构改变会对人口数量增加、建设用地面积增加所产生的碳排放进行补偿，但未来研究区整体碳排放量将仍然呈增长趋势。

考虑到研究区未来短期内碳排放量不可能呈下降趋势，且考虑到在能源结构转变等多方面因素的影响下，区域碳减排首先应依赖于碳排放增长速率的下降。考虑到区域未来耕地碳减排主要依赖于农业资本投入(化肥、农药)和秸秆燃烧的减少，因而未来耕地的可增长碳汇潜力将是区域碳减排的重要推动力之一。而考虑到建设用地、水域单位面积碳排放量的实际情况，规定碳排放量每年比上年降低 0.05%，单位面积碳排放下降比率固定为 0.03%。而由于未利用地、林地的碳汇量受自然因素影响较大，因此选用多年均值对其进行表达。根据上述碳排放制约条件和研究区碳排放系数的时间变化规律，对研究区 2020 年、2030 年和 2040 年碳排放系数进行设定，结果见表 5-21。

表 5-21 背河洼地区(开封段)单位面积碳排放系数 (单位：t/hm^2)

土地利用类型	2020 年	2030 年	2040 年
耕地	−4.27	−20.14	−36.01
林地	−604.47	−604.47	−604.47
建设用地	2039.18	2032.66	2026.54
水域	−3.58	−1.60	−0.82
未利用地	−0.50	−0.50	−0.50

运用 Lingo 9.0 软件对 2020 年、2030 年、2040 年背河洼地区(开封段)各土地利用面积进行优化模拟，结果见表 5-22。相比 2016 年，背河洼地区(开封段)2020 年、2030 年、2040 年耕地呈小幅度下降趋势，下降量满足区域基本农田保护要求，并着重提升了区域的生态以及行政功能。2040 年相比 2016 年林地面积增加了 $5.87km^2$，这满足了“在黄河沿岸宜林地、黄河故道沙地区建设绿色廊道，开展治沙造林，构建农业生产的生态屏障”的基本战略；2016 年研究区未利用地面积为 $28.31km^2$，但出于土地利用低碳政策的考虑，适当的未利用地有利于区域碳汇功能的增强，并且有利于丰水年提升水源涵养的功能，因而不能将 2040 年预测的未利用地划归为 0，未利用地可以在一定程度上增加区域生物多样性，但也是对土地资源不合理利用的一种表现，因而将未利用地转变为其他土地利用类型可以节省土地资源，充分发挥土地功能，考虑到区域未利用地的变化量并结合规划模型，2040 年未利用地下降 $5.02km^2$，以补充它需。

表 5-22 2020～2040 年黄河下游背河洼地区(开封段)土地利用面积优化模拟 (单位：km^2)

土地利用类型	2020 年	2030 年	2040 年
耕地	730.32	711.35	705.54
林地	67.51	72.13	73.38
未利用地	28.31	25.80	23.29
水域	53.91	60.76	65.71
建设用地	447.80	454.16	459.94

根据模拟优化的土地利用面积和不同土地利用碳排放系数，对不同土地利用类型未来碳排放量进行计算，结果如图 5-19 所示。

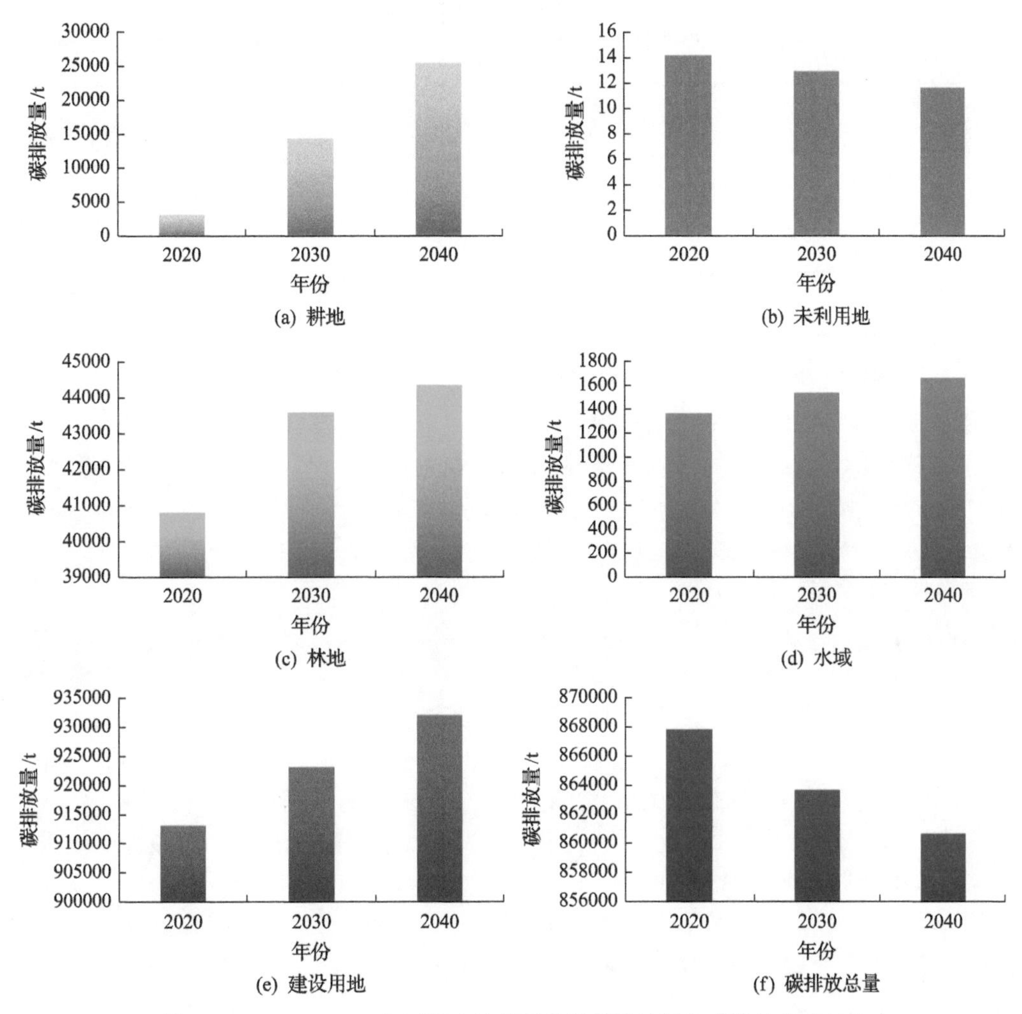

图 5-19　2020～2040 年不同土地利用类型碳排放量及碳排放总量变化

图 5-19 展示了耕地、林地、水域、建设用地和未利用地碳排放量及碳排放总量的变化情况。2020 年、2030 年、2040 年耕地碳排放量分别为 3118.47t、14326.56t、25406.47t，碳排放量呈逐年上升趋势，其中农作物产量的不断增加和农药化肥投入的减少是造成耕地碳排放增加的主要原因；由于林地碳汇量受自然环境影响较大，在土地利用规划中仅能对林地面积进行规划，对林地的碳排放系数无法进行精确的预测，因而预测的林地碳排放仅能反映区域常态。2020 年、2030 年、2040 年林地碳排放量分别为 40810.77t、43600.41t、44357.61t，其面积在未来逐渐上升，可以满足区域生态建设需要；建设用地面积的扩大和能源消耗量的增长是建设用地碳排放的推动因素，但能源结构的改变会在一定程度上拉低能源消耗碳排放量，因而建设用地碳排放量在 2020～2040 年的整体增长速率较为缓慢，年均增长率为 0.10%(表 5-23)。

表 5-23　不同土地利用类型碳排放变化率(%)

土地利用类型	2020～2030 年	2030～2040 年
耕地	35.94	7.73
林地	0.68	0.17
未利用地	−0.89	−0.97
水域	−4.96	−4.46
建设用地	0.11	0.10

从碳排放总量而言，2020～2040 年背河洼地区(开封段)碳排放总量呈下降趋势，其主要归因于耕地产量的提升及能源结构的转变。2020 年、2030 年、2040 年背河洼地区(开封段)碳排放总量分别为 867954t、863851t、861123t。从碳吸收总体来看，2020～2040 年林地平均碳吸收比例最高，为 75.16%，耕地碳吸收量次于林地。从背河洼地区(开封段)整体来看，该区域土地利用碳排放主要依赖于农作物的高密度种植及农业资源投入的减少来提升区域整体碳吸收能力，而碳减排则主要依赖于能源结构的转变。

5.5　小　　结

本章研究以黄河下游背河洼地区(开封段)土地利用碳排放为研究对象，对 1990 年、2001 年、2008 年、2016 年背河洼地区(开封段)土地利用碳排放进行估算，估算内容包括保持土地利用碳排放、转变的土地利用碳排放、未来土地利用碳排放模拟及优化。在评估区域土地利用碳排放的基础上，为黄河下游背河洼地区(开封段)碳排放视角下的未来土地发展提供对策和建议，以促进区域未来低碳经济建设和可持续发展。具体结论如下：

(1) 1990～2016 年，背河洼地区(开封段)土地利用碳排放总量整体呈现逐年上升的变化趋势。土地利用碳排放总量由 1990 年的 53450.90t 增加到 2016 年的 681092.85t，年均增幅为 43.49%；1990～2016 年背河洼地区(开封段)土地利用碳排放大致可以划分为：第一阶段(1990～2001 年)，该阶段背河洼地区(开封段)土地利用碳排放总量一直处于平缓上升的状态，年均增幅为 8.39%；第二阶段(2001～2016 年)，该阶段背河洼地区(开封段)土地利用碳排总量呈现快速增长的状态，年均增幅为 31.16%。不同土地利用类型所产生的碳排放量中，建设用地碳排放量占总碳排放量的比例最大，建设用地扩张是导致背河洼地区(开封段)土地利用碳排放总量增加的主要原因。

(2) 1990～2016 年，背河洼地区(开封段)土地利用碳排放总强度整体呈现上升的变化趋势。土地利用碳排放总强度由 1990 年的 41.60t/km^2 上升到 2016 年的 513.70t/km^2。其中，建设用地碳排放强度由 1990 年的 559.76t/km^2 上升到 2016 年的 1648.07t/km^2；林地碳排放强度呈波动变化态势；耕地碳排放强度由 1990 年的−28.58t/km^2 上升到 2016 年的 2.08t/km^2，年均增幅分别为 3.97%；而水域碳排放强度未发生较大变化。1990～2016 年背河洼地区(开封段)碳足迹整体呈现出逐年上升的变化态势，碳足迹上升了 15.21hm^2，年均增幅为 2.65%。随着时间的递进，1990 年背河洼地区(开封段)碳足迹压力指数为 5.32，到 2016 年则快速上升到 12.15，1990～2016 年背河洼地区(开封段)的碳足迹压力指数均大于 1，说明背河洼地区(开封段)生态系统受到人类的扰动较大，区域生态系统的碳排放能力远远大于碳吸收能力，生态系统碳循环过程压力较大。

(3) 1990～2016 年，背河洼地区(开封段)土地利用变化的碳效应有着显著的差异。研究区净碳排放变化量为 627641.94t，保持用地类型的碳排放变化量为 174081.90t，发生土地利用类型转换的碳排放变化量为 453557.16t；背河洼地区(开封段)碳源变化量为 685304.85t，碳汇变化量为 57662.91t，碳汇变化量可抵消 8.41%的碳源变化量。发生土地利用类型转换的碳排放对碳源变化量的贡献率为 66.18%，因而土地转变过程是碳排放增加的主要原因。背河洼地区(开封段)各种土地利用类型对碳汇贡献率较大的土地利用变化类型依次为：耕地转变为林地(贡献率为 65.75%)＞建设用地转变为耕地(贡献率为 23.85%)＞未利用地转变为林地(贡献率为 3.09%)，这三种土地利用变化类型的累积贡献率达 92.69%；对碳源量贡献较大的土地利用变化类型依次为：耕地转变为建设用地(贡献率为 62.93%)＞建设用地(保持)(贡献率为 22.40%)＞未利用地转变为建设用地(贡献率为 4.93%)，这三种土地利用类型对碳汇量的累积贡献率达 90.26%。

(4) 2020～2040 年背河洼地区(开封段)碳排放量呈下降趋势，其主要归因于耕地产量的提升及能源结构的转变。2020 年、2030 年、2040 年背河洼地区(开封段)碳排放总量分别为 867954t、863851t、861123t。2020 年、2030 年、2040 年耕地碳吸收量分别为 3118.47t、14326.56t、25406.47t，碳排放量呈逐年上升趋势，其中农作物产量的不断增加和农药化肥投入的减少是造成耕地碳排放增加的主要原因；2020～2040 年林地平均碳排放比例最高，为 75.16%，碳排放量分别为 40810.77t、43600.41t、44357.61t，其面积在未来逐渐上升，可以满足区域生态建设需要；建设用地面积的扩大和能源消耗量的增长是建设用地碳排放的推动因素，但能源结构的改变会在一定程度上拉低能源消耗碳排放量，因而建设用地碳排放量在 2020～2040 年的整体增长速率较为缓慢，年均增长率为 0.10%。从背河洼地区(开封段)整体来看，该区域土地利用碳排放主要依赖于农作物的高密度种植及农业资源投入的减少来提升区域整体碳吸收能力，而碳减排则主要依赖于能源结构的转变。

参 考 文 献

曹明奎, 陶波, 李克让, 等. 2003. 1981—2000 年中国陆地生态系统碳通量的年际变化[J]. 植物学报, 45(5): 552-560.

陈舜, 逯非, 王效科. 2015. 中国氮磷钾肥制造温室气体排放系数的估算[J]. 生态学报, 35(19): 6371-6383.

戴尔阜, 黄宇, 吴卓, 等. 2016. 内蒙古草地生态系统碳源/汇时空格局及其与气候因子的关系[J]. 地理学报, 71(1): 21-34.

邓明君, 邓俊杰, 刘佳宇. 2016. 中国粮食作物化肥施用的碳排放时空演变与减排潜力[J]. 资源科学, 38(3): 534-544.

董双林, 罗福凯. 2010. 鱼类养殖企业碳排放及其产污程度的比较分析[J]. 中国渔业经济, (6): 38-43.

杜自强, 王建, 陈正华, 等. 2007. 基于 RS 和 GIS 的区域土地利用动态变化及演变趋势分析[J]. 干旱区资源与环境, 21(1): 115-119.

段学军, 秦贤宏, 陈江龙. 2009. 基于生态——经济导向的泰州市建设用地优化配置[J]. 自然资源学报, 24(7): 1181-1191.

高奇, 师学义, 王子凌, 等. 2013. 深圳市碳收支与土地利用变化的协整分析[J]. 水土保持研究, 20(6): 277-283.

葛树春, 刘亚平, 綦兰, 等. 2005. 河南省秸秆资源利用现状及对策[C]. 北京: 全国学术年会农业分会场论文专集.

谷家川, 查良松. 2012. 皖江城市带农作物碳储量动态变化研究[J]. 长江流域资源与环境, 21(12): 1507-1513.

关晋宏, 杜盛, 程积民, 等. 2016. 甘肃省森林碳储量现状与固碳速率[J]. 植物生态学报, 40(4): 304-317.

何凡能, 李美娇, 肖冉. 2015. 中美过去 300 年土地利用变化比较[J]. 地理学报, 70(2): 297-307.
何介南, 康文星, 田徵, 等. 2009. 广州市农作物系统与大气的 CO_2 交换[J]. 生态学报, 29(5): 2527-2534.
何介南, 康文星. 2008. 湖南省化石燃料和工业过程碳排放的估算[J]. 中南林业科技大学学报, 28(5): 52-58.
黄从德, 张健, 杨万勤, 等. 2008. 四川省及重庆地区森林植被碳储量动态[J]. 生态学报, 28(3): 966-975.
黄祖辉, 米松华. 2011. 农业碳足迹研究——以浙江省为例[J]. 农业经济问题, (11): 40-47.
汲玉河, 郭柯, 倪健, 等. 2016. 安徽省森林碳储量现状及固碳潜力[J]. 植物生态学报, 40(4): 395-404.
鞠园华, 杨夏捷, 靳全锋, 等. 2018. 不同燃烧状态下农作物秸秆 $PM_{2.5}$ 排放因子及主要成分分析[J]. 环境科学学报, 38(1): 92-100.
李波, 张俊飚. 2012. 基于我国农地利用方式变化的碳效应特征与空间差异研究[J]. 经济地理, 32(7): 135-140.
李洁, 张远东, 顾峰雪, 等. 2014. 中国东北地区近 50 年净生态系统生产力的时空动态[J]. 生态学报, 34(6): 1490-1502.
廖千家骅, 颜晓元. 2010. 施用高效氮肥对农田 N_2O 的减排效果及经济效益分析[J]. 中国环境科学, 30(12): 1695-1701.
刘纪远. 1996. 中国资源环境遥感宏观调查与动态分[M]. 北京: 中国科学技术出版社.
刘建, 李月臣, 曾喧, 等. 2015. 县域土地利用变化的碳排放效应——以山西省洪洞县为例[J]. 水土保持通报, 35(1): 262-263.
刘丽华, 蒋静艳, 宗良纲. 2011. 农业残留物燃烧温室气体排放清单研究: 以江苏省为例[J]. 环境科学, 32(5): 1242-1248.
刘瑞, 朱道林. 2010. 基于转移矩阵的土地利用变化信息挖掘方法探讨[J]. 资源科学, 32(8): 1544-1550.
刘彦随, 杨子生. 2008. 我国土地资源学研究新进展及其展望[J]. 自然资源学报, 23(2): 353-360.
刘兆丹, 李斌, 方晰, 等. 2016. 湖南省森林植被碳储量、碳密度动态特征[J]. 生态学报, 36(21): 6897-6908.
马翠梅, 徐华清, 苏明山. 2013. 温室气体清单编制方法研究进展[J]. 地理科学进展, 32(3): 400-407.
牛攀新, 宋于洋, 周朝彬. 2014. 准噶尔盆地梭梭群落生物量和碳储量[J]. 生态学报, 34(14): 3962-3968.
彭文甫, 周介铭, 徐新良, 等. 2016. 基于土地利用变化的四川省碳排放与碳足迹效应及时空格局[J]. 生态学报, 36(22): 7244-7259.
朴世龙, 方精云, 郭庆华. 2001. 利用 CASA 模型估算我国植被净第一性生产力[J]. 植物生态学报, 25(5): 603-608.
乔伟峰, 盛业华, 方斌, 等. 2013. 基于转移矩阵的高度城市化区域土地利用演变信息挖——以江苏省苏州市为例[J]. 地理研究, 32(8): 1497-1507.
秦富仓, 周佳宁, 刘佳, 等. 2016. 内蒙古多伦县土地利用动态变化及驱动力[J]. 干旱区资源与环境, 30(6): 31-37.
时在涛, 徐广印. 2011. 河南省秸秆资源及其利用现状[J]. 科技信息, (15): 140-141.
唐洪松, 马慧兰, 苏洋, 等. 2016. 新疆不同土地利用类型的碳排放与碳吸收[J]. 干旱区研究, 33(30): 486-492.
田云, 张俊飚. 2013. 中国农业生产净碳效应分异研究[J]. 自然资源学报, 28(8): 1298-1309.
涂小松, 濮励杰. 2008. 苏锡常地区土地利用变化时空分异及其生态环境响应[J]. 地理研究, 27(3): 583-593.
王才军, 孙德亮, 张凤太. 2012. 基于农业投入的重庆农业碳排放时序特征及减排措施研究[J]. 水土保持研究, 19(5): 206-209.
王长建, 张小雷, 张虹鸥. 2017. 基于 IO-SDA 模型的新疆能源消费碳排放影响机理分析[J]. 地理学报, 71(3): 1105-1118.
王建, 王根绪, 王长庭, 等. 2016. 青藏高原高寒区阔叶林植被固碳现状、速率和潜力[J]. 植物生态学报, 40(4): 374-384.
王思远, 刘纪远, 张增祥, 等. 2001. 中国土地利用时空特征分析[J]. 地理学报, 56(6): 631-639.
王修兰. 1996. 二氧化碳、气候变化与农业[M]. 北京: 气象出版社.
王秀兰, 包玉海. 1999. 土地利用动态变化研究方法探讨[J]. 地理科学进展, 18(1): 81-87.
吴金凤, 王秀红. 2017. 农地利用碳强度及可持续性动态变化——以山东省平度市为例[J]. 生态学报, 37(9): 2904-2912.
谢光辉, 韩东倩, 王晓玉, 等. 2011a. 中国禾谷类大田作物收获指数和秸秆系数[J]. 中国农业大学学报, 16(1): 1-8.
谢光辉, 王晓玉, 韩东倩, 等. 2011b. 中国非禾谷类大田作物收获指数和秸秆系数[J]. 中国农业大学学报, 16(1): 9-17.
徐松浚, 徐正春. 2015. 广州市湿地植被碳汇功能研究[J]. 湿地科学, 13(2): 190-196.
徐新良, 曹明奎, 李克让. 2007. 中国森林生态系统植被碳储量时空动态变化研究[J]. 地理科学进展, 26(6): 1-10.
杨浩, 胡中民, 张雷明, 等. 2014. 内蒙古森林碳汇特征研究进展[J]. 应用生态学报, 25(11): 3366-3372.
张骏, 袁位高, 葛滢, 等. 2010. 浙江省生态公益林碳储量和固碳现状及潜力[J]. 生态学报, 30(14): 3839-3848.

赵荣钦, 黄贤金, 钟太洋. 2010. 中国不同产业空间的碳排放强度与碳足迹分析[J]. 地理学报, 65(9): 1048-1057.

郑新奇, 孙元军, 付梅臣, 等. 2008. 中国城镇建设用地结构合理性分析方法研究[J]. 中国土地科学, 22(5): 4-10.

朱会义, 李秀彬. 2003. 关于区域土地利用变化指数模型方法的讨论[J]. 地理学报, 58(5): 643-650.

朱文泉, 陈云浩, 徐丹, 等. 2005. 陆地植被净初级生产力计算模型研究进展[J]. 生态学杂志, 24(3): 296-300.

朱文泉, 潘耀忠, 张锦水. 2007. 中国陆地植被净初级生产力遥感估算[J]. 植物生态学报, 31(3): 413-424.

朱文泉. 2005. 中国陆地生态系统植被净初级生产力遥感估算及其与气候变化关系的研究[D]. 北京: 北京师范大学.

Carlson K M, Curran L M, Asner G P, et al. 2013. Carbon emissions from forest conversion by Kalimantan oil palm plantations[J]. Nature Climate Change, 3(3): 283-287.

Dubey A, Lal R. 2009. Carbon footprint and sustainability of agricultural production systems in Punjab, India, and Ohio, USA[J]. Journal of Crop Improvement, 23(4): 332-350.

Field C B, Behrenfeld M J, Randerson J T, et al. 1998. Primary production of the biosphere: Integrating terrestrial and oceanic components[J]. Science, 281(5374): 237-240.

Friedlingstein P, Andrew R M, Rogelj J, et al. 2014. Persistent growth of CO_2 emissions and implications for reaching climate targets[J]. Nature Geoscience, 7(10): 709-715.

Friend A D, Lucht W, Rademacher T T, et al. 2014. Carbon residence time dominates uncertainty in terrestrial vegetation responses to future climate and atmospheric CO_2[J]. Proceedings of the National Academy of Sciences of the United States of America, 111(9): 3280-3285.

Gong J , Liu Y , Xia B . 2009. Spatial heterogeneity of urban land-cover landscape in Guangzhou from 1990 to 2005[J]. Journal of Geographical Sciences, 19(2): 213-224.

Hicke J A, Asner G P, Randerson J T, et al. 2002. Satellite-derived increases in net primary productivity across North America, 1982-1998[J]. Geophysical Research Letters, 29(10): 1-4.

Houghton R A. 1996. Terrestrial sources and sinks of carbon inferred from terrestrial data[J]. Tellus B, 48(4): 420-432.

Intergovernmental Panel on Climate Change (IPCC). 2007. Climate Change 2007: Mitigation [R]//Contribution of Working Group Ⅲ to the Fourth Assessment Report of the Intergovernmental Panel on Climate Change. Cambridge: Cambridge University Press: 498-540.

Intergovernmental Panel on Climate Change(IPCC). 2014. Climate Change 2014: Mitigation of Climate Change[R]//Contribution of Working Group to the Fifth Assessment Report of the Intergovernmental Panel on Climate Change. Cambridge: Cambridge University Press: 816.

Lal R, Bruce J P. 1999. The potential of world cropland soils to sequester C and mitigate the greenhouse effect[J]. Environmental Science & Policy, 2: 177-185.

Lal R. 2000. Carbon sequest ration in dry land[J]. Annual Arid Zone, 39(1): 1-10.

Lal R. 2004. Carbon emission from farm operations[J]. Environment International, 30(7): 981-990.

Lieth H, Whittaker R H. 1975. Primary Productivity of the Biosphere[M]. Berlin: Springer-Verlag.

Liu Y S, Wang L J, Long H L. 2008. Spatio-temporal analysis of land-use conversion in the eastern coastal China during 1996-2005[J]. Journal of Geographical Sciences, 18(3): 274-282.

Liu Z, Guan D, Wei W, et al. 2015. Reduced carbon emission estimates from fossil fuel combustion and cement production in China[J]. Nature, 524(7565): 335-338.

Marulla J, Pinob J, Tello E, et al. 2010. Social metabolism, landscape change and land-use planning in the Barcelona Metropolitan Region[J]. Land Use Policy, 27: 497-510.

McGlade C, Ekins P. 2015. The geographical distribution of fossil fuels unused when limiting global warming to 2℃[J]. Nature, 517(7533): 187-190.

Melillo J M, McGuire A D, Kicklighter D W, et al. 1993. Global climate change and terrestrial net primary production[J]. Nature, 363(6426): 234.

Nayak R K, Patel N R, Dadhwal V K. 2010. Estimation and analysis of terrestrial net primary productivity over India by remote-sensing-driven terrestrial biosphere model[J]. Environmental Monitoring and Assessment, 170 (1-4): 195-213.

Nemani R R, Keeling C D, Hashimoto H, et al. 2003. Climate-driven increases in global terrestrial net primary production from 1982 to 1999[J]. Science, 300 (5625): 1560-1563.

Potter C S, Randerson J T, Field C B, et al. 1993. Terrestrial ecosystem production: A process model based on global satellite and surface data[J]. Global Biogeochemical Cycles, 7 (4): 811-841.

Potter C S. 1999. Terrestrial biomass and the effects of deforestation on the global carbon cycle: Results from a model of primary production using satellite observations[J]. BioScience, 49 (10): 769-778.

Reeves M C, Moreno A L, Bagne K E, et al. 2014. Estimating climate change effects on net primary production of rangelands in the United States[J]. Climatic Change, 126 (3/4): 429-442.

Reyer C, Lasch-Born P, Suckow F, et al. 2014. Projections of regional changes in forest net primary productivity for different tree species in Europe driven by climate change and carbon dioxide[J]. Annals of Forest Science, 71 (2): 211-225.

Running S W, Nemani R R, Heinsch F A, et al. 2004. A continuous satellite-derived measure of global terrestrial primary production[J]. AIBS Bulletin, 54 (6): 547-560.

Sadeghi S H R, Jalili K, Nikkami D. 2009. Land use optimization in watershed scale[J]. Land Use Policy, 26 (2): 186-193.

Smith P, Martino D, Cai Z, et al. 2008. Greenhouse gas mitigation in agriculture[J]. Philosophical Transaction of the Royal Society, 363 (1492): 798-813.

Tian Y, Zhang J, Chen Q. 2015. Distributional dynamic and trend evolution of China's agricultural carbon emissions—An analysis on panel data of 31 provinces from 2002 to 2011[J]. Chinese Journal of Population Resources & Environment, 13 (3): 1-9.

Wang C J, Wang F, Zhang H O, et al. 2014. Carbon emissions decomposition and environmental mitigation policy recommendations for sustainable development in Shandong province[J]. Sustainability, 6 (11): 8164-8179.

Wang C J, Zhang X L, Wang F, et al. 2015. Decomposition of energy-related carbon emissions in Xinjiang and relative mitigation policy recommendations[J]. Front Earth Sciense, 9 (1): 65-76.

Woodwell G M, Whittaker R H, Reiners W A, et al. 1978.The biota and the world carbon budget[J]. Science, 199 (4325): 141-146.

第6章 黄河下游背河洼地区（开封段）土壤重金属污染研究

6.1 样品采集与处理

6.1.1 样点布设与采集

土壤样品采集按照3km×3km的规则网格进行布设，共采集156个土壤样品（图6-1），采样深度为0～20cm，样品采集分布在整个研究区内。研究区较大，涉及的土壤类型较多，结合实际考虑，对空间布设进行了适当调整。采样时间为2018年7～9月，分3次进行采样，第一次为2018年7月1～25日，第二次为2018年8月5～20日，第三次为2018年9月3～10日。所有样点的采集均在晴朗无雨的天气进行，运用多台GPS进行精确定位，对周围的环境进行记录并对四周拍照。研究区样品按照对角线法进行采集，每个样点分别取4角顶点和中心点共5处，将5处样品均匀混合在塑料布上，去除里边的杂草和石砾等杂质，再将混匀后的土壤用四分法取1kg，装入样品袋标号带回实验室。

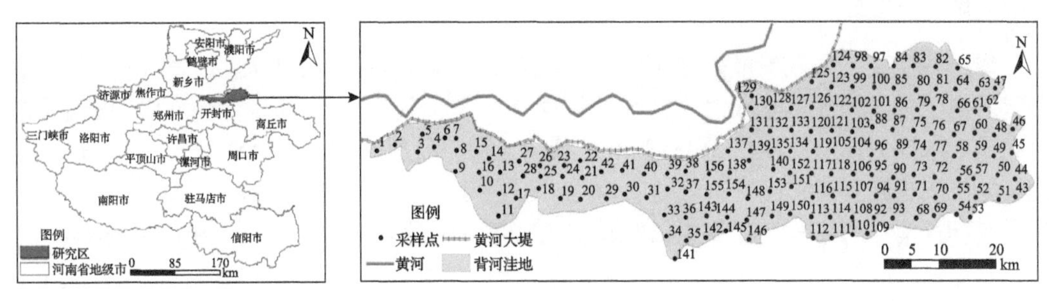

图6-1 土壤样点分布图

6.1.2 样品预处理与实验测定

将带回的土壤样品放在室内自然通风晾干，对于较大块儿的土砾用塑料棒碾碎，使其全部通过0.84mm的尼龙筛，用四分法再分成两份，一份备用，一份用玛瑙研钵研磨至能通过0.15mm的尼龙筛并筛出20g。

本章研究对研究区范围内的156个表层土壤的8种（Cr、Ni、Cu、Zn、Cd、Pb、As、Hg）重金属含量进行了测定。准确称取土样0.1g（精确至后四位）于聚四氟乙烯管中，加入5mL硝酸，再放入ST-60型石墨消解仪（北京普立泰科仪器有限公司）中自动消解，温度设定为120℃，加热1h后，再加入2.5mL氢氟酸，温度升至140℃加热1h后，再添加1mL高氯酸，160℃加热1h，并升温到180℃，使样品呈透明黏稠状，将其冷却30min后加入1mL硝酸（1∶1），用去离子水清洗内壁，将溶液转移至100mL容量瓶待测。Cr、

Ni、Cu、Zn、Cd、Pb 元素的测定采用电感耦合等离子体质谱联用仪(ICP-MS，美国 Thermo Fisher)。As、Hg 的消解用王水水浴法，准确称取土样 0.5g(精确至后四位)于 25mL 比色管中，加入 5mL 王水(1∶1)摇匀，在沸水中消解 2h，其间摇动 5～8 次，取出冷却，再过滤到 50mL 容量瓶中，吸取上清液对汞进行测定，再次吸取上清液，加入 5%硫脲-抗坏血酸混合液，来对 As 进行测定。采用原子荧光分光光度计(北京海光)对两种元素进行测定。在测试的过程中，均用国家标准土样进行质量控制，且进行标准、平行、空白实验检测。

6.2 土壤重金属污染特征和空间分布研究

地理信息系统(GIS)是在计算机硬件和软件的支持下，收集、储存、管理、运算、分析和显示空间数据的技术系统。GIS 的功能主要有数据的收集与录入、数据编辑与更新、数据的储存与管理、数据的空间分析与处理、数据与图形的交互显示。其中，GIS 的核心功能是空间分析。

本章研究运用的空间分析方法是空间统计分析方法和空间插值方法的结合，运用该方法对研究区的土壤重金属含量的空间分布特征进行研究。该方法涉及的主要理论有地统计学理论和空间插值理论。

6.2.1 地统计学理论

地统计学是把区域变量理论作为基础，把变异函数作为主要工具，研究分布于空间并显示出一定结构性和随机性的自然现象的科学(刘爱利等，2012)。地统计学起源于 20 世纪初对农业方面的研究，20 世纪 30 年代又运用于气象研究，瑞典科学家 Matern 发现变量的空间自相关对采样具有重要作用，还发现空间协方差函数能左右变量的全局预测。这一时期，南非的采矿工程师 Krige 也提出了用样品的空间位置和相关程度估计矿石的品位和储量，从而得出预测误差最小的计算方法，即最初的克里金插值算法。20 世纪 60 年代，法国地质学家、统计学家 Matheron 首先采用“地统计学”一词，并开创性地提出了区域变量理论，从而大大推动了地统计学的发展(Webster and Oliver，2001)。20 世纪 70 年代，地统计学开始在土壤中得到运用，从而推动了对土壤重金属的研究。地统计学涉及的理论主要有区域化变量理论、协方差函数和半变异函数。

1. 区域化变量理论

1) 区域化变量的概念

区域化变量可以先从随机变量、随机函数和随机场来理解，变量是指随时间和研究对象的空间位置不断变化而引起变化的特征量，即 $Z(x)$；变化结果带有不确定性或具有一定概率的变量称为随机变量，假设随机实验 Y 的样本空间为 $N=\{n\}$，若有任意 $n \in N$，则均有一个实数 z 与之对应，当$\{Z(x) < z\}$时，任意一个实数 z 都有一个确定的概率，则称 $Z(x)$ 为随机变量；假设随机实验 Y 的样本空间为 $N=\{n\}$，若有任意 $n \in N$，则均有一

个函数 $Z\{(x_1, x_2, x_3, \cdots, x_n)(x_1 \in X_1, x_2 \in X_2, x_3 \in X_3, \cdots, x_n \in X_n)\}$与之对应，且当各自变量$(x_1 \in X_1, x_2 \in X_2, x_3 \in X_3, \cdots, x_n \in X_n)$取任意一个固定值时，则称函数 $Z(x_1, x_2, x_3, \cdots, x_n)$为定义在$\{X_1, X_2, X_3, \cdots, X_n\}$上的一个随机函数。当随机函数依赖于两个及以上自变量时，则称为随机场，一般常用的是三个自变量 X_u、X_v、X_w 的随机场，因为这三点是空间点 X 的直角坐标。

一个变量呈空间分布时，称为区域化。区域化变量就是以空间点 X 的三个直角坐标(X_u、X_v、X_w)为自变量的随机场，也称为区域化随机变量。

2) 区域化变量的性质

区域化变量具有随机性和结构性两个性质，这两个性质存在一定的矛盾性。其随机性是指它本身是一个随机函数，具有局部的、随机的、异常的性质；结构性是指变量在点 x 和 $x+h$ 处的数值 $Z(x)$ 和 $Z(x+h)$ 具有某种程度的自相关，这种自相关依赖于两点间的距离及变量特征。此外，区域化变量还有空间的局限性、不同程度的连续性和不同类型的各向异性等性质。由于区域变化量具有以上性质，因此需要有合适的函数或者模型来描述，即既能兼顾到区域化变量的随机性，又能反映其结构性。

2. 协方差函数和半变异函数

1) 协方差函数

协方差函数是指区域化变量在某方向上相距 h 的两个随机变量的二阶中心混合矩，记为 $C(h)$，其公式可表示为

$$C(h) = \frac{1}{N(h)} \sum_{i=1}^{N(h)} [Z(x_i) - \overline{Z}(x_i)][Z(x_i + h) - \overline{Z}(x_i + h)] \tag{6-1}$$

式中，$N(h)$为分隔距离 h 时的样本点总数；h 为两个样本点的空间分隔距离；$Z(x_i)$为 $Z(x)$在空间点 x_i 的样本值；$Z(x_i+h)$为 $Z(x)$在空间点 x_i 处距离偏离 h 的样本值；$\overline{Z}(x_i)$和 $\overline{Z}(x_i+h)$为 $Z(x_i)$和 $Z(x_i+h)$的样本平均数。

一般来说，协方差函数要满足二阶平稳假设，即既要满足在整个研究区内 $Z(x)$的数学期望存在，且等于常数，$E[Z(x)]=m$，又要满足在整个研究区内，区域化变量 $Z(x)$的协方差函数 $C(h)$对任意 x 和 h 存在且平稳。在二阶平稳假设下，其公式为

$$C(h) = \mathrm{Cov}[Z(x), Z(x+h)] = E[Z(x)Z(x+h)] - E[Z(x)]E[Z(x+h)] \tag{6-2}$$

$$C(x,h) = E[Z(x)Z(x+h)] - m^2 = C(h) \tag{6-3}$$

当 $h=0$ 时，式(6-3)变为

$$C(x,h) = \mathrm{Var}[Z(x)] = E[Z(x)]^2 - \{E[Z(x)]\}^2 \tag{6-4}$$

该函数被称为先验方差函数，简称方差，记为 $\mathrm{Var}[Z(x)]$。

2) 半变异函数

半变异函数是指在任意方向上 α、相聚$|h|$的两个区域化变量值 $Z(x)$ 与 $Z(x+h)$ 的增量的方差，可用公式表示为

$$
\begin{aligned}
\gamma(x,h) &= \frac{1}{2}\mathrm{Var}[Z(x)-Z(x+h)] \\
&= \frac{1}{2}E\{[Z(x)-Z(x+h)]^2\} - \frac{1}{2}\{E[Z(x)]-E[Z(x+h)]\}^2
\end{aligned} \tag{6-5}
$$

在二阶平稳假设下，对于任意 h，有 $E[Z(x+h)]=E[Z(x)]$，其公式可表示为

$$
\gamma(x,h) = \frac{1}{2}E[Z(x)-Z(x+h)]^2 \tag{6-6}
$$

式中，$\gamma(x,h)$ 为半变异函数。

3. 半变异函数的理论模型

一般来说，各个区域的变量特征是需要被描述的，而半变异函数却是未知的，需要配以相应的理论模型，然后根据实测资料进行拟合。半变异函数的模型主要分为有基台值模型和无基台值模型。地统计学常用的模型公式如下：

1) 球状模型

$$
\gamma(h) = \begin{cases} 0 & h=0 \\ c_0 + c\left(1.5\dfrac{h}{a} - 0.5\dfrac{h^3}{a^3}\right) & 0<h\leqslant a \\ c_0 + c & h>a \end{cases} \tag{6-7}
$$

2) 高斯模型

$$
\gamma(h) = \begin{cases} 0 & h=0 \\ \gamma(h) = c_0 + c(1-\mathrm{e}^{-\frac{h^2}{a^2}}) & h>0 \end{cases} \tag{6-8}
$$

3) 指数模型

$$
\gamma(h) = \begin{cases} 0 & h=0 \\ \gamma(h) = c_0 + c(1-\mathrm{e}^{-\frac{h}{a}}) & h>0 \end{cases} \tag{6-9}
$$

4) 线性模型（有基台值）

$$
\gamma(h) = \begin{cases} c_0 & h=0 \\ c_0 + Ah & 0<h\leqslant a \\ c_0 + c & h>a \end{cases} \tag{6-10}
$$

5)线性模型(无基台值)

$$\gamma(h)=\begin{cases}c_0 & h=0\\ Ah & h>0\end{cases}\tag{6-11}$$

式中，c_0为块金值；c为结构方差；c_0+c为基台值；a为最大相关距离；A为斜率常数。

4. 半变异函数模型的最优模型拟合

最优模型的选取需要对不同模型下的平均误差(ME)、均方根误差(RMSE)、标准化均方根误差(RMSSE)和平均标准误差(ASE)等统计指标进行比较。当平均误差接近0时，说明预标准误差是无偏且最优的，但数据的规模会影响平均误差，若受其影响时，平均误差越接近0越好；若平均标准误差接近标准化均方根误差时，则说明预标准误差是有效的，即标准化均方根误差应该接近1，可以判断出预标准误差是否为最优。因此，当平均误差最接近0、标准化均方根误差最接近1、均方根误差和平均标准误差相接近且最小时，就可以拟合出最优模型。

6.2.2　空间插值理论

空间插值是指用已知点的数值来估算其他点的数值的过程，在GIS中主要是用于估算栅格中每个像元的值，因此，空间插值是将点数据转化成面数据的一种方法，可以用于空间分析和建模。空间插值类型一般包括确定性插值法和地统计插值法(克里金插值法)。本节对这两种插值方法进行简单介绍。

1. 确定性插值法

确定性插值法是根据研究区域内部的相似性，将已知点数值作为基础，从而创建出一个表面。确定性插值法主要分为全局性插值法和局部性插值法两种。其中，全局性插值法主要包括全局多项式插值法；局部性插值法主要包括反距离加权插值法、径向基函数插值法和局部多项式插值法三种。

1)全局多项式插值法

全局多项式插值(GPI)法把整个研究区的样点数据集作为基础，用一个多项式来计算预测值，即用一个平面或曲面进行全区特征拟合。平面(纸张无弯曲)是一个一阶多项式(线性)，二阶多项式(二次)允许弯曲1次，三阶多项式(三次)允许弯曲2次，以此类推；在地统计分析中最多允许弯曲10次。如果多项式的结构很复杂，那么它所表示的物理意义就很难被解释。此外，全局多项式插值法对极大值和极小值的存在非常敏感，特别是对在表面边缘处的计算非常敏感。当一个研究区的表面变化缓慢，即表面上的点值由一个区域向另一个区域缓慢变化时，用全局多项式插值法比较合适。

2)反距离加权插值法

反距离加权插值(IDW)法基于地理学第一定律，即两个物体离得越近，其性质就越

相似，以插值点与样本点的距离为权重进行加权平均。两者越近，赋予的权重就越大。其公式为

$$Z(x_0)=\sum_{i=1}^{N}\lambda_i Z(x_i)\ \ \lambda_i=d_{i0}^{-P}\Big/\sum_{i=1}^{N}d_{i0}^{-P} \tag{6-12}$$

式中，$Z(x_0)$为x_0处的预测值；N为样本数；λ_i为样点的权重；d_{i0}为预测点和已知点的距离；P为指数值，表示距离之间的幂，P的确定一般取均方根预测误差的最小值。

3）径向基函数插值法

径向基函数插值（RBF）法是一个随着距某一位置的距离的变化而变化的函数，是一种精确的插值方法，即表面必须通过每一个测得的采样值。径向基函数又包括 5 种不同的基本函数：平面样条函数、规则样条函数、高次曲面函数、反高次曲面函数和张力样条函数。径向基函数插值法适用于对大量点数据进行插值计算。

2. 克里金（Kriging）插值法

克里金（Kriging）插值法是以空间自相关为基础，利用原始数据和半方差函数的结构性，对区域变化量的未知采样点进行无偏估计的插值方法，其是地统计学中的主要内容之一。在预估未知样点的值时，它能综合考虑已知点的数据、临近点的数据、空间位置和距离等。该方法相比其他方法更精确，也更符合实际。在不同的研究区域、研究条件和研究目的下，克里金插值法发展出了各种各样的方法，以满足研究需要。其主要方法有普通克里金（ordinary Kriging，OK）插值法、简单克里金插值法、泛克里金（universal Kriging，UK）插值法、协同克里金插值法、指示克里金插值法、析取克里金（disjunctive Kriging，DK）插值法、概率克里金插值法等。下面简单介绍与本章研究有关的 3 种克里金法。

1）普通克里金（OK）插值法

普通克里金插值法是对区域化变量的线性估计，它假设数据变化呈正态分布，认为区域化变量的期望是未知常量。其插值过程与加权滑动平均相似，根据空间数据分析来确定权重值，是较为常用的一种最优无偏估计方法。其公式为

$$Z_v^*(x_0)=\sum_{i=1}^{n}\lambda_i Z(x_i) \tag{6-13}$$

式中，$Z(x_i)$为实测值，普通克里金插值法把求一组权重系数λ_i作为目标；$Z_v^*(x_0)$为待估段v的平均值的估值。中心位于x_0块段v的平均值的计算公式为

$$Z_v(x_0)=\frac{1}{v}\int Z(x)\,\mathrm{d}x \tag{6-14}$$

普通克里金插值法要满足无偏条件，需要使权重系数 λ_i 的和为 1，在这个条件下，还要使估计方差 δ_k^2 最小，因此需要引入拉格朗日乘数法来求条件极值，其公式为

$$\begin{cases}\sum_{i=1}^{n}\lambda_i\gamma(x_i,x_j)+\mu=\bar{\gamma}(x_i,v)(i=1,2,3,\cdots,n)\\ \sum_{i=1}^{n}\lambda_i=1\end{cases}\tag{6-15}$$

根据式(6-15)，求出权重系数 λ_i 和拉格朗日乘数 μ，并将其代入式(6-16)，从而可计算出方差。

$$\delta_k^2=\sum_{i=1}^{n}\lambda_i\bar{\gamma}(x_i,V)-\bar{\gamma}(v,v)+\mu\tag{6-16}$$

2) 泛克里金(UK)插值法

泛克里金插值法是假设数据中存在主导趋势，且该趋势可以用一个确定的函数或多项式来拟合。其计算公式为

$$Z^*(x_0)=\sum_{i=1}^{n}\lambda_i Z(x_i)\tag{6-17}$$

一般在实际情况下，区域变化量的数学期望 $m(x)$ 不是固定的，是随着空间位置变化而变化的，即 $E[Z(X)]=m(x)$。此时，$m(x)$ 又被称为漂移，漂移的形式一般用多项式来表示，可以是一维、二维、三维或者多维的。

3) 析取克里金(DK)插值法

析取克里金插值法是一种非线性的估值方法，其数据要求是具有空间连续性的点数据，还要服从双变量正态分布。其公式可以表示为

$$Z_{\mathrm{DK}}=\sum_{a=1}^{n}f_a(Z_a)\tag{6-18}$$

式中，$f_a(Z_a)$ 为有效数据变量 Z_a 的函数，a=1，2，3，…，n。

析取克里金插值法不仅可以对某一点进行估值，还可以对某一点的指示值做出估计。在计算时，需要利用埃尔米特多项式的有限展开式对其进行计算，即需要将原始变量转化为正态数据，对新变量计算埃尔米特多项式系数，然后拟合正态函数，再计算待估点值，最后计算析取克里金估计值。

6.2.3　土壤重金属描述性统计分析及含量分析

本章研究运用 SPSS20.0 软件对研究区 156 个采样点的土壤重金属含量数据进行描述

性统计分析，并利用 Kolmogorov-Smirnov(K-S)法对土壤重金属进行正态分布检验，结果见表 6-1。

表 6-1　研究区土壤重金属含量统计结果表

项目	Cu	Cr	Ni	Zn	Pb	Cd	As	Hg
样本数	156	156	156	156	156	156	156	156
极小值/(mg/kg)	8.000	22.200	13.000	32.100	10.700	0.080	2.900	0.003
极大值/(mg/kg)	64.000	93.500	47.000	187.000	45.900	0.770	18.600	0.311
均值/(mg/kg)	17.122	53.173	24.979	56.371	17.631	0.166	9.514	0.042
标准差	6.103	14.406	5.115	14.691	4.045	0.068	2.719	0.045
变异系数	0.356	0.271	0.205	0.261	0.229	0.410	0.286	1.084
方差	37.248	207.54	26.162	215.815	16.365	0.005	7.391	0.002
偏度	3.454	−0.091	1.259	4.810	3.424	4.830	0.301	3.805
峰度	22.094	−0.130	3.626	39.922	17.889	39.852	0.496	17.024
K-S 检验	对数正态分布	正态分布	正态分布	对数正态分布	非正态分布	对数正态分布	正态分布	对数正态分布
河南省潮土背景值/(mg/kg)	24.10	66.60	29.60	71.10	21.90	0.100	9.700	0.047
超标率/%	10.26	16.03	14.10	7.05	9.62	95.15	48.08	21.79

由表 6-1 可知，研究区的 8 种重金属只有 Cd 平均值含量超标，另外 7 种元素均没有超标，说明研究区的土壤质量良好。对 156 个样本数的土壤重金属含量进行分析后可知，Cd 的超标率最高，为 95.15%，其他土壤重金属元素超标率大小分别为 As(48.08%)＞Hg(21.79%)＞Cr(16.03%)＞Ni(14.10%)＞Cu(10.26%)＞Pb(9.62%)＞Zn(7.05%)，说明 Cd 和 As 的污染较为严重，研究区的土壤重金属变异系数分别为：Hg(1.084)＞Cd(0.410)＞Cu(0.356)＞As(0.286)＞Cr(0.271)＞Zn(0.261)＞Pb(0.229)＞Ni(0.205)。根据 Wilding (1985)对变异系数(CV)的划分，当 CV≤0.1 时，表示弱变异；当 0.1＜CV＜1 时，表示中等变异；当 CV≥1 时，表示强变异。根据划分标准，Hg 为强变异，其他 7 种重金属元素为中等变异，说明 Hg 受外界干扰强烈，受人为影响较大，如工业活动和农业化肥过度使用等。通过 K-S 法对 8 种重金属的正态分布进行检验，结果是 Cr、Ni 和 As 呈正态分布，Cu、Zn、Cd、Hg 呈对数正态分布，Pb 经过取对数后仍不符合正态分布，因此，对 Pb 空间插值不能用克里金插值法，但可以用随机模型插值。

6.2.4　土壤重金属的变异函数拟合分析

本章研究利用 GS+9.0 软件对研究区重金属元素 Cu、Cr、Ni、Zn、Cd、As、Hg 进行变异函数分析，由于 Pb 不符合正态分布，因此不对其做变异函数分析，结果见表 6-2，并得到 7 种重金属的变异函数图(图 6-2)。

表 6-2　土壤重金属理论变异函数模拟参数

元素	模型	块金值 (C_0)	基台值 (C_0+C)	块金值/基台值 [C_0/(C_0+C)]	变程(A_0) /km	系数(R^2)	残差(RSS)
Cu	指数模型	0.00187	0.01584	0.118056	2.46	0.539	1.417×10^{-5}
Cr	球状模型	0.1	195.5	0.000512	2.74	0.017	2081
Ni	高斯模型	0.00508	0.01017	0.499508	59.11	0.88	3.748×10^{-6}
Zn	指数模型	0.00442	0.01714	0.257876	303.3	0.697	1.203×10^{-5}
Cd	指数模型	0.00001	0.01622	0.000617	5.97	0.401	1.814×10^{-5}
As	指数模型	0.68	7.21	0.094313	4.83	0.349	1.84
Hg	指数模型	0.006	0.095	0.063158	3.6	0.023	1.896×10^{-3}

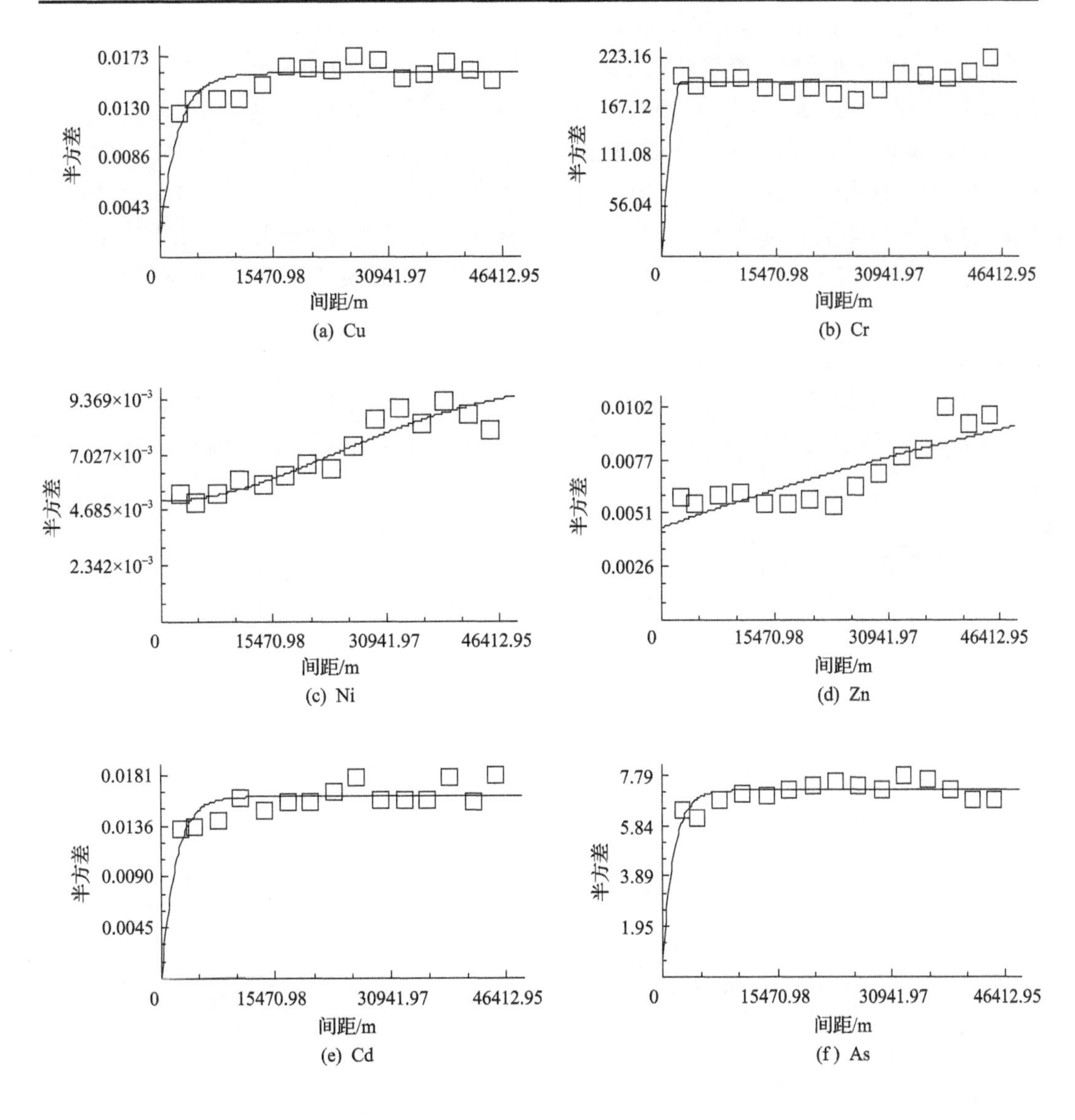

(a) Cu　(b) Cr

(c) Ni　(d) Zn

(e) Cd　(f) As

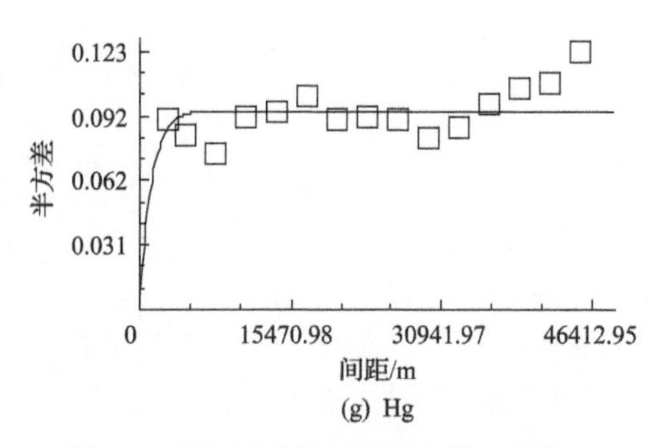

(g) Hg

图 6-2　研究区土壤重金属变异函数图

由表 6-2 可知，适合指数模型的重金属元素有 Cu、Zn、Cd、As、Hg，Cr 适合球状模型，Ni 适合高斯模型。根据系数可知，Ni、Cu、Zn 的 R^2 值均大于 0.5，表明模拟效果较好，Cr 的 R^2 值为 0.017，模拟效果最差，Hg 的 R^2 值为 0.023，模拟效果较差。

根据 Cambardena 等（1994）对空间相关程度的划分，若 $C_0/(C_0+C)$ 的百分数小于 25%，则空间自相关性很强；若大于 75%时，表示空间自相关性很弱；在 25%～75%时，则说明空间自相关性处于中等程度。由表 6-2 可知，Cu、Cr、Cd、As、Hg 的 $C_0/(C_0+C)$ 的百分数小于 25%时，表明空间自相关性很强，同时从侧面说明空间自相关性主要受自然因素的影响，Ni、Zn 介于 25%～75%，说明空间自相关性处于中等程度，表明除了受自然因素影响外，还受人为因素的影响。

由图 6-2 可以看出，Cu、Cr、Cd、As、Hg 的变异函数图相似，在约 8000m 处时，变异函数值趋于水平；Ni 的变异函数图在 5000m 时，变异函数值呈上升趋势，Zn 元素是从 0km 处就呈直线上升。

6.2.5　土壤重金属分布趋势分析

全局趋势分析用来揭示空间物体的总体规律，根据不同视角来分析采样数据集的趋势，可以反映空间物体在空间上变化的主体特征。以采样数据属性值为高度，形成一个三维透视图，即 *X*、*Y*、*Z* 三个值显示其全局趋势，*X*、*Y* 表示平面坐标，即东西和南北方向，*Z* 为土壤重金属的实测值。本章研究借助 ArcGIS10.2 软件的地统计分析工具来实现这一个趋势过程，结果如图 6-3 所示。

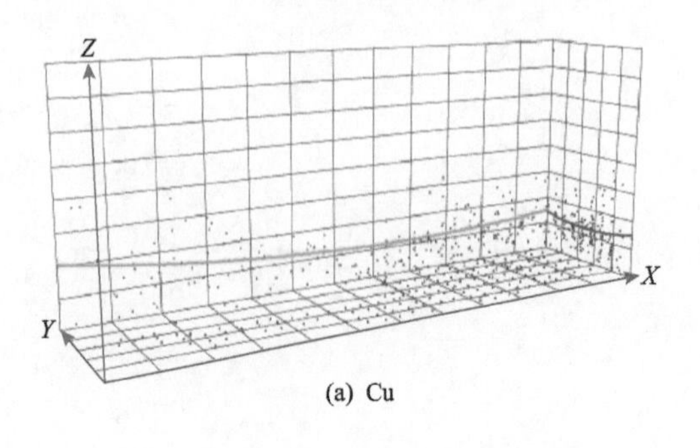

(a) Cu

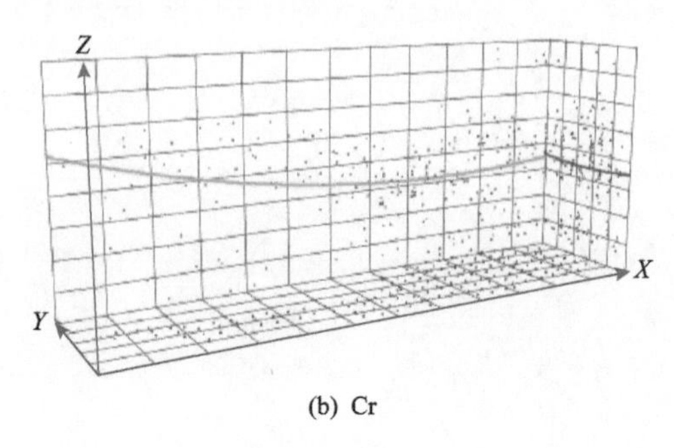

(b) Cr

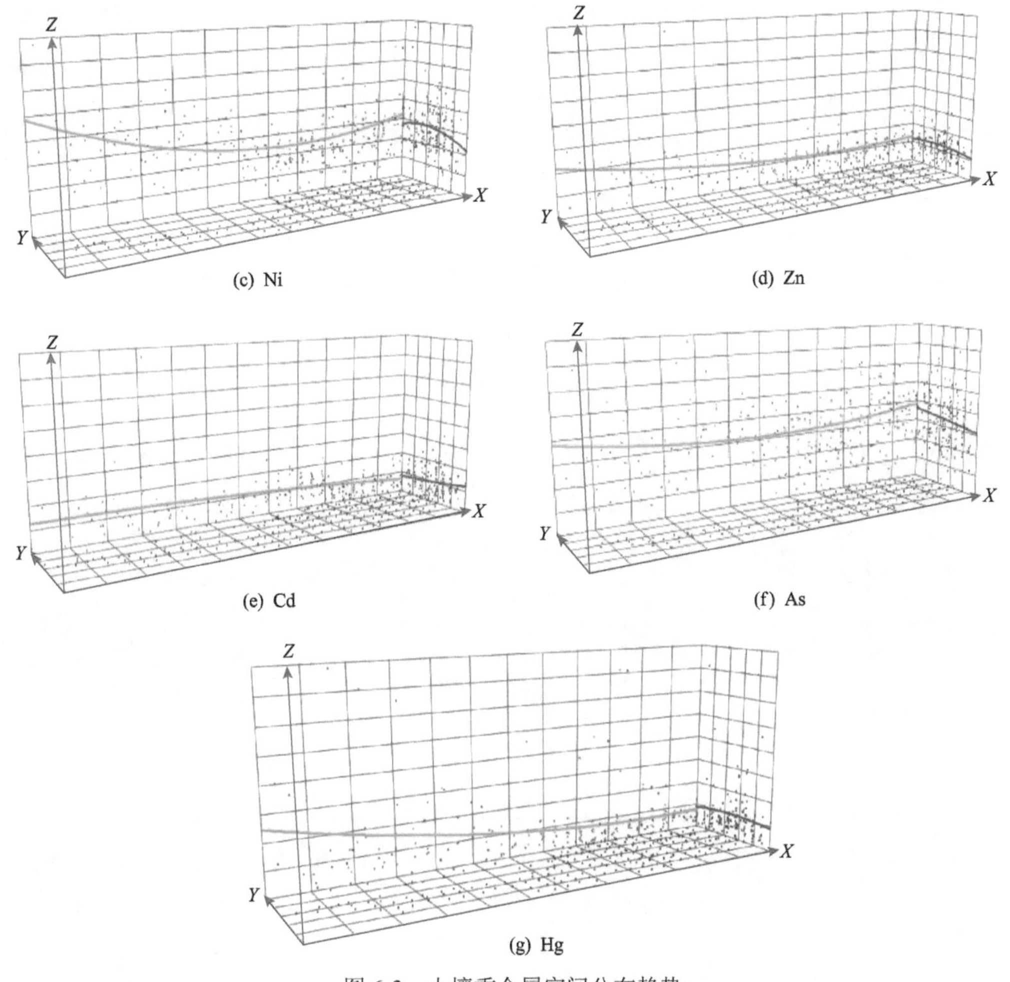

图 6-3　土壤重金属空间分布趋势

从图 6-3 可以看出，研究区土壤重金属均在一定程度上呈现空间分布趋势。Cu 含量空间分布趋势在东西和南北向均呈近似 U 形分布，中间低、两边高，但西部值要略高于东部值。Cr 含量空间分布在东西向总体呈现自西向东波动中递减，靠近东部地区有一段低谷值，随后向东升高，在南北方向呈近似 U 形分布，中间值略低于南北两侧。Ni 含量在东西向和 Cr 相似，西部高于东部，低谷值靠近东部，在南北方向上，大体上自北向南降低，靠近北部有一段高值，随后向南递减。Zn 含量总体上自西向东呈递减的趋势，南北方向上中间值略高于两侧。Cd 含量在东西方向上大致呈由西向东递减，南北方向上呈由北向南递增。As 含量在东西向呈 U 形分布，中间低、两侧高，而南方向则表现为由北向南递减。Hg 含量表现为自西向东递减，南北向变化不大，近乎一条直线，中间略高于两侧。

6.2.6　土壤重金属含量的插值分析

1. 确定性插值法

确定性插值法需要的参数较少，不需要对数据进行假设，使用方便。本章研究使用

ArcGIS 10.2 软件的地统计分析工具，分别利用反距离加权插值法、全局多项式插值法和径向基函数插值法 3 种方法对研究区 8 种重金属进行空间插值分析，通过模型参数比较，找出其中最优的确定性插值法。由于没有预测误差的估计，最优插值方法只需要根据平均误差(ME)和均方根误差(RMSE)最小的原则确定(崔邢涛等，2010)。

1)土壤重金属 Cu 元素的内插方法比较

根据 ArcGIS 10.2 软件的地统计分析工具，比较反距离加权插值法、全局多项式插值法和径向基函数插值法，确定研究区土壤重金属 Cu 元素的确定性插值法，见表 6-3。

表 6-3 土壤重金属 Cu 元素确定性插值法的预测误差表

插值方法	参数	平均误差(ME)	均方根误差(RMSE)
反距离加权插值法	P=1	1.410	6.874
	P=2	1.244	6.802
	P=3	1.065	6.777
全局多项式插值法	阶：3	1.736	7.295
	阶：4	1.605	7.553
	阶：5	1.313	7.820
径向基函数插值法	规则样条函数	–0.053	6.188
	张力样条函数	–0.055	6.164
	高次曲面函数	0.003	6.584
	反高次曲面函数	–0.076	6.101
	薄板样条函数	0.080	7.153

由表 6-3 可知，土壤重金属 Cu 元素在不同确定性插值法和不同参数下有不同的 RMSE 和 ME。在反距离加权插值法中，当参数幂 P=3 时，土壤重金属 Cu 元素的 RMSE 和 ME 均为最小，可知土壤重金属 Cu 元素在幂 P=3 时，插值效果较好；在全局多项式插值法中，当多项式的阶为 3 时，RMSE 最小，插值效果较好；对比径向基函数插值法的 5 种不同函数的 RMSE 和 ME，发现反高次曲面函数的 RMSE 和 ME 均最小，插值效果较好。对比三种插值方法，以 RMSE 最小为最优原则，反高次曲面函数径向基函数插值法(6.101)＜3 次幂的反距离加权插值法(6.777)＜3 阶的全局多项式插值法(7.295)，可知土壤重金属 Cu 元素以反高次曲面函数径向基函数插值法为最优。

2)土壤重金属 Cr 元素的内插方法比较

根据 ArcGIS 10.2 软件的地统计分析工具，比较反距离加权插值法、全局多项式插值法和径向基函数插值法，确定研究区土壤重金属 Cr 元素的确定性插值法，见表 6-4。

由表 6-4 可知，土壤重金属 Cr 元素在反距离加权插值法中幂 P=1 时，RMSE 最小，插值效果较好；对比全局多项式插值法的 3 种不同阶数(3 阶、4 阶、5 阶)，当多项式的阶为 3 阶时，RMSE 最小，插值效果较好；从径向基函数插值法中看，当反高次曲面函数为插值函数时，RMSE 和 ME 均最小，插值效果较好。3 种不同确定性插值法在不同参数下的 RMSE 大小为：反高次曲面函数径向基函数插值法(14.329)＜1 次幂的反距离加权插值法(14.591)＜3 阶的全局多项式插值法(14.743)，可知土壤重金属 Cr 元素以反高次曲面函数径向基函数插值法为最优。

表 6-4 土壤重金属 Cr 元素确定性插值法的预测误差表

插值方法	参数	平均误差(ME)	均方根误(RMSE)
反距离加权插值法	P=1	2.989	14.591
	P=2	2.872	14.795
	P=3	2.653	15.177
全局多项式插值法	阶：3	3.382	14.743
	阶：4	3.191	14.769
	阶：5	2.967	15.039
径向基函数插值法	规则样条函数	−0.148	14.812
	张力样条函数	−0.173	14.653
	高次曲面函数	0.104	16.403
	反高次曲面函数	−0.506	14.329
	薄板样条函数	0.372	19.358

3) 土壤重金属 Ni 元素的内插方法比较

据 ArcGIS 10.2 软件的地统计分析工具，比较反距离加权插值法、全局多项式插值法和径向基函数插值法，确定研究区土壤重金属 Ni 元素的确定性插值法，见表 6-5。

表 6-5 土壤重金属 Ni 元素确定性插值法的预测误差表

插值方法	参数	平均误差(ME)	均方根误差(RMSE)
反距离加权插值法	P=1	0.582	4.731
	P=2	0.560	4.816
	P=3	0.508	4.957
全局多项式插值法	阶：3	0.776	5.074
	阶：4	0.762	5.273
	阶：5	0.598	5.259
径向基函数插值法	规则样条函数	−0.029	4.745
	张力样条函数	−0.037	4.709
	高次曲面函数	0.060	5.176
	反高次曲面函数	−0.123	4.625
	薄板样条函数	0.128	5.956

由表 6-5 可知，土壤重金属 Ni 元素在反距离加权插值法的幂 P=1 时，RMSE 最小，插值效果较好；对比全局多项式插值法的 3 种不同阶数(3 阶、4 阶、5 阶)，当多项式的阶为 3 阶时，插值效果较好；在径向基函数插值法的 5 种不同函数下，当反高次曲面函数为插值函数时，RMSE 和 ME 均最小，插值效果较好。3 种插值方法 RMSE 大小为：反高次曲面函数径向基函数插值法(4.625)＜1 次幂的反距离加权插值法(4.731)＜3 阶的全局多项式插值法(5.074)，可知土壤重金属 Ni 元素以反高次曲面函数径向基函数插值法为最优。

4）土壤重金属 Zn 元素的内插方法比较

根据 ArcGIS 10.2 软件的地统计分析工具，比较反距离加权插值法、全局多项式插值法和径向基函数插值法，确定出土壤重金属 Zn 元素的最优确定性插值法，见表 6-6。

表 6-6　土壤重金属 Zn 元素确定性插值法的预测误差表

插值方法	参数	平均误差(ME)	均方根误差(RMSE)
	P=1	2.460	14.725
反距离加权插值法	*P*=2	1.746	13.998
	P=3	1.303	13.793
	阶：3	1.662	15.984
全局多项式插值法	阶：4	1.259	13.600
	阶：5	1.063	14.704
	规则样条函数	−0.047	13.657
	张力样条函数	−0.034	13.642
径向基函数插值法	高次曲面函数	−0.088	14.210
	反高次曲面函数	0.024	13.714
	薄板样条函数	0.083	15.243

由表 6-6 可知，反距离加权插值法以参数幂 *P*=3 时，RMSE 和 ME 最小，因此，当取幂 *P*=3 时，插值效果较好；当全局多项式插值法的阶取 4 阶时，RMSE 最小，插值效果较好；对比径向基函数插值法的 5 种插值函数的 RMSE 值，当张力样条函数为插值函数时，RMSE 最小，插值效果较好。对比以上 3 种插值方法，RMSE 大小顺序为：4 阶的全局多项式插值法(13.600)＜张力样条函数径向基函数插值法(13.642)＜3 次幂的反距离加权插值法(13.793)，因此，土壤重金属 Zn 元素以 4 阶的全局多项式插值法为最优。

5）土壤重金属 Cd 元素的内插方法比较

根据 ArcGIS 10.2 软件的地统计分析工具，比较反距离加权插值法、全局多项式插值法和径向基函数插值法，确定研究区土壤重金属 Cd 元素的确定性插值法，见表 6-7。

表 6-7　土壤重金属 Cd 元素确定性插值法的预测误差表

插值方法	参数	平均误差(ME)	均方根误差(RMSE)
	P=1	0.0192	0.07292
反距离加权插值法	*P*=2	0.0141	0.06695
	P=3	0.0107	0.06501
	阶：3	0.0141	0.08238
全局多项式插值法	阶：4	0.0098	0.06746
	阶：5	0.0080	0.06435
	规则样条函数	0.0002	0.06235
	张力样条函数	0.0003	0.06226
径向基函数插值法	高次曲面函数	−0.0005	0.06485
	反高次曲面函数	−0.0001	0.06286
	薄板样条函数	−0.0001	0.07010

由表 6-7 可知，反距离加权插值法以参数幂 P=3 时，RMSE 和 ME 最小，因此，当取幂 P=3 时，插值效果较好；当全局多项式插值法的阶取 5 阶时，RMSE 和 ME 最小，插值效果较好；对比径向基函数插值法的 5 种插值函数的 RMSE，当张力样条函数为插值函数时，RMSE 最小，插值效果较好。对比以上 3 种插值方法，RMSE 大小顺序为：张力样条函数径向基函数插值法(0.06226)＜5 阶的全局多项式插值法(0.06435)＜3 次幂的反距离加权插值法(0.06501)，因此，土壤重金属 Cd 元素以张力样条函数径向基函数插值法为最优。

6) 土壤重金属 As 元素的内插方法比较

根据 ArcGIS 10.2 软件的地统计分析工具，比较反距离加权插值法、全局多项式插值法和径向基函数插值法，确定研究区土壤重金属 As 元素的确定性插值法，见表 6-8。

表 6-8　土壤重金属 As 元素确定性插值法的预测误差表

插值方法	参数	平均误差(ME)	均方根误差(RMSE)
反距离加权插值法	P=1	0.617	2.716
	P=2	0.576	2.783
	P=3	0.517	2.866
全局多项式插值法	阶：3	0.738	2.972
	阶：4	0.658	2.926
	阶：5	0.548	3.029
径向基函数插值法	规则样条函数	0.004	2.694
	张力样条函数	0.001	2.668
	高次曲面函数	0.037	2.972
	反高次曲面函数	−0.044	2.587
	薄板样条函数	0.087	3.407

由表 6-8 可知，反距离加权插值法的参数有 3 种不同参数幂，当参数幂 P=1 时，RMSE 最小，因此，当取幂 P=1 时，插值效果较好；当全局多项式插值法的阶取 4 阶时，RMSE 最小，插值效果较好；径向基函数插值法以反高次曲面函数为插值函数时，RMSE 和 ME 最小，插值效果较好。对比以上 3 种插值方法，RMSE 大小顺序为：反高次曲面函数径向基函数插值法(2.587)＜1 次幂的反距离加权插值法(2.716)＜4 阶的全局多项式插值法(2.926)，因此，土壤重金属 As 元素以反高次曲面函数径向基函数插值法为最优。

7) 土壤重金属 Hg 元素的内插方法比较

根据 ArcGIS 10.2 软件的地统计分析工具，比较反距离加权插值法、全局多项式插值法和径向基函数插值法，确定研究区土壤重金属 Hg 元素的确定性插值法，见表 6-9。

由表 6-9 可知，反距离加权插值法在不同参数下，有不同的 RMSE 和 ME，当参数幂 P=1 时，RMSE 最小，此时，插值效果较好；当全局多项式插值法的阶取 4 阶时，RMSE 最小，插值效果较好；径向基函数插值法以反高次曲面函数为参数时，RMSE 和 ME 最小，插值效果较好。对比以上 3 种插值方法，RMSE 大小顺序为：反高次曲面函数径向基函数插值法(0.0450)＜1 次幂的反距离加权插值法(0.0710)＜4 阶的全局多项式插值法(0.0719)，因此，土壤重金属 Hg 元素以反高次曲面函数径向基函数插值法为最优。

表 6-9　土壤重金属 Hg 元素确定性插值法的预测误差表

插值方法	参数	平均误差(ME)	均方根误差(RMSE)
反距离加权插值法	P=1	0.0301	0.0710
	P=2	0.0283	0.0717
	P=3	0.0254	0.0713
全局多项式插值法	阶：3	0.0334	0.0778
	阶：4	0.0247	0.0719
	阶：5	0.0207	0.0721
径向基函数插值法	规则样条函数	0.0000	0.0467
	张力样条函数	0.0000	0.0464
	高次曲面函数	0.0001	0.0504
	反高次曲面函数	–0.0003	0.0450
	薄板样条函数	0.0007	0.0574

8) 土壤重金属 Pb 元素的内插方法比较

根据 ArcGIS 10.2 软件的地统计分析工具，比较反距离加权插值法、全局多项式插值法和径向基函数插值法，确定研究区土壤重金属 Pb 元素的确定性插值法，见表 6-10。

表 6-10　土壤重金属 Pb 元素确定性插值法的预测误差表

插值方法	参数	平均误差(ME)	均方根误差(RMSE)
反距离加权插值法	P=1	0.731	4.270
	P=2	0.608	4.375
	P=3	0.486	4.484
全局多项式插值法	阶：3	0.662	4.209
	阶：4	0.630	4.204
	阶：5	0.562	4.621
径向基函数插值法	规则样条函数	–0.008	4.070
	张力样条函数	–0.004	4.026
	高次曲面函数	–0.004	4.501
	反高次曲面函数	0.063	3.885
	薄板样条函数	0.039	5.117

由表 6-10 可知，反距离加权插值法在不同参数下，RMSE 和 ME 值不同，当参数幂 P=1 时，RMSE 最小，插值效果较好；当全局多项式插值法的阶取 4 阶时，RMSE 最小，插值效果较好；径向基函数插值法以反高次曲面函数为参数时，RMSE 最小，插值效果较好。对比以上 3 种插值方法，RMSE 大小顺序为：反高次曲面函数径向基函数插值法(3.885)＜4 阶的全局多项式插值法(4.204)＜1 次幂的反距离加权插值法(4.270)，因此，土壤重金属 Pb 元素以反高次曲面函数径向基函数插值法为最优。

2. 地统计学中克里金插值法比较

本章研究利用普通克里金插值法、泛克里金插值法、析取克里金插值法三种插值法对研究区7种(Cu、Cr、Ni、Zn、Cd、As、Hg，Pb不满足正态分布，不能用线性克里金插值法插值)重金属在不同趋势效应下的插值情况进行比较分析，以期得到各个重金属的最优克里金插值法。根据表6-2可知，在使用克里金插值法时，得出的最优拟合函数模型分别为：Cu、Zn、Cd、As、Hg为指数模型，Cr为球状模型，Ni为高斯模型。克里金插值法精度评定标准为：平均误差和标准化平均误差(MSE)较接近0，标准化均方根误差较接近1，均方根误差最小，平均标准误差最接近均方根误差(刘爱利等，2012)。

1)土壤重金属Cu元素的克里金插值法比较

根据ArcGIS 10.2软件的地统计分析工具，在相同半变异函数模型下(指数模型)，不同趋势效应下，比较普通克里金插值法、泛克里金插值法和析取克里金插值法，确定研究区土壤重金属Cu元素的克里金插值法，见表6-11。

表6-11　土壤重金属Cu元素克里金插值法的误差表

克里金插值法	参数	平均误差	均方根误差	标准化平均误差	标准化均方根误差	平均标准误差
普通克里金插值法	常数	−0.126	6.270	−0.064	1.293	4.876
	1阶	−0.125	6.293	−0.065	1.303	4.888
	2阶	−0.105	6.298	−0.064	1.324	4.857
	3阶	−0.062	6.395	−0.069	1.348	4.859
泛克里金插值法	常数	−0.126	6.270	−0.382	21.100	0.292
	1阶	0.035	6.612	−0.050	1.176	5.434
	2阶	−0.860	9.476	−0.720	6.042	1.105×10^{54}
析取克里金插值法	常数	−0.216	6.002	−0.051	1.336	4.550
	1阶	−0.124	6.096	−0.031	1.281	4.917
	2阶	−0.088	6.094	−0.034	1.348	4.805
	3阶	−0.072	6.163	−0.046	1.387	4.681

根据表6-11可知，在普通克里金插值法中，常数下的平均误差和标准化平均误差较接近0，标准化均方根误差较接近1，均方根误差最小，因此，常数下的普通克里金插值法插值效果精度最高。从泛克里金插值法中来看，在1阶的趋势效应下，平均误差和标准化平均误差最接近0，标准化均方根误差最接近1，插值效果较好。对于析取克里插值法来说，常数下的均方根误差最小，标准化均方根误差较接近1，该趋势效应下，插值效果较好。在3种克里金插值法中，综合来看，常数下的析取克里金插值法均方根误差最小，标准化均方根误差较接近1，所以土壤重金属Cu元素用常数下的析取克里金插值法插值效果最优。

2)土壤重金属Cr元素的克里金插值法比较

根据ArcGIS 10.2软件的地统计分析工具，在相同半变异函数模型下(球状模型)，不同趋势效应下，比较普通克里金插值法、泛克里金插值法和析取克里金插值法，确定研究区土壤重金属 Cr 元素的克里金插值法，见表 6-12。

表 6-12　土壤重金属 Cr 元素克里金插值法的误差表

克里金插值法	参数	平均误差	均方根误差	标准化平均误差	标准化均方根误差	平均标准误差
普通克里金插值法	常数	−0.173	14.657	−0.027	0.877	16.949
	1 阶	−0.173	14.695	−0.028	0.880	16.945
	2 阶	−0.022	14.679	−0.020	0.881	16.925
	3 阶	0.011	14.747	−0.024	0.926	16.153
泛克里金插值法	常数	−0.363	14.516	−0.024	1.002	14.486
	1 阶	0.897	14.877	0.053	0.978	15.130
	2 阶	−0.115	17.386	0.005	0.973	18.129
析取克里金插值法	常数	−0.397	13.961	−0.029	1.022	13.654
	1 阶	1.027	14.124	0.079	1.092	12.939
	2 阶	−0.006	14.237	0.000	1.041	13.676
	3 阶	−0.063	14.436	−0.005	1.072	13.471

从表 6-12 可以看出，普通克里金插值法在 3 阶趋势效应下，标准化均方根误差最接近 1，平均误差和标准化平均误差较接近 0，插值效果较好。在泛克里金插值法中，常数下的标准化均方根误差最接近 1，平均误差和标准化平均误差较接近 0，均方根误差最小，因此，常数下的泛克里金插值法插值效果较优。从析取克里插值法的不同趋势效应来看，在 2 阶趋势效应下，平均误差和标准化平均误差最接近 0，标准化均方根误差较接近 1，插值效果较好。从不同种克里金插值法的对比分析中可见，2 阶下的析取克里金插值法平均误差和标准化平均误差最接近 0，均方根误差相对较小。因此，总体来看，2 阶下的析取克里金插值法对土壤重金属 Cr 元素插值效果最好。

3) 土壤重金属 Ni 元素的克里金插值法比较

根据 ArcGIS 10.2 软件的地统计分析工具，在相同半变异函数模型下(高斯模型)，不同趋势效应下，比较普通克里金插值法、泛克里金插值法和析取克里金插值法，确定研究区土壤重金属 Ni 元素的克里金插值法，见表 6-13。

从表 6-13 可知，2 阶下的普通克里金插值法，均方根误差最小，标准化均方根误差较接近 1，平均误差和标准化平均误差较接近 0，插值效果较好。泛克里金插值法不同参数比较，趋势效应在 1 阶的情况下，均方根误差相对较小，标准化均方根误差最接近 1，标准化平均误差最接近 0，平均误差较接近 0，因此，当参数为 1 阶时，插值效果较好。从析取克里金插值法中看，常数下的标准化均方根误差最接近 1，平均误差和标准化平均误差较接近 0，均方根误差最小，插值效果较好。对比分析以上 3 种插值方法可以得出，2 阶下的普通克里金插值法的均方根误差值最小，2 阶普通克里金插值法和 1 阶泛克里金插值法标准化平均误差绝对值一样，标准化均方根误差也接近 1，因此，2 阶下的普通克里金插值法对土壤重金属元素 Ni 插值效果最好。

表 6-13　土壤重金属 Ni 元素克里金插值法的误差表

克里金插值法	参数	平均误差	均方根误差	标准化平均误差	标准化均方根误差	平均标准误差
普通克里金插值法	常数	−0.050	4.649	−0.014	1.079	4.282
	1 阶	−0.052	4.667	−0.017	1.098	4.236
	2 阶	−0.058	4.631	−0.021	1.090	4.236
	3 阶	−0.054	4.694	−0.023	1.114	4.192
泛克里金插值法	常数	−0.050	4.649	−0.236	26.179	0.176
	1 阶	0.252	5.005	0.021	1.050	4.608
	2 阶	−0.202	5.875	−0.084	1.146	5.090
析取克里金插值法	常数	−0.102	4.658	−0.017	1.026	4.517
	1 阶	−0.084	4.681	−0.018	1.054	4.441
	2 阶	−0.044	4.669	−0.014	1.075	4.319
	3 阶	−0.041	4.792	−0.021	1.125	4.261

4) 土壤重金属 Zn 元素的克里金插值法比较

根据 ArcGIS 10.2 软件的地统计分析工具，在相同半变异函数模型下(指数模型)，不同趋势效应下，比较普通克里金插值法、泛克里金插值法和析取克里金插值法，确定研究区土壤重金属 Zn 元素的克里金插值法，见表 6-14。

表 6-14　土壤重金属 Zn 元素克里金插值法的误差表

克里金插值法	参数	平均误差	均方根误差	标准化平均误差	标准化均方根误差	平均标准误差
普通克里金插值法	常数	−0.324	13.999	−0.040	1.191	10.548
	1 阶	−0.320	14.105	−0.042	1.206	10.575
	2 阶	−0.435	13.543	−0.040	1.216	9.918
	3 阶	−0.419	13.493	−0.054	1.292	9.011
泛克里金插值法	常数	−0.324	13.999	−1.624	73.330	0.189
	1 阶	0.189	14.669	−0.034	1.004	11.608
	2 阶	−0.891	16.645	−0.081	1.060	12.051
析取克里金插值法	常数	−0.497	14.410	−0.045	1.427	9.873
	1 阶	−0.428	14.132	−0.040	1.345	9.966
	2 阶	−0.334	13.810	−0.039	1.328	9.551
	3 阶	−0.317	13.626	−0.046	1.283	9.421

从表 6-14 可知，在普通克里金插值法中，常数下的平均误差较接近 0，标准化均方根误差最接近 1，标准化平均误差最接近 0，平均标准误差与均方根误差值最接近，插值效果较好。泛克里金插值法在趋势效应为 1 阶时，平均标准误差最接近均方根误差，标准化均方根误差最接近 1，标准化平均误差和平均误差最接近 0，插值效果较好。对析取克里金插值法不同趋势效应下的各项参数分析可知，3 阶下的标准化均方根误差最接近 1，平均误差最接近 0，均方根误差最小，插值效果较优。从 3 种较优插值分析比较可知，

1 阶趋势效应下泛克里金插值法的标准化均方根误差最接近 1，因此，土壤重金属 Zn 元素用 1 阶趋势效应下的泛克里金插值法插值效果最优。

5）土壤重金属 Cd 元素的克里金插值法比较

根据 ArcGIS 10.2 软件的地统计分析工具，在相同半变异函数模型下（指数模型），不同趋势效应下，比较普通克里金插值法、泛克里金插值法和析取克里金插值法，确定研究区土壤重金属 Cd 元素的克里金插值法，见表 6-15。

表 6-15　土壤重金属 Cd 元素克里金插值法的误差表

克里金插值法	参数	平均误差	均方根误差	标准化平均误差	标准化均方根误差	平均标准误差
普通克里金插值法	常数	−0.002	0.063	−0.037	1.222	0.046
	1 阶	−0.002	0.063	−0.037	1.217	0.046
	2 阶	−0.002	0.062	−0.041	1.196	0.044
	3 阶	−0.002	0.062	−0.048	1.193	0.044
泛克里金插值法	常数	−0.002	0.063	−0.007	0.212	0.294
	1 阶	−0.001	0.056	−0.036	0.964	0.049
	2 阶	−0.003	0.079	−0.133	1.218	0.056
析取克里金插值法	常数	−0.002	0.063	−0.028	1.250	0.045
	1 阶	−0.002	0.063	−0.020	1.235	0.046
	2 阶	−0.002	0.062	−0.033	1.230	0.044
	3 阶	−0.001	0.063	−0.036	1.199	0.046

根据表 6-15 的分析结果可以看出，3 阶下的普通克里金插值法各项参数相对较优，标准化均方根误差最接近 1，插值效果较好。1 阶下的泛克里金插值法标准化均方根误差最接近 1，平均误差最接近 0，平均标准误差和均方根误差最接近，且均方根误差最小，插值效果较优。3 阶下的析取克里金插值法标准化均方根误差最接近 1，平均误差最接近 0，平均标准误差和均方根误差最接近，插值效果较优。综合以上 3 种较优克里金插值法可知，1 阶下的泛克里金插值法各项参数相对较优，标准化均方根误差最接近 1，平均误差和标准化平均误差最接近 0，均方根误差最小。因此，土壤重金属 Cd 元素用 1 阶下的泛克里金插值法插值效果最优。

6）土壤重金属 As 元素的克里金插值法比较

根据 ArcGIS 10.2 软件的地统计分析工具，在相同半变异函数模型下（指数模型），不同趋势效应下，比较普通克里金插值法、泛克里金插值法和析取克里金插值法，确定研究区土壤重金属 As 元素的克里金插值法，见表 6-16。

根据表 6-16 的分析结果可以看出，在普通克里金插值法中，2 阶趋势效应下的标准化平均误差和平均误差最接近 0，标准化均方根误差较接近 1，插值效果较好。常数下的泛克里金插值法标准化平均误差和平均误差最接近 0，均方根误差最小，标准化均方根误差较接近 1，插值效果较优。根据对析取克里金插值法的分析可以看出，1 阶趋势效应下的平均误差最接近 0，标准化平均误差较接近 0，插值效果较好。从 3 种不同克里金插

表 6-16 土壤重金属 As 元素克里金插值法的误差表

克里金插值法	参数	平均误差	均方根误差	标准化平均误差	标准化均方根误差	平均标准误差
普通克里金插值法	常数	0.008	2.603	0.003	1.006	2.581
	1 阶	0.007	2.607	0.003	1.005	2.586
	2 阶	−0.001	2.630	0.000	1.012	2.590
	3 阶	0.007	2.658	0.003	1.024	2.586
泛克里金插值法	常数	0.008	2.603	0.003	1.006	2.581
	1 阶	0.087	2.705	0.027	1.005	2.667
	2 阶	−0.209	3.378	−0.029	1.019	3.091
析取克里金插值法	常数	0.019	2.599	−0.002	0.938	2.846
	1 阶	0.008	2.604	−0.005	0.937	2.861
	2 阶	0.028	2.655	−0.002	0.942	2.879
	3 阶	0.036	2.705	−0.006	0.969	2.869

值法可以看出，常数下的泛克里金插值法各项参数较优，均方根误差值最小，标准化平均误差最接近 0，因此，土壤重金属 As 元素用常数下的泛克里金插值法插值效果最好。

7) 土壤重金属 Hg 元素的克里金插值法比较

根据 ArcGIS 10.2 软件的地统计分析工具，在相同半变异函数模型下(指数模型)，不同趋势效应下，比较普通克里金插值法、泛克里金插值法和析取克里金插值法，确定研究区土壤重金属 Hg 元素的克里金插值法，见表 6-17。

表 6-17 土壤重金属 Hg 元素克里金插值法的误差表

克里金插值法	参数	平均误差	均方根误差	标准化平均误差	标准化均方根误差	平均标准误差
普通克里金插值法	常数	−0.001	0.044	−0.105	1.718	0.034
	1 阶	−0.001	0.044	−0.104	1.714	0.034
	2 阶	−0.001	0.043	−0.107	1.713	0.035
	3 阶	−0.001	0.044	−0.120	1.739	0.035
泛克里金插值法	常数	−0.001	0.044	−0.001	0.043	1.017
	1 阶	−0.002	0.045	−0.132	1.615	0.039
	2 阶	0.000	0.065	−0.357	2.063	0.119
析取克里金插值法	常数	−0.002	0.044	−0.110	1.781	0.031
	1 阶	−0.001	0.043	−0.042	1.382	0.033
	2 阶	−0.001	0.043	−0.075	1.580	0.032
	3 阶	−0.001	0.044	−0.099	1.645	0.032

从表 6-17 可以看出，在普通克里金插值法中，平均误差的值均为−0.001，但 2 阶下的均方根误差最小，标准化均方根误差较接近 1，插值效果较好。1 阶下的泛克里金插值法标准化平均误差和平均误差较接近 0，平均标准误差和均方根误差最接近，标准化均

方根误差较接近 1，插值效果较好。从析取克里金插值法的指标中可以看出，1 阶下的标准化平均误差最接近 0，标准化均方根误差最接近 1，插值效果较好。对这 3 种克里金插值法的较优插值进行对比分析，可以发现，1 阶下的析取克里金插值法的各项参数指标较优，标准化平均误差最接近 0，标准化均方根误差最接近 1，均方根误差最小。所以，土壤重金属 Hg 元素用 1 阶的析取克里金插值法插值效果最优。

3. 确定性插值法与克里金插值法比较

对确定性插值法和克里金插值法分别进行了横向比较，选取了各个土壤重金属精度较高的插值方法，本节依据平均误差最接近 0，均方根误差最小，均方根误差优先考虑原则，对 8 种重金属再进行纵向比较，以期得出最优的插值方法，比较结果见表 6-18。

表 6-18　8 种土壤重金属元素确定性插值法和克里金插值法的误差表

元素	插值方法		预测误差	
	参数	内插方法	平均误差	均方根误差
Cu	IS	RBF	−0.076	6.101
	常数	DK	−0.216	6.002
Cr	IS	RBF	−0.506	14.329
	2 阶	DK	−0.006	14.237
Ni	IS	RBF	−0.123	4.625
	2 阶	OK	−0.058	4.631
Zn	4 阶	GPI	1.259	13.600
	1 阶	UK	0.189	14.669
Cd	SWT	RBF	0.0003	0.06226
	1 阶	UK	−0.001	0.056
As	IS	RBF	−0.044	2.587
	常数	UK	0.008	2.603
Hg	IS	RBF	−0.0003	0.045
	1 阶	UK	−0.002	0.045
Pb	IS	RBF	0.063	3.885

注：GPI，全局多项式插值法；RBF，径向基函数插值法；SWT，张力样条函数；IS，反高次曲面函数；OK，普通克里金插值法；UK，泛克里金插值法；DK，析取克里金插值法。

从表 6-18 可知，土壤重金属元素 Cu 在常数下的析取克里金插值法均方根误差小于反高次曲面样条函数径向基函数插值法；Cr 元素在 2 阶的析取克里金插值法中，平均误差最接近 0，均方根误差最小；Ni 元素反高次曲面函数径向基函数插值法的均方根误差小于 2 阶的普通克里金插值法；Zn 元素 4 阶全局多项式插值法的均方根误差小于 1 阶的泛克里金插值法；Cd 元素在 1 阶趋势效应下的泛克里金插值法中，平均误差最接近 0，均方根误差最小；As 元素反高次曲面函数径向基函数插值法的均方根误差小于常数下的泛克里金插值法；Hg 元素在反高次曲面函数径向基函数插值法和 1 阶泛克里金插值法中，均方根误差相等，但 1 阶泛克里金插值法的平均误差更接近 0；Pb 元素不符合正态分布，不能用线性克里金插值法插值，根据表 6-10，反高次曲面函数径向基函数插值法的均方根误差最小，因此用较优的反高次曲面函数径向基函数插值法。

综上所述，研究区 8 种土壤重金属元素的最优插值方法分别为：Cu 为常数下的析取克里金插值法，Cr 为 2 阶的析取克里金插值法，Ni 为反高次曲面函数径向基函数插值法，Zn 为 4 阶的全局多项式插值法，Cd 为 1 阶的泛克里金插值法，As 为反高次曲面函数径向基函数插值法，Hg 为 1 阶的泛克里金插值法，Pb 为反高次曲面函数径向基函数插值法。

6.2.7　土壤重金属含量的空间分布特征分析

根据表 6-18 的确定性插值法和克里金插值法在不同参数下的比较，得出了 8 种重金属元素的最优插值方法，利用最优空间插值模型对 8 种重金属元素进插值，结合 ArcGIS 10.2 软件的插值分析工具得出土壤 8 种重金属元素空间分布图。

1. Cu 元素的空间模拟分析

利用 ArcGIS 10.2 软件的地统计分析工具，对 Cu 元素采取析取克里金插值法，设定参数为常数，模型为指数模型，得出 Cu 元素的空间模拟分布图，如图 6-4 所示。

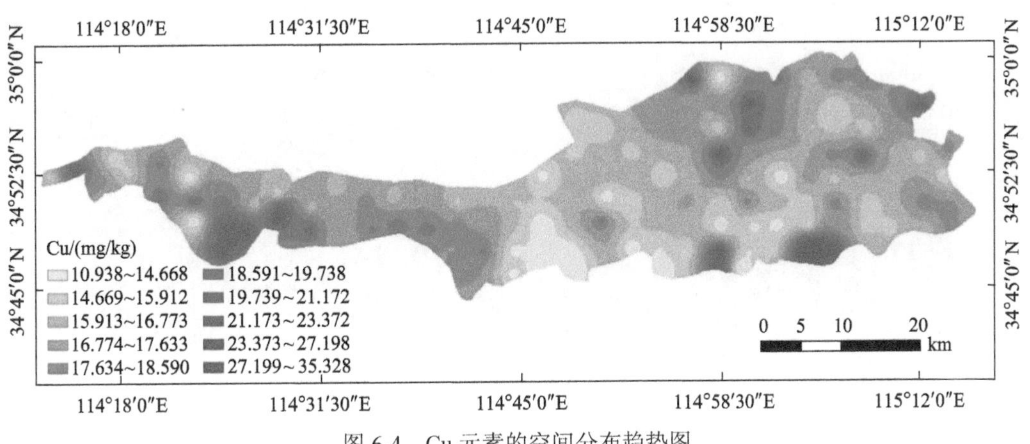

图 6-4　Cu 元素的空间分布趋势图

根据图 6-4 可知，Cu 元素含量整体上呈中间低、两侧高的趋势，少部分存在高值区域，大部分区域处于 15.913～19.738mg/kg。在研究区西南部，Cu 元素含量存在较高值，这一区域，城市建设和人民生活较密集。研究区中部，变化趋势不明显。研究区东部，整体呈高低值相间分布，南部出现一部分高值区域，同时也有低值区域存在，这与居民点和道路分布有关。

2. Cr 元素的空间模拟分析

利用 ArcGIS 10.2 软件的地统计分析工具，对 Cr 元素采取析取克里金插值法，设定参数为 2 阶，模型为球状模型，得出 Cr 元素的空间模拟分布图，如图 6-5 所示。

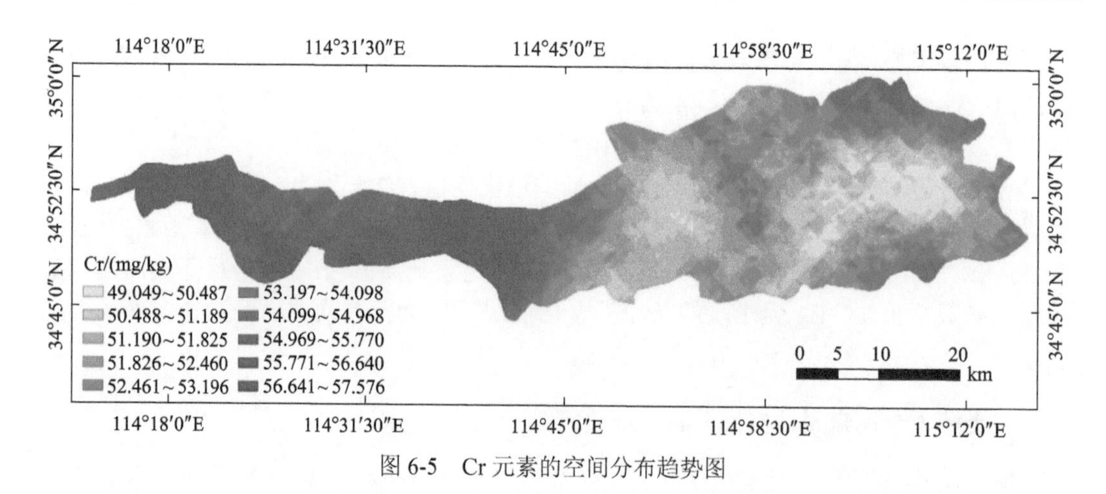

图 6-5　Cr 元素的空间分布趋势图

根据图 6-5 可知，Cr 元素在研究区的整体分布趋势为西高东低，西部的 Cr 元素含量范围大多在 54.099～57.576mg/kg，东部多处于 49.049～52.460mg/kg。在研究区西部，Cr 的含量空间部分整体上都偏高，北部出现小部分低值区。在研究区东部，呈现中间部分较高，两侧较低，边缘区四周较高的特征。

3. Ni 元素的空间模拟分析

利用 ArcGIS 10.2 软件的地统计分析工具，对 Ni 元素采取径向基函数插值法，以反高次曲面函数为参数，得出 Ni 元素的空间模拟分布图，如图 6-6 所示。

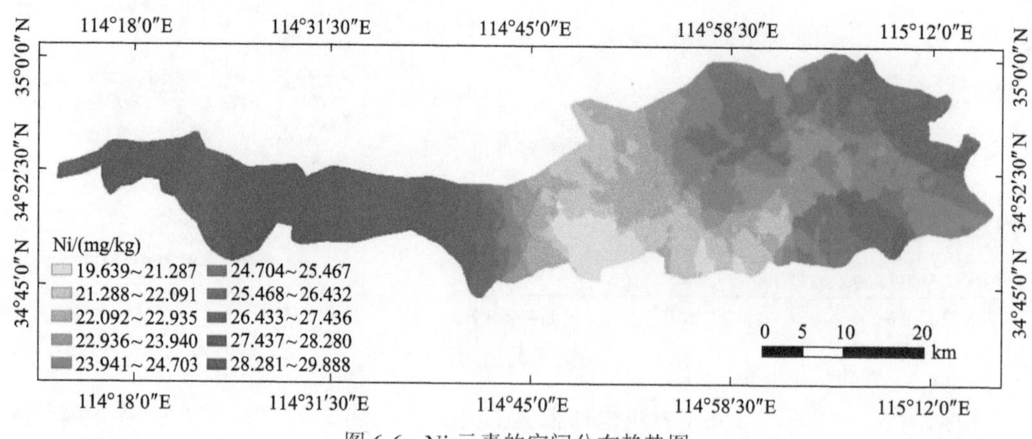

图 6-6　Ni 元素的空间分布趋势图

根据图 6-6 可知，研究区 Ni 元素含量分布整体上呈现中间低、两侧较高的趋势。中间较低值多介于 19.639～23.940mg/kg，两侧值多处于 23.941～29.888mg/kg。研究区西部 Ni 元素含量高的原因与人口聚集、交通便利和工厂密集有关；而研究区东部 Ni 元素含量高的原因是由于居民点和公路的分布。

4. Zn 元素的空间模拟分析

利用 ArcGIS 10.2 软件的地统计分析工具，对 Zn 元素采取全局多项式插值法，多项式阶数为4阶，得出Zn元素的空间模拟分布图，如图6-7所示。

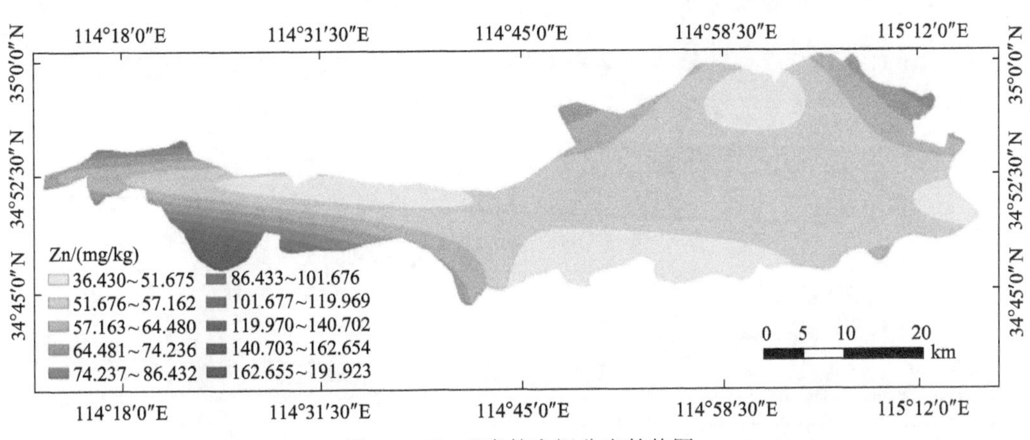

图6-7　Zn元素的空间分布趋势图

从图6-7可以看出，研究区土壤重金属元素Zn的含量值整体上处于较低水平，表现为四周较高、中间低的分布特征；含量值多为36.430～64.480mg/kg。根据表6-1的统计结果可知，Zn的总超标率为7.05%，平均值含量未超过河南省潮土背景值。在西部开封郊区范围内，南部呈现由南向北带状递减的趋势，最西处有一部分较高值。研究区东部大部分地区处于较低值，东北角处出现部分较高值区。

5. Cd元素的空间模拟分析

利用ArcGIS 10.2软件的地统计分析工具，对Cd元素采取泛克里金插值法，趋势效应为1阶，模型为指数模型，得出Cd元素的空间模拟分布图，如图6-8所示。

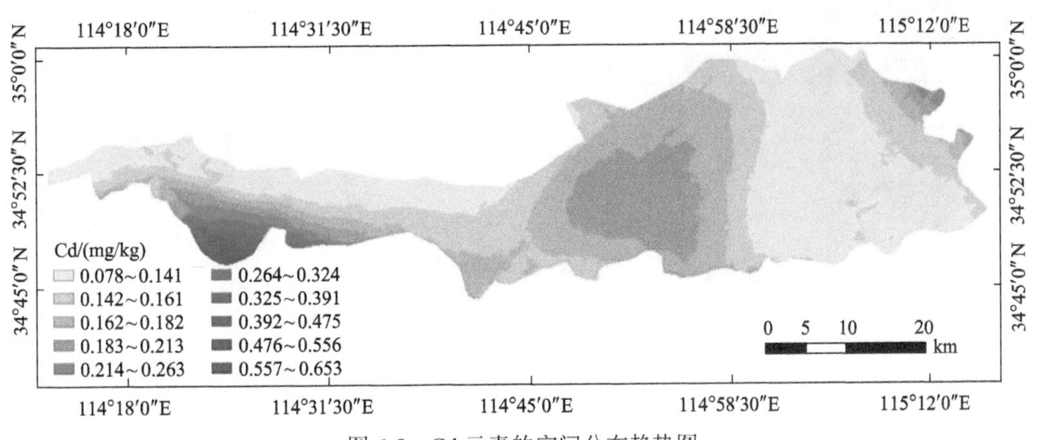

图6-8　Cd元素的空间分布趋势图

从图6-8可以看出，研究区大部分区域已经超过河南省潮土背景值。研究区的整体空间分布趋势为：西南部有一部分高值区，且呈现由南向北条状递减趋势，中间值处于0.162～0.263mg/kg，东部处于0.078～0.161mg/kg，研究区中部有一部分高值区，东北方向有一小部分高值区。

6. As 元素的空间模拟分析

利用 ArcGIS 10.2 软件的地统计分析工具，对 As 元素采取反高次曲面函数径向基函数插值法，得出 As 元素的空间模拟分布图，如图 6-9 所示。

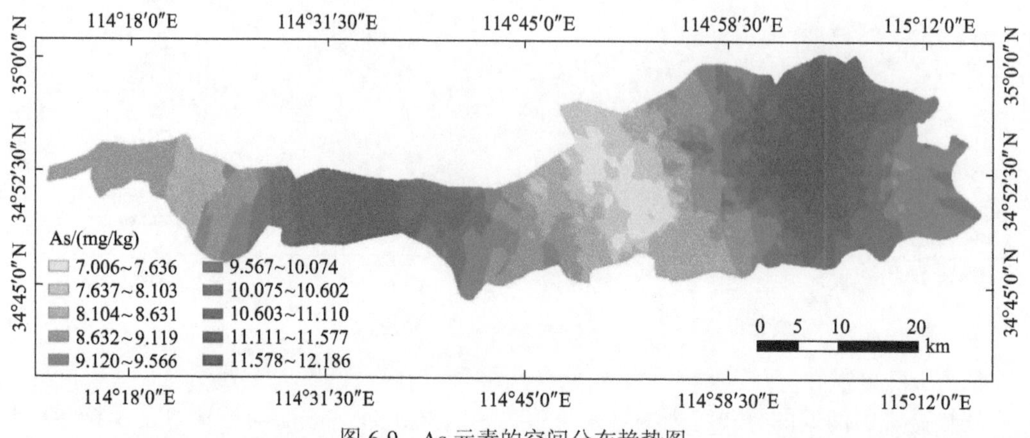

图 6-9　As 元素的空间分布趋势图

根据图 6-9 所示，研究区土壤 As 元素整体上从西向东低—高—低—高的趋势。整体超标率为 48.08%，接近 50%的水平，说明研究区整体的污染还是较严重的。在研究区的偏中部地区和东部地区，As 元素的值较高，这与化肥农药的使用和废水灌溉有关。

7. Hg 元素的空间模拟分析

利用 ArcGIS 10.2 软件的地统计分析工具，对 Hg 元素采取泛克里金插值法，趋势效应为 1 阶，模型为指数模型，得出 Hg 元素的空间模拟分布图，如图 6-10 所示。

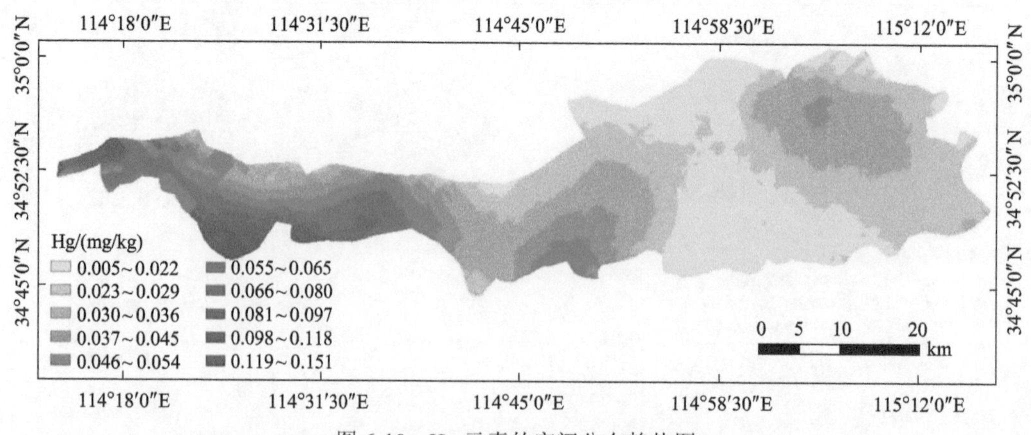

图 6-10　Hg 元素的空间分布趋势图

从图 6-10 可知，研究区 Hg 元素的空间分布趋势大致呈西高东低的趋势。根据表 6-1 可知，Hg 元素的背景值为 0.047mg/kg，总的超标率为 21.79%。Hg 元素超标区多集中在西部，也就是开封郊区部分，而在研究区东部范围内大部分 Hg 元素没有超标，含量值较低。

8. Pb 元素的空间模拟分析

利用 ArcGIS 10.2 软件的地统计分析工具，对 Pb 元素采取反高次曲面函数径向基函数插值法，得出 Pb 元素的空间模拟分布图，如图 6-11 所示。

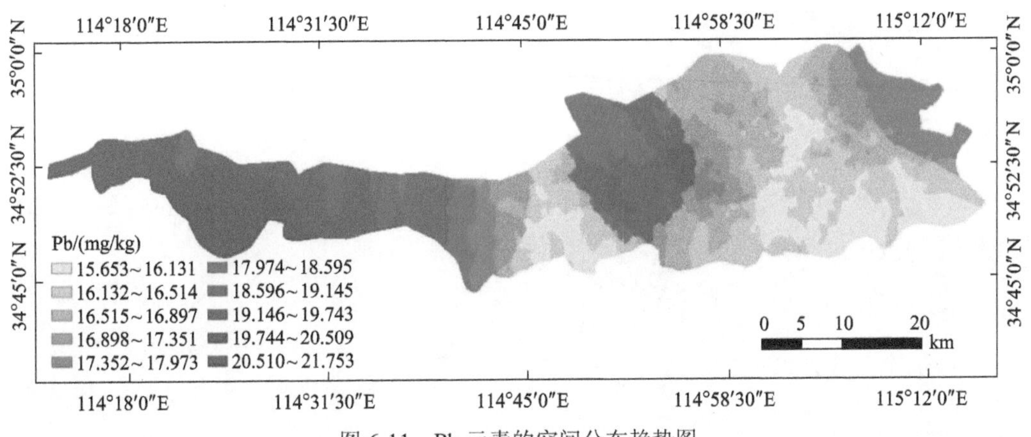

图 6-11　Pb 元素的空间分布趋势图

根据图 6-11 所示，土壤重金属 Pb 元素的空间分布特征自西向东大致为：高—低—高—低的趋势。研究区的西部范围内整体处于一个高值区，这一部分为开封郊区，离城区较近，中部出现了高值区，这一区域为兰考县城区，这一部分值较高的原因与城镇化建设和人类活动频繁有关。

6.3　土壤重金属的污染评价与来源分析

6.3.1　评价方法

国内外学者对土壤重金属的评价进行了很多研究，常用的评价方法一般是指数法，如单因子污染指数法、内梅罗综合污染指数法、地累积污染指数法和污染负荷指数法(Islam et al.，2015；李一蒙等，2015；张鹏岩等，2017)。单因子污染指数法是对单个因子的污染做出评价，具有操作简单、应用范围广的优点，但是不能明确表现出整体的环境污染现状。内梅罗综合污染指数法较好地弥补了单因子污染指数法的不足，能把各种重金属对环境的影响综合表现出来。地累积污染指数法和污染负荷指数法基于背景值，对土壤重金属含量进行归一化处理，不仅考虑了自然因素造成的环境影响，还考虑了人类活动对环境的影响，可以更好地评价土壤重金属污染程度。

1. 单因子污染指数法

通过单因子评价，可以得出主要的重金属污染程度，其被广泛应用于大气、河流沉积物和土壤中(王秋霜等，2018)，一般用污染指数来表达，其计算公式为

$$P_i = \frac{C_i}{S_i} \tag{6-19}$$

式中，P_i 为 i 重金属单因子污染指数；C_i 为重金属 i 的含量实测值；S_i 为河南省潮土 i 背景值。

根据单因子污染指数值将其分为四个等级(钟晓兰等，2007)，即当 $P_i \leqslant 1$ 时为无污染，$1 < P_i \leqslant 2$ 时为轻污染，$2 < P_i \leqslant 3$ 时为中污染，$P_i > 3$ 时为重污染。

2. 内梅罗综合污染指数法

内梅罗综合污染指数法是通过将单因子污染指数平均值和最高值结合，较好地反映污染的综合状况(韩术鑫等，2017)。其公式如下：

$$P_{综} = \sqrt{\frac{\left(\frac{1}{n}\sum_{i=1}^{n} P_i\right)^2 + {P_{i\max}}^2}{2}} \tag{6-20}$$

式中，$P_{综}$ 为采样点的内梅罗综合污染指数；$P_{i\max}$ 为采样点重金属污染物单项污染指数中的最大值；P_i 为 i 重金属污染指数。

本章研究所涉及的土壤重金属内梅罗综合污染指数分级标准(孟凡乔和史雅娟，2000；孙华等，2018)见表 6-19。

表 6-19　土壤重金属内梅罗综合污染指数分级标准

污染等级	内梅罗综合污染指数	污染程度	污染水平
1	$P_{综} \leqslant 0.7$	安全	清洁
2	$0.7 < P_{综} \leqslant 1$	警戒线	尚清洁
3	$1 < P_{综} \leqslant 2$	轻污染	开始受到污染
4	$2 < P_{综} \leqslant 3$	中污染	污染明显
5	$P_{综} > 3$	重污染	污染严重

3. 地累积污染指数法

地累积污染指数法是由 Muller(1969)提出的，不仅能较好地反映出土壤重金属含量分布的自然变化特征，还能有效地反映出人类活动对环境造成的影响，其是研究土壤重金属污染程度的重要指数(王斐等，2015)。其公式如下：

$$I_{\text{geo}} = \log_2\left[C_n/(K \times B_n)\right] \tag{6-21}$$

式中，I_{geo} 为地累积污染指数；C_n 为土壤样品 n 的含量实测值；B_n 为背景浓度值；K 为引起背景值变动的校正系数，一般取值 1.5(Liu et al.，2016)。

地累积污染指数一般分为 7 级(Xiao et al.，2015)，对应的污染程度见表 6-20。

表 6-20　土壤重金属地累积污染指数分级标准

等级	I_{geo}	污染程度
1	$I_{geo}<0$	无污染
2	$0\leq I_{geo}<1$	无-中污染
3	$1\leq I_{geo}<2$	中污染
4	$2\leq I_{geo}<3$	中-强污染
5	$3\leq I_{geo}<4$	强污染
6	$4\leq I_{geo}<5$	强-极强污染
7	$I_{geo}\geq 5$	极强污染

4. 污染负荷指数法

污染负荷指数法是对研究区内多种重金属进行评价，并对各点的污染程度进行分级，能较为直观地反映出重金属的污染情况，并且还能表现出重金属在空间和时间上的变化趋势，该指数被广泛引入土壤重金属评价中(王婕等，2013；徐燕等，2008)。其公式如下：

$$CF_i = C_i / C_n \tag{6-22}$$

$$PLI = \sqrt[n]{CF_1 \times CF_2 \times CF_3 \times \cdots \times CF_n} \tag{6-23}$$

式中，CF_i 为重金属 i 的污染负荷指数；C_i 为重金属 i 的含量实测值；C_n 重金属 i 的背景值；n 为评价元素个数；PLI 为点的污染负荷指数。

根据汤洁等(2010)的研究，将污染负荷指数分级标准划分如下：PLI<1 为无污染，1≤PLI<2 为中污染，2≤PLI<3 为强污染，PLI≥3 为极强污染。

5. 潜在生态风险指数法

Hakanson(1980)提出了潜在生态风险指数法，这一方法不仅考虑了重金属对环境的作用和影响，还结合了与毒理学相关的评价指标，适合对大区域范围的土壤重金属评价，是综合反映重金属对生态环境影响潜力的指标(李雪梅等，2010)。其计算公式为

$$RI = \sum_{i=1}^{m} E_r^i = \sum_{i=1}^{m} T_r^i \times C_n^i = \sum_{i=1}^{m} T_r^i \times \frac{c_j^i}{c_r^i} \tag{6-24}$$

$$E_r^i = T_r^i \times C_n^i \tag{6-25}$$

$$C_n^i = \frac{c_j^i}{c_r^i} \tag{6-26}$$

式中，RI 为综合潜在生态风险指数；E_r^i 为单项潜在生态风险指数；T_r^i 为第 i 种重金属毒性系数(徐争启等，2008)(表 6-21)；C_n^i 为第 i 种污染指数；c_j^i 为第 i 种重金属含量实测值；c_r^i 为第 i 种重金属背景值。

表 6-21 重金属的毒性系数

重金属种类	Hg	Cd	As	Pb	Cu	Ni	Cr	Zn
毒性系数	40	30	10	5	5	5	2	1

潜在生态风险指数法的分级标准最初是由 Hakanson 在研究湖泊沉积物时提出的，最大毒性系数和毒性响应系数之和是该标准的基础，参与评价的污染物种类和数量不同，得到的潜在生态风险指数也不一样，参评的重金属越多，毒性越强，RI 值就越大(马建华等，2011)。因此，在运用潜在生态风险指数法评价时，应根据实际评价的重金属种类和数量进行调整。本章研究首先根据 Hakanson 的第一级分级界限值(150)除以 8 种污染物毒性响应系数总值(133)，得到单位毒性系数的 RI 分级值(1.13)，再用得到的分级值乘以本章研究中 8 种重金属的毒性响应系数总值(98)，并取十位整数得到 RI 第一级界限值(1.13×98=110.74≈110)，其他级别的分级值用上一级的分级值乘以 2 得到(马建华等，2007；谷蕾等，2012)。具体分级标准见表 6-22。

表 6-22 土壤重金属潜在生态风险指数分级标准

E_r^i	RI	生态风险级别
<40	<110	轻微
40～80	110～220	中等
80～160	220～440	强
160～320	440～880	很强
>320	>880	极强

6.3.2 评价结果分析

1. 单因子污染指数评价结果分析

利用 SPSS 软件对研究区土壤重金属的单因子污染指数进行了描述性分析，结果见表 6-23。

表 6-23 土壤重金属单因子污染指数评价结果描述性分析

项目	Cu	Cr	Ni	Zn	Pb	Cd	As	Hg
样本数	156	156	156	156	156	156	156	156
极小值	0.33	0.33	0.44	0.45	0.49	0.80	0.29	0.06
极大值	2.66	1.40	1.59	2.63	2.10	7.70	1.92	6.62
均值	0.71	0.80	0.84	0.79	0.81	1.66	0.98	0.89
标准差	0.25	0.22	0.17	0.21	0.18	0.68	0.28	0.96
方差	0.06	0.05	0.03	0.04	0.03	0.46	0.08	0.92
偏度	3.45	–0.09	1.26	4.81	3.42	4.83	0.30	3.81
峰度	22.09	–0.13	3.63	39.92	17.89	39.85	0.50	17.02

由表 6-23 可知，研究区 8 种重金属只有 Cd 的单因子污染指数平均值超过 1，根据

评价标准，为轻污染状态，其余 7 种重金属 Cu、Cr、Ni、Zn、Pb、As、Hg 的平均值均小于 1，说明处于安全水平内，但也都大于 0.7，其中，As 的均值为 0.98，处于轻污染和无污染的临界点。从极大值来看，8 种重金属的单因子指数均超过了 1，均已达到轻污染程度，其中，Cd 和 Hg 的最大值分别为 7.70 和 6.62，达到了重污染程度，Cu、Zn、Pb 为中污染。说明研究区内 8 种土壤重金属 Cu、Cr、Ni、Zn、Pb、As、Hg、Cd 均出现了不同程度的污染，又以 Cd 和 Hg 的污染相对严重。

对研究区 8 种重金属的单因子污染指数的污染程度进行了分级，结果见表 6-24。

表 6-24　土壤重金属单因子污染指数评价等级

项目	Cu	Cr	Ni	Zn	Pb	Cd	As	Hg
无污染点数	140	132	135	145	142	11	83	122
轻污染点数	15	24	21	10	13	114	73	23
中污染点数	1	0	0	1	1	29	0	5
重污染点数	0	0	0	0	0	2	0	6
污染点总数	16	24	21	11	14	145	73	34
污染点比例/%	10	15	13	7	9	93	47	22

由表 6-24 可知，研究区内土壤重金属 Cu 的无污染点数为 140 个，轻污染点数为 15 个，中污染点数为 1 个，污染点比例为 10%；土壤重金属 Cr 的无污染点数和轻污染点数分别为 132 个和 24 个，污染点比例为 15%；土壤重金属 Ni 的无污染点数和轻污染点数分别为 135 个和 21 个，污染点比例为 13%；土壤重金属 Zn 的无污染点数为 145 个，10 个轻污染点数，1 个中污染点数，污染点比例为 7%；土壤重金属 Pb 的无污染点数为 142 个，轻污染点数为 13 个，中污染点数为 1 个，污染点比例为 9%；土壤重金属 Cd 的污染点总数为 145 个，其中，114 个轻污染点数，29 个中污染点数，2 个重污染点数，无污染点数为 11 个，污染点比例为 93%；土壤重金属 As 的单因子污染指数等级分为 2 类，无污染点数和轻污染点数分别为 83 个和 73 个，污染点比例为 47%；土壤重金属 Hg 的单因子污染指数等级分为 4 类，分别是无污染点数(122 个)、轻污染点数(23 个)、中污染点数(5 个)、重污染点数(6 个)，污染点总数为 34 个，污染点比例为 22%。

综上，通过对研究区 8 种重金属进行的单因子等级评价分析，研究区内 Cd 污染最严重，As 次之，Cu、Zn、Pb 处于相对安全水平，Cr、Ni、Hg 出现了一定程度的污染。

2. 内梅罗综合污染指数评价结果分析

根据式(6-20)，对研究区 8 种重金属元素含量进行计算，得出内梅罗综合污染指数，并结合分级标准进行分级，分级结果见表 6-25。

根据表 6-25 可知，研究区土壤重金属综合污染程度大部分点处于轻污染程度，样点个数为 125 个，比例为 80.13%。达到警戒线的有 17 个点，比例为 10.90%，污染程度为中污染的有 11 个，重污染的有 2 个，比例分别为 7.05%和 1.28%。研究区达到安全级别的点数仅为 1 个，占比为 0.64%。研究区内总的污染点数为 138 个，样点比例为 88.46%，说明研究区已经开始遭到污染，并以轻污染为主。

表 6-25　土壤重金属内梅罗综合污染指数分级表

内梅罗综合污染指数	污染等级	样点数目	样点比例/%
$P_{综}\leqslant0.7$	安全	1	0.64
$0.7<P_{综}\leqslant1$	警戒线	17	10.90
$1<P_{综}\leqslant2$	轻污染	125	80.13
$2<P_{综}\leqslant3$	中污染	11	7.05
$P_{综}>3$	重污染	2	1.28
$P_{综}>1$	污染	138	88.46

3. 地累积污染指数评价结果分析

根据式(6-21)可以计算出研究区土壤重金属的地累积污染指数结果，利用 SPSS 20.0 对计算结果进行描述性分析，结果见表 6-26。

表 6-26　土壤重金属地累积污染指数评价结果描述性分析

项目	Cu	Cr	Ni	Zn	Pb	Cd	As	Hg
样本数	156	156	156	156	156	156	156	156
极小值	−2.18	−2.17	−1.77	−1.73	−1.62	−0.91	−2.33	−4.55
极大值	0.82	−0.10	0.08	0.81	0.48	2.36	0.35	2.14
均值	−1.14	−0.97	−0.86	−0.95	−0.93	0.07	−0.68	−1.20
标准差	0.42	0.43	0.28	0.30	0.27	0.45	0.45	1.07
方差	0.18	0.19	0.08	0.09	0.07	0.20	0.20	1.14
偏度	0.80	−0.74	0.25	1.42	1.81	0.83	−0.83	0.18
峰度	2.82	−0.14	1.42	7.69	6.31	3.55	1.58	2.13

由表 6-26 可知，研究区 8 种(Cu、Cr、Ni、Zn、Pb、Cd、As、Hg)重金属的地累积污染指数平均值分别为−1.14、−0.97、−0.86、−0.95、−0.93、0.07、−0.68、−1.20。根据表 6-20 可知，Cd 元素的地累积污染指数为无-中污染，这与研究农药和化肥的使用有关，其他 7 种土壤重金属的地累积污染指数的平均值均小于 0，呈无污染状态。除 Cr 极大值小于 0，为无污染外，其他 7 种土壤重金属 Cu、Ni、Zn、Pb、Cd、As、Hg 的地累积污染指数值均大于 0，其中 Cu、Ni、Zn、Pb 和 As 元素的累积污染均为无-中污染；Cd 和 Hg 元素的累积污染分别为中-强污染，说明研究区出现了不同程度的累积污染，又以 Cd 和 Hg 最为严重。

根据地累积污染指数分级标准(表 6-20)，对研究区 8 种的地累积污染指数进行了分级，结果见表 6-27。

根据表 6-27 可知，研究区土壤重金属 Cu 的无污染点数为 155 个，污染点总数为 1 个，污染点比例为 0.64%，这 1 个点的污染级别为无-中污染；Cr 元素的污染点总数为 0，说明研究区的 Cr 元素尚不存在累积污染；Ni 元素的污染点总数为 2 个，污染点比例为 1.28%，污染级别为无-中污染；Zn 元素的污染点总数和累积污染级别与 Cu 元素一致，为 1 个无-中污染点数；Pb 元素的无污染点数为 153 个，无-中污染点数为 3 个，污染点比例为 1.92%；

表 6-27　土壤重金属地累积污染指数评价等级

项目	Cu	Cr	Ni	Zn	Pb	Cd	As	Hg
无污染点数	155	156	154	155	153	80	149	139
无-中污染点数	1	0	2	1	3	73	7	11
中污染点数	0	0	0	0	0	2	0	5
中-强污染点数	0	0	0	0	0	1	0	1
强污染点数	0	0	0	0	0	0	0	0
强-极强污染点数	0	0	0	0	0	0	0	0
极强污染点数	0	0	0	0	0	0	0	0
污染点总数	1	0	2	1	3	76	7	17
污染点比例/%	0.64	0.00	1.28	0.64	1.92	48.72	4.49	10.90

Cd 元素的污染点总数有 76 个，污染点比例达到了 48.72%，其中，无-中污染点数有 73 个，中污染点数有 2 个，中-强污染点数有 1 个，累积污染较严重；As 元素的污染点总数为 7 个，污染点比例为 4.49%，均为无-中污染；Hg 元素的污染点总数为 17 个，比例为 10.90%，和元素 Cd 相同，涉及 3 个污染级别，分别为无-中污染(11 个)、中污染(5 个)、中-强污染(1 个)。

综上，通过对地累积污染指数评价可知，研究区土壤重金属 Cd 的累积污染最严重，Cr 元素没有出现累积污染情况，总的来看，研究区土壤重金属大多处于无-中污染程度，富集程度相对较轻。

4. 污染负荷指数评价结果分析

根据式(6-22)和式(6-23)，结合 Excel 软件，计算出研究区土壤重金属的污染负荷指数值(PLI)，并根据评价标准，对 PLI 进行分级，结果见表 6-28。

表 6-28　土壤重金属污染负荷指数分级表

污染负荷指数	污染等级	样点数目	样点比例/%
PLI＜1	无污染	132	84.62
1≤PLI＜2	中污染	24	15.38
2≤PLI＜3	强污染	0	0.00
PLI≥3	极强污染	0	0.00

由表 6-28 可知，研究区土壤重金属的污染负荷指数处于无污染等级的样点数有 132 个，样点比例为 84.62%，处于中污染等级的点数有 24 个，样点比例为 15.38%。研究区没有出现强污染和极强污染程度，说明研究区土壤整体污染程度较弱。

5. 潜在生态风险指数评价结果分析

本章研究选取的参比值以河南省潮土背景值为基准，能更好地反映出区域分异性。利用式(6-24)可以计算出潜在生态风险指数值，结合 SPSS 软件，并根据表 6-22 的分级标准，对研究区重金属的潜在生态风险指数值进行描述性统计分析和分级评价，结果见表 6-29。

表 6-29　土壤重金属潜在生态风险指数评价结果描述性分析

项目	Cu	Cr	Ni	Zn	Pb	Cd	As	Hg	RI
样本数	156	156	156	156	156	156	156	156	156
极小值	1.66	0.67	2.20	0.45	2.44	24.00	2.99	2.55	44.43
极大值	13.28	2.81	7.94	2.63	10.48	231.00	19.18	264.68	496.93
均值	3.55	1.60	4.22	0.79	4.03	49.73	9.80	35.44	109.17
标准差	1.27	0.43	0.86	0.21	0.92	20.36	2.80	38.41	52.51
方差	1.60	0.19	0.75	0.04	0.85	415.98	7.86	1475.00	2757.76
偏度	3.45	−0.09	1.26	4.81	3.42	4.83	0.30	3.81	3.96
峰度	22.09	−0.13	3.63	39.92	17.89	39.85	0.50	17.02	22.41
污染等级	轻微	轻微	轻微	轻微	轻微	中等	轻微	轻微	轻微

根据表 6-29 可知，研究区 8 种土壤重金属的平均值只有 Cd 达到了中等风险程度，其他 7 种都是轻微风险，综合潜在生态风险指数(RI)也为轻微风险，说明研究区的风险程度较低，Cd 是该区域主要的风险因子。从极大值来看，只有 Cd 和 Hg 超过了 40，分别为 231.00 和 264.68，均达到了很强风险程度，其他 7 种重金属的极大值均小于 40，为轻微风险，说明 Cd 和 Hg 元素不同程度上出现了很强风险，这与 Cd 和 Hg 元素本身的毒性较高有关。从极小值来看，研究区 8 中土壤重金属均小于 40，为轻微风险级别。综合潜在生态风险指数(RI)的极大值为 496.93，根据分级标准，为很强风险，说明综合潜在生态风险也出现了不同程度的很强风险，这主要是由于 Cd 和 Hg 的极大值引起的。

6. 插值结果分析

本章研究仅对研究区的 8 种重金属含量进行了空间插值比较分析，对污染评价结果不再进行空间插值比较。反距离加权插值法具有计算简单、易操作、所需参数较少、能保留空间分布的细节信息等特点(王春光等，2018；陈思萱等，2015；谢云峰等，2010)。因此，本章研究选择反距离加权插值法对研究区的污染指数评价结果进行插值分析。

结合 ArcGIS 10.2 软件，对以上单因子污染指数、内梅罗综合污染指数、地累积污染指数和污染负荷指数的评价结果等级进行空间插值，结果如图 6-12～图 6-16 所示。

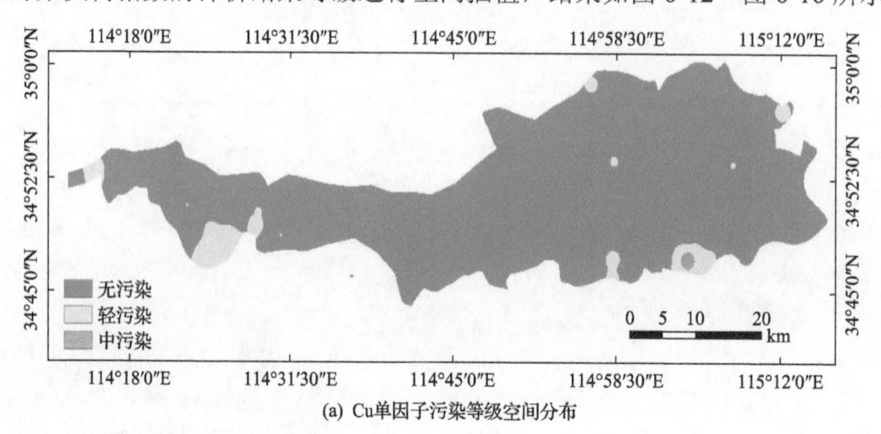

(a) Cu单因子污染等级空间分布

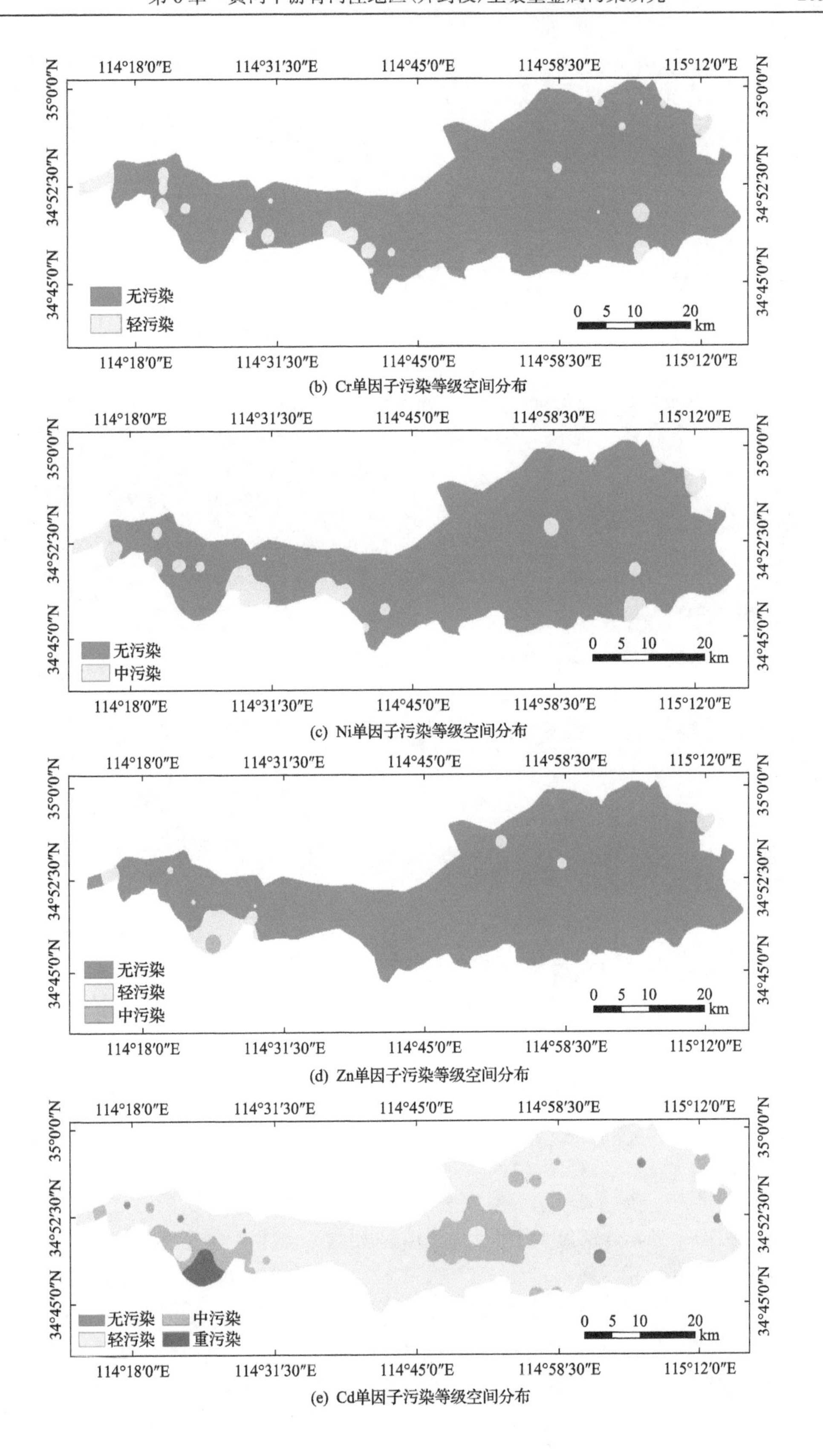

(b) Cr单因子污染等级空间分布

(c) Ni单因子污染等级空间分布

(d) Zn单因子污染等级空间分布

(e) Cd单因子污染等级空间分布

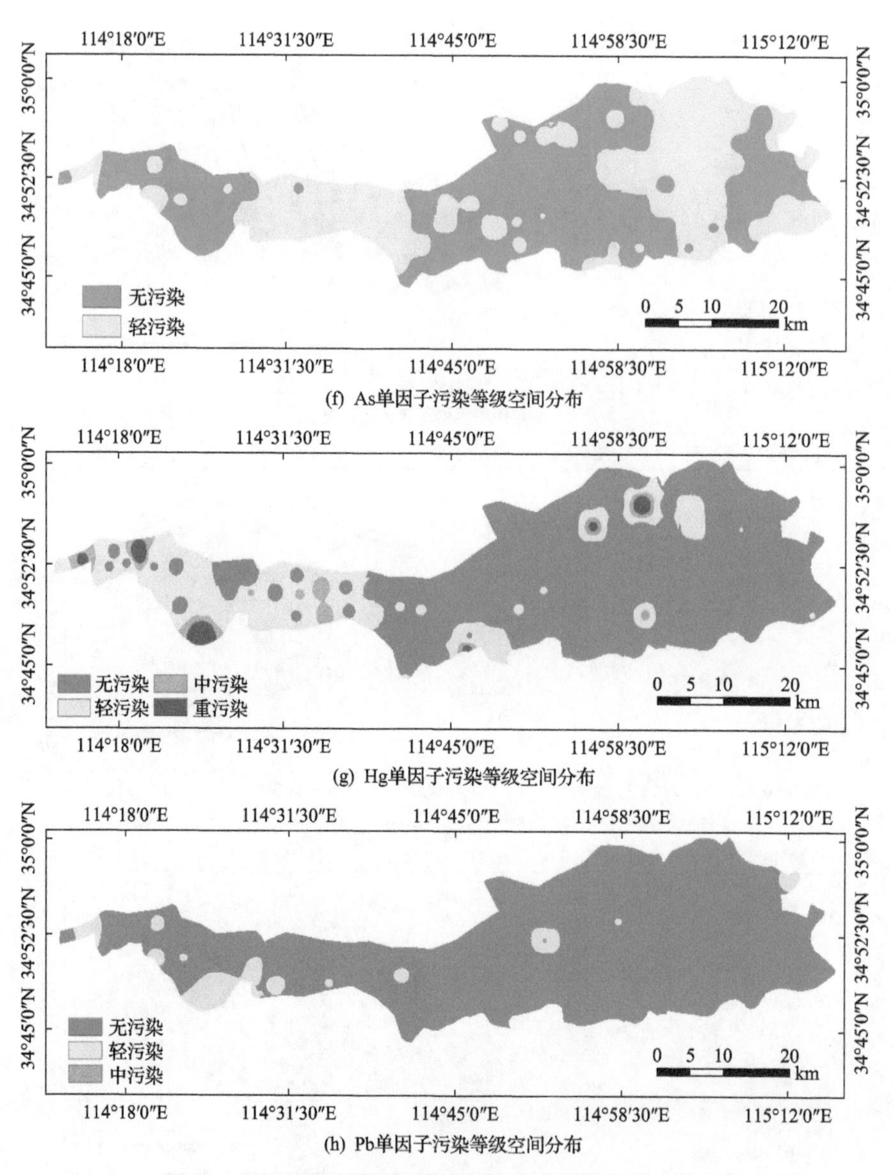

(f) As单因子污染等级空间分布

(g) Hg单因子污染等级空间分布

(h) Pb单因子污染等级空间分布

图 6-12　研究区土壤重金属单因子污染等级空间分布图

由图 6-12 可知，研究区除 Cd、As 外，其他 6 种(Cu、Cr、Ni、Zn、Pb、Hg)重金属均以无污染为主，Cd 则以轻污染为主，造成研究区 Cd 元素大范围轻污染的原因可能是农药化肥的过多使用。Cr、Ni、As 这 3 种元素有无污染和轻污染两种污染等级，Cu、Zn、Pb 存在无污染、轻污染和中污染 3 种等级，其中，中污染所占的区域较小，Cd 和 Hg 存在 4 种污染等级，分别为无污染、轻污染、中污染和重污染等级，其中 Hg 元素的重污染区域要比 Cd 污染区域多，Hg 的重污染区域大多距离村庄道路较近，过往车辆较多，汽车尾气可能是引起 Hg 元素污染的主要原因，且在研究区的西南部，Cd 和 Hg 元素重污染区有重合，这一区域为郊区，居民点较多，且距离采样点 1.4km 处有燃煤企业，汽车尾气、煤炭燃烧可能是造成这一区域成为重污染区的主要原因。

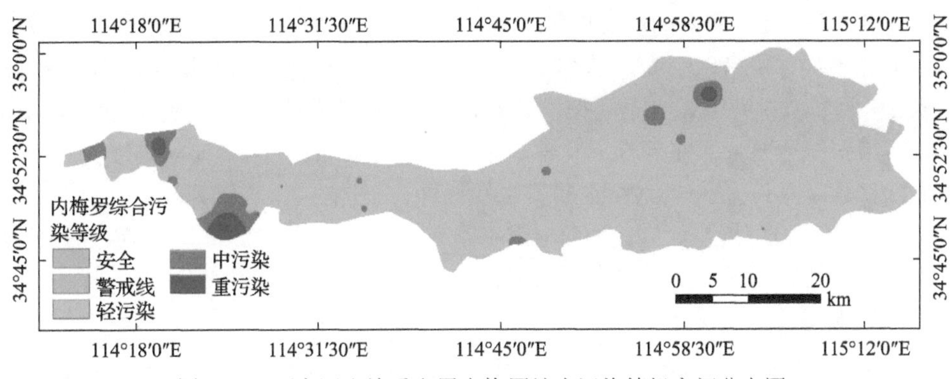

图 6-13　研究区土壤重金属内梅罗综合污染等级空间分布图

从图 6-13 可以看出，研究区的综合污染指数达到了 5 个等级，其中，大部分区域以轻污染为主，警戒线以下等级所占区域非常少，安全等级的区域更是微乎其微，甚至可以忽略不计，说明研究区的土壤已经大面积遭到污染。研究区的重污染区域与 Cd 和 Hg 元素的区域有很多重合，这些高值区域有部分工业企业且交通便利、居民点密集，人为活动较大，排放的汽车尾气、工业废气废水、生活垃圾以及农药化肥使用等，导致了这一区域土壤出现了重金属污染。

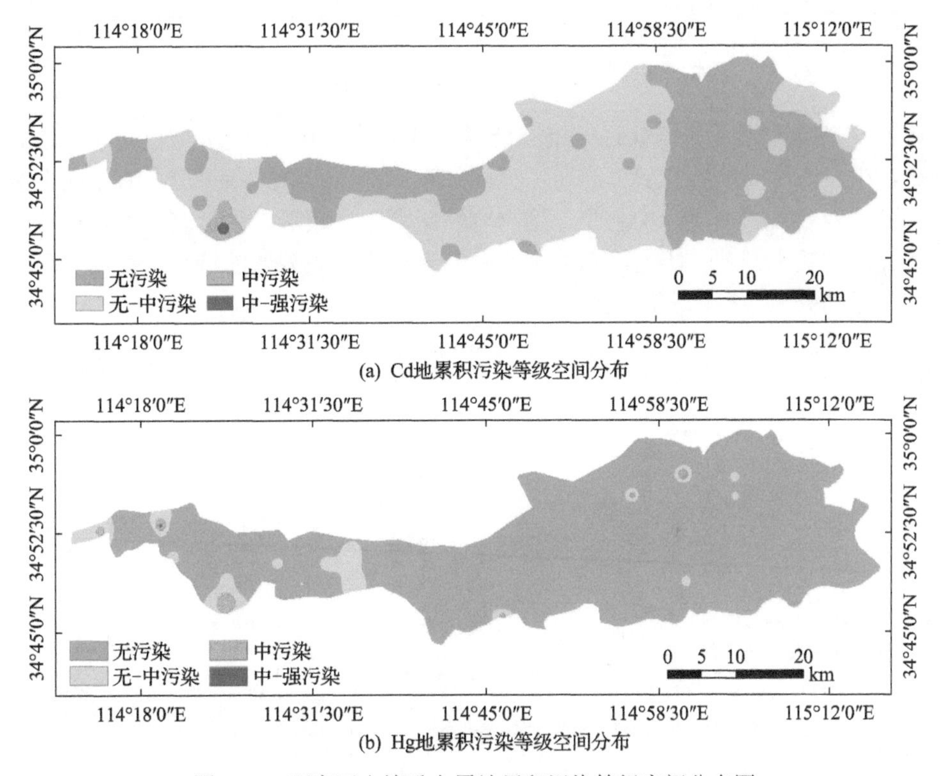

图 6-14　研究区土壤重金属地累积污染等级空间分布图

根据地累积污染指数计算结果，研究区土壤重金属 Cu、Cr、Ni、Zn、Pb、As、Hg 7 种元素的地累积污染指数值较低，大部分区域为无污染累积，其中 Cr 元素在全区域为无污染，另外，只有 Cd 元素的污染以无污染和无-中污染程度为主，说明研究区 8 种元素并没有出现较严重的累积污染。仅对 Cd 和 Hg 两种元素的空间分布特征进行分析，Cd 和 Hg 元素的累积污染等级为无污染、无-中污染、中污染、中-强污染 4 种等级。Cd 元素的无污染累积主要分布在研究区东部，即兰考县东部，而兰考县西部则以无-中污染累积为主，中污染和中-强污染累积主要集中在郊区，工业较多，人口密集，人为活动强烈。Hg 元素在研究区兰考县范围内没有出现中-强污染累积，说明兰考县的污染累积程度较低。而在研究区的西部，开封郊区则出现了中污染和中-强污染累积区，说明 Hg 元素在开封的郊区出现了不同程度的累积情况。

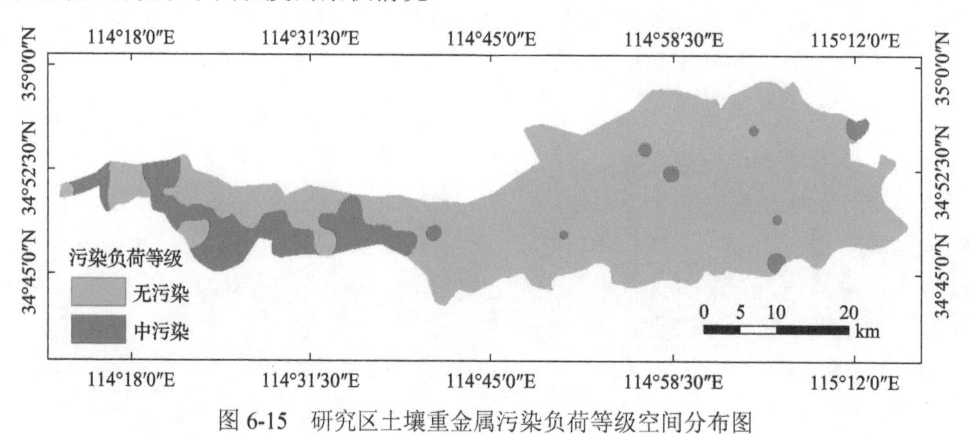

图 6-15　研究区土壤重金属污染负荷等级空间分布图

从图 6-15 可以看出，研究区土壤重金属污染负荷指数值较低，以无污染为主，中污染分布较少。无污染区域主要分布在研究区的东部，兰考县内零星分布有中污染区域。在研究区的西南部，以中污染为主，这一区域距离工厂较近，附近有大型煤矿企业，且附近居民活动较为剧烈。研究区总的空间分布表现为西高东低的特征，在研究区西部，呈南高北低的分布特征。

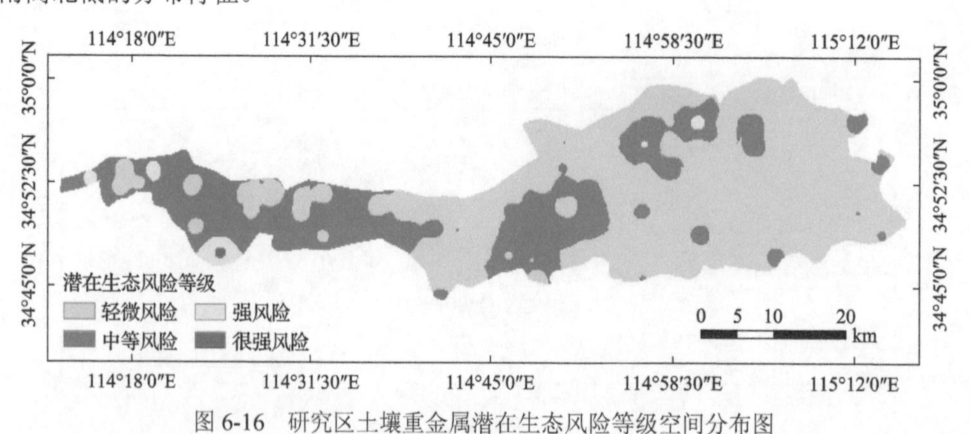

图 6-16　研究区土壤重金属潜在生态风险等级空间分布图

由图 6-16 可知，研究区土壤重金属的潜在生态风险等级空间分布特征以轻微风险为主，中等风险次之，强风险很小，很强风险最小。轻微风险区域主要集中在研究区的东部，即兰考县区域内；在研究区的西部，以中等风险为主，这一区域为开封市辖郊区；

强风险区域和很强风险区域附近为城中村，该区域紧邻村民居住区，可见，人为活动对潜在生态风险影响较大。

6.3.3　污染来源分析

土壤重金属来源主要为自然源和人为源，探讨土壤重金属污染物的来源对研究区的土壤重金属污染防治、保障粮食生产和农业发展具有重要的指导意义。目前，对土壤重金属来源的研究大多运用多元统计分析方法(郭彦海等，2017；陈秀端和卢新卫，2017)。因此，本章研究根据前人研究方法，结合 SPSS 软件，运用相关性分析法和主成分分析法对研究区的土壤重金属污染来源进行辨识，以期找到研究区的各重金属污染来源，为土壤重金属污染的治理提供依据。

1. 相关性分析

不同重金属之间的相关性分析对识别重金属的来源具有重要的作用(吕建树等，2012)，而 Pearson 相关系数可以用来表示两个变量之间的相关程度。当 Pearson 值为正数时，表示两变量呈正相关，值越大相关性越强，反之，为负数时，呈负相关，值越小相关性越强；当 Pearson 值为 0 时，表示两个变量之间没有相关性。若两种重金属含量呈较强的正相关时，则说明两种重金属可能来自同一种污染源。

本章研究对研究区的 8 种重金属的 Pearson 相关系数进行了计算，结果见表 6-30。

表 6-30　研究区土壤重金属 Pearson 系数计算结果

重金属	Cu	Cr	Ni	Zn	Pb	Cd	As	Hg
Cu	1							
Cr	0.346**	1						
Ni	0.607**	0.704**	1					
Zn	0.571**	0.443**	0.584**	1				
Pb	0.485**	0.408**	0.588**	0.682**	1			
Cd	0.402**	0.272**	0.289**	0.808**	0.623**	1		
As	0.341**	0.499**	0.565**	0.292**	0.195*	0.091	1	
Hg	0.222**	0.167*	0.195*	0.439**	0.362**	0.437**	0.037	1

*、**分别表示 $P<0.05$ 和 $P<0.01$ 下显著水平。

从表 6-30 可以看出，研究区土壤重金属 Cu 与 Cr、Ni、Zn、Pb、Cd、As、Hg 之间均呈极显著($P<0.001$)的正相关关系；Cr 与 Ni、Zn、Pb、Cd、As 之间呈极显著($P<0.001$)的正相关关系，Cr 与 Hg 之间呈显著($P<0.005$)的正相关关系；Ni 与 Zn、Pb、Cd、As 之间呈极显著($P<0.001$)的正相关关系，Ni 与 Hg 之间呈显著($P<0.005$)的正相关关系；Zn 与 Pb、Cd、As、Hg 之间均呈极显著($P<0.001$)的正相关关系；Pb 与 Cd、Hg 之间呈极显著($P<0.001$)的正相关关系，与 As 呈显著($P<0.005$)的正相关关系；Cd 与 Hg 之间呈极显著($P<0.001$)的正相关关系，与 As 相关关系很弱，且不显著；As 与 Hg 之间也

没有显著的相关性。总的来看，研究区 8 种重金属除 As 与 Cd、Hg 之间没有显著的相关性外，其他重金属之间均有显著或者极显著的正相关关系，说明 Cu、Cr、Ni、Zn、Pb 这 5 种重金属的污染来源可能属于同一类。

2. 主成分分析

主成分分析法是利用降维思想将多个指标转化为少数几个综合指标的统计方法。主成分分析法能较好地识别土壤重金属污染来源。本章研究对研究区 8 种重金属进行主成分分析，根据特征值大于 1 的原则，提取共性因子，利用 Kaiser 标准化的正交旋转法对共性因子进行旋转，结果见表 6-31 和表 6-32。

表 6-31　研究区土壤重金属主成分分析结果

成分	初始特征值			提取平方和载入			旋转平方和载入		
	特征值	方差/%	累积方差/%	特征值	方差/%	累积方差/%	特征值	方差/%	累积方差/%
1	4.037	50.458	50.458	4.037	50.458	50.458	2.832	35.403	35.403
2	1.460	18.253	68.711	1.460	18.253	68.711	2.665	33.308	68.711
3	0.709	8.863	77.757						
4	0.589	7.360	84.935						
5	0.512	6.401	91.336						
6	0.373	4.662	95.998						
7	0.209	2.614	98.612						
8	0.111	1.388	100.00						

表 6-32　研究区土壤重金属含量主成分分析矩阵对比

重金属	成分矩阵		旋转成分矩阵	
	PC1	PC2	PC1	PC2
Cu	0.877	−0.27	0.465	0.554
Cr	0.816	0.416	0.190	0.791
Ni	0.796	−0.224	0.311	0.862
Zn	0.718	0.086	0.825	0.402
Pb	0.714	−0.530	0.735	0.381
Cd	0.679	0.447	0.883	0.101
As	0.507	0.647	−0.073	0.819
Hg	0.473	−0.506	0.691	−0.046

由表 6-31 和 6-32 可以看出，研究区 8 种成分共提取出 2 种成分因子，累积方差为 68.711%，其中因子 1(提取平方和)的方差贡献率为 50.458%，因子 2(提取平方和)的方差贡献率为 18.253%。由表 6-32 可以看出，经过旋转后的因子载荷矩阵分配得更加清晰，比未旋转时能更好地解释各因子的意义，因此，采用旋转后的载荷矩阵对研究区的 8 种重金属进行解释分析。第一主成分(PC1)中有较大载荷值的有 Zn、Pb、Cd、Hg，方差贡献率为 35.403%，说明这 4 种重金属的污染来源可能相同；第二主成分(PC2)中有较大载

荷值的有Cu、Cr、Ni、As，方差贡献率为33.308%，说明这4种重金属的污染来源可能相同或者相似。对比相关分析的研究结果，As与Cd、Hg没有显著的相关性，更进一步说明这两组因子的污染来源相同或相似。通过表6-1的描述分析可知，只有Cd平均值含量超过了河南省潮土背景值，样点超标率达到了95.15%，说明Cd受人为活动影响较大，污染来源由人类活动造成，如化肥农药的使用、废水灌溉等。结合变异程度来看，Hg的变异系数最高，也说明了受人为影响较大，Hg的累积重污染区域也多分布在居民点较多、交通较便利的地区，可以推断出Hg的污染源主要来自汽车尾气、生活垃圾、工业废气等。单因子污染指数表明Cr、Ni、As污染较轻，均没有出现中污染和重污染情况，说明受自然源影响较大。综上，研究区第一主成分(PC1)中的Zn、Pb、Cd、Hg受人为源影响较大，第二主成分(PC2)中的Cu、Cr、Ni、As受自然源影响较大。

6.4　小　　结

本书研究以黄河下游背河洼地区(开封段)为研究对象，结合ArcGIS软件和SPSS软件，基于空间插值理论和地统计学理论，分析黄河下游背河洼地区(开封段)农田土壤重金属含量的统计特征、空间分布特征，根据最优插值方法得出土壤8种重金属的空间趋势分布图，利用单因子污染指数法、内梅罗综合污染指数法、地累积污染指数法、污染负荷指数法、潜在生态风险指数法对研究区的重金属污染程度进行评价，并对重金属来源进行辨识，可得到以下结论：

(1)研究区土壤重金属与背景值相比总体超标率不高。污染平均值含量只有Cd元素超标，另外7种元素Cu、Ni、Zn、Cr、Pb、As和Hg均未超标。土壤重金属元素超标率高低分别为Cd(95.51%)＞As(48.08%)＞Hg(21.79%)＞Cr(16.03%)＞Ni(14.10%)＞Cu(10.26%)＞Pb(9.62%)＞Zn(7.05%)。变异程度分别是Hg为强变异，Cu、Ni、Zn、Cr、Pb、As、Cd为中等变异，说明Hg受人为影响较大。正态分布检验显示Cr、Ni和As为正态分布，Cu、Zn、Cd、Hg符合对数正态分布，Pb不符合正态分布。

(2)研究区重金属各元素拟合模型有指数模型、球状模型和高斯模型。Cu、Zn、Cd、As、Hg为指数模型，Cr为球状模型，Ni为高斯模型。Cu、Cr、Cd、As、Hg的空间相关性很强，说明在空间自相关内主要受自然源的影响，Ni、Zn为中等空间相关性，表明除了受自然源影响外，还受人为源的影响。研究区土壤重金属呈现了一定空间分布趋势。

(3)研究区土壤8种重金属最优插值模型分别是Cu为常数下的析取克里金插值法，Cr为2阶的析取克里金插值法，Ni为反高次曲面函数径向基函数插值法，Zn为4阶的全局多项式插值法，Cd为1阶的泛克里金插值法，As为反高次曲面函数径向基函数插值法，Hg为1阶的泛克里金插值法，Pb为反高次曲面函数径向基函数插值法。

(4)研究区土壤重金属含量的空间分布不一。Cu含量整体上呈中间低、两侧高的趋势；Cr元素的值整体分布趋势为西高东低；Ni含量分布整体上呈现中间低、两侧较高的趋势；Zn元素的值整体上处于较低水平，表现为四周较高于中间的分布特征；Cd元素在西南部有部分值较高，中部略高于两侧；As元素整体上从西向东表现为低—高—低—高的趋势；Hg的空间分布特征呈西高东低的趋势；Pb自西向东的空间分布特征表现为高—低—高—低的趋势。

(5)研究区 8 种重金属元素出现了不同程度的污染。土壤重金属单因子指数评价结果表明，Cd 污染最为严重，为轻污染，As、Cr、Ni、Hg、Cu、Zn、Pb 的平均值小于 1，为无污染，但极大值均大于 1，说明出现了一定程度的污染。内梅罗综合污染指数评价结果表明，研究区土壤已经开始遭到污染，并以轻污染为主。地累积污染指数评价结果表明，研究区土壤重金属大多处于无-中度污染程度，其中，Cd 的累积污染最严重，Cr 元素没有出现累积污染情况。污染负荷指数评价结果表明，研究区没有出现强污染和极强污染现象，部分地区为中污染，占比为 15.38%，说明研究区土壤整体污染程度较轻。潜在生态风险评价结果表明，研究区重金属元素情况，Cd 为中等风险，其他 7 种均为轻微风险，Cd 是该区域主要的风险因子，RI 分布图表明研究区以轻微风险为主，并在局部出现了很强风险等级。

(6)研究区土壤 8 种重金属元素中，As 与 Cd、Hg 之间不存在显著的相关性，Cu、Cr、Ni、Zn、Pb 两两之间呈显著或者极显著的正相关关系，由此判断 Cu、Cr、Ni、Zn、Pb 可能属于同一类污染源。主成分分析提取了 2 个共性因子，其中，第一主成分(PC1)提取了 Zn、Pb、Cd、Hg 4 个元素，受人为源影响较大，Cu、Cr、Ni、As 为第二主成分(PC2)提取元素，受自然源影响较大。

参考文献

陈思萱, 邹滨, 汤景文. 2015. 空间插值方法对土壤重金属污染格局识别的影响[J]. 测绘科学, 40(1): 63-67.

陈秀端, 卢新卫. 2017. 基于受体模型与地统计的城市居民区土壤重金属污染源解析[J]. 环境科学, 38(6): 2513-2521.

崔邢涛, 栾文楼, 吴景霞, 等. 2010. 冀东平原表层土壤重金属元素的空间变异及模拟研究[J]. 土壤通报, 41(4): 957-964.

谷蕾, 宋博, 仝致琦, 等. 2012. 连霍高速不同运营路段路旁土壤重金属分布及潜在生态风险[J]. 地理科学进展, 31(5): 632-638.

郭彦海, 孙许超, 张士兵, 等. 2017. 上海某生活垃圾焚烧厂周边土壤重金属污染特征、来源分析及潜在生态风险评价[J]. 环境科学, 38(12): 5262-5271.

韩术鑫, 王利红, 赵长盛. 2017. 内梅罗指数法在环境质量评价中的适用性与修正原则[J]. 农业环境科学学报, 36(10): 2153-2160.

李雪梅, 邓小文, 王祖伟, 等. 2010. 污染因子权重及区域环境质量综合评价分级标准的确定——以土壤重金属污染为例[J]. 干旱区资源与环境, 24(4): 7-10.

李一蒙, 马建华, 刘德新, 等. 2015. 开封城市土壤重金属污染及潜在生态风险评价[J]. 环境科学, 36(3): 1037-1044.

刘爱利, 王培法, 丁园圆. 2012. 地统计学概论[M]. 北京: 科学出版社.

吕建树, 张祖陆, 刘洋, 等. 2012. 日照市土壤重金属来源解析及环境风险评价[J]. 地理学报, 67(7): 971-984.

马建华, 李剑, 宋博. 2007. 郑汴路不同运营路段路旁土壤重金属分布及污染分析[J]. 环境科学学报, 27(10): 1734-1743.

马建华, 王晓云, 侯千, 等. 2011. 某城市幼儿园地表灰尘重金属污染及潜在生态风险[J]. 地理研究, 30(3): 1185-1190.

孟凡乔, 史雅娟. 2000. 我国无污染农产品重(类)金属元素土壤环境质量标准的制定[J]. 农业环境保护, 19(6): 356-359.

孙华, 谢丽, 张金婷. 2018. 基于改进内梅罗指数法的棕(褐)地周边土壤重金属污染评价[J]. 环境保护科学, 44(12): 98-102.

汤洁, 天琴, 李海毅, 等. 2010. 哈尔滨市表土重金属地球化学基线的确定及污染程度评价[J]. 生态环境学报, 19(10): 2408-2413.

王春光, 刘军省, 殷显阳, 等. 2018. 基于 IDW 的铜陵地区土壤重金属空间分析及污染评价[J]. 安全与环境学报, 18(5): 1989-1996.

王斐, 黄益宗, 王小玲, 等. 2015. 江西钨矿周边土壤重金属生态风险评价: 不同评价方法的比较[J]. 环境化学, 34(2): 225-233.

王婕, 刘桂建, 方婷, 等. 2013. 基于污染负荷指数法评价淮河(安徽段)底泥中重金属污染研究[J]. 中国科学技术大学学报, 43(2): 97-103.

王秋霜, 刘淑媚, 凌彩金. 2018. 广东英德13个村镇茶园土壤质量及重金属安全性评价[J]. 中国农学通报, 34(29): 82-91.

谢云峰, 陈同斌, 雷梅, 等. 2010. 空间插值模型对土壤Cd污染评价结果的影响[J]. 环境科学学报, 30(4): 847-854.

徐燕, 李淑芹, 郭书海, 等. 2008. 土壤重金属污染评价方法的比较[J]. 安徽农业科学, 36(11): 4615-4617.

徐争启, 倪师军, 庹先国, 等. 2008. 潜在生态危害指数法评价中重金属毒性系数计算[J]. 环境科学与技术, 148(2): 112-115.

张鹏岩, 康国华, 庞博, 等. 2017. 宿鸭湖沉积物重金属空间分布及潜在生态风险评价[J]. 环境科学, 38(5): 2125-2135.

钟晓兰, 周生路, 赵其国. 2007. 长江三角洲地区土壤重金属污染特征及潜在生态风险评[J]. 地理科学, 27(3): 395-400.

Cambardena C A, Moorman T B, Parkin T B, et al. 1994. Field-scale variability of soil properties in central Iowa soils[J]. Soil Science Society of America Journal, 58(5): 1501-1511.

Hakanson L. 1980. An ecological risk index for aquatic pollution control: A sedimentological approach[J]. Water Research, 14(8): 975-1001.

Islam M S, Ahmed M K, Raknuzzaman M, et al. 2015. Heavy metal pollution in surface water and sediment: A preliminary assessment of an urban river in a developing country[J]. Ecological Indicators, 48: 282-291.

Liu R, Wang M, Chen W, et al. 2016. Spatial pattern of heavy metals accumulation risk in urban soils of Beijing and its influencing factors[J]. Environmental Pollution, 210: 174-181.

Muller G. 1969. Index of geoaccumulation in sediments of the Rhine River[J]. Geojournal, 2(3): 108-118.

Webster R, Oliver M. 2001. Geostatistics for Environmental Scientists[M]. New York: John Wiley & Sons, Ltd.

Wilding L. 1985. In Spatial variability: Its documentation, accommodation and implication to soil surveys[A]//Nielsen D N, Bouman J. Soil Spatial Variability. Wageningen: Pudoc: 166-194.

Xiao Q, Zong Y T, Lu S G. 2015. Assessment of heavy metal pollution and human health riskin urban soils of steel industrial city (Anshan), Liaoning, Northeast China[J]. Ecotoxicology & Environmental Safety, 120: 377-385.

第7章　土地利用对策研究

7.1　土地利用对策分析

7.1.1　坚持耕地“三位一体”，增强耕地生产质量

黄河下游背河洼地区(开封段)是我国的传统农业区、粮食主产区之一，在快速城镇化、工业化与农业现代化的背景下，对耕地保护的形势日趋严峻。粮田是民生的保障，通过使耕地资源达到动态平衡可在一定程度上保证土地资源的高效利用。因此，在地市基础上，建立乡镇级土地监察司法部门，以遏制耕地减少态势。通过强化土地管理，在保护现有耕地的基础上开发非耕用地，以提高耕地利用效率，保障研究区乃至全省、全国的粮食安全，推动经济、社会、生态可持续发展。

7.1.2　加强管控建设用地规模，科学划定土地用途分区

随着工业化和城市化的发展，乡镇企业日渐成为农村经济的重要支柱，但其无序扩张、散乱分布以及多占少用等现象已成为制约乡镇建设用地可持续发展的重要因素。河南省是我国的农业大省，而黄河下游背河洼地区(开封段)更是我国农业发展的重点区域，目前研究区土地利用不充分、不合理，重建设用地、宜耕土地，轻宜林、宜渔土地，导致生产性结构不合理现象严重。因此，加强对乡镇企业用地规模的监督和管控力度，因地制宜、科学地划定土地用途分区，可有效规范并约束乡镇建设用地可持续发展，促进土地节约集约化利用，推动乡村的全面振兴。

7.1.3　遵循生态环境保护政策，推动乡镇联动发展

背河洼地区地处黄河滩附近，随着旅游业发展与生态文明建设的推进，部分生态用地占用耕地的现象日渐突出，激发了生态工程建设与耕地保护之间的矛盾，如绿化建设大面积占用耕地，加重了粮食安全与耕地保护红线的压力。因此，在未来发展中，应因地制宜，统筹内生动力和外生动力，运用生态学原理，结合现代科学成果与传统农业技术，推动具有生态合理性以及功能良性循环的农业体系，发展因地制宜的特色农业产业化形式，提高乡镇间农业资源利用效率，推动相邻乡镇联动发展。

7.2　生态安全对策分析

7.2.1　优化土地利用空间格局，促进区域未来可持续发展

对黄河下游背河洼地区(开封段)整体土地利用空间格局进行优化，要把生态保护作为区域开发的关键所在，把生态安全作为确定区域生态系统发展程度的重要科学依据。

优化土地利用格局，不同功能区应建立具有针对性的区域发展政策，尤其应提升行政功能核心区的综合服务能力和沿黄生态保护区的整体生态系统服务水平。分区基础上的区域发展不是独立的，应联合所有区域，打造新的生态发展战略支点，因地制宜地找准发展方向，高标准贯彻并完成区域开发建设。

7.2.2 建设针对性区域生态安全体系，提升区域生态安全保障能力

黄河下游背河洼地区(开封段)应以改善区域生态环境质量为工作重点，以保障和维护生态功能为主要任务，以推动区域人与环境和谐发展为最终落脚点。结合区域实际生态情况，划定严格的黄河下游背河洼地区(开封段)生态保护红线，进一步调整和优化区域生态结构，提升区域生物多样性水平及区域稳定性，抓好水土流失重点区综合治理，实施小流域坡耕地水土保持、农业与生态综合整治，更好地发挥区域生态功能。

7.2.3 设立严格的耕地保护红线，深入挖掘土地综合利用潜力

立足于区域本身特色，突出区域耕地保护的重要性。实施严格的耕地保护政策，禁止一切以破坏耕地为代价的区域开发活动。在严格保护的基础上，对土地综合利用的能力进行深入挖掘，进而提高区域生态安全水平，促进区域可持续发展。

7.3 资源承载力对策分析

7.3.1 科学编制国土空间规划，促进产业结构和用地结构的协同优化

国土空间规划是各类开发建设活动的基本依据，科学、适度、有序的国土空间布局对区域土地可持续利用具有重要意义。随着兰考县城市化与工业化的快速发展，人口数量增加、人地关系日趋紧张、土地利用效率低下、土地生产潜力不足、土地后备资源缺乏等各种问题逐渐暴露。缓解土地供需矛盾、调整土地利用结构、优化土地资源配置成为兰考县实现可持续发展的需求。政府一方面通过规划引导和政策激励，推进土地利用结构优化，实行土地利用功能分区，实现产业结构和用地结构的互动优化；另一方面，通过经济手段，对区域企业进行综合和整治，控制建设用地过快增长，提高土地承载的结构潜力，促进产业结构和用地结构的协同优化。

7.3.2 建立完善的土地资源管理模式，实现土地管理的规范化、科学化

随着兰考县城镇化进程的加快，用地范围逐渐扩大，用地情况更加复杂，建立完善的土地资源管理模式，协调好经济发展与土地资源配置的关系，成为当前土地发展的新形势。建立高效、现代化的电子政务信息化系统，明晰管理流程，提高工作效率，实现土地管理的规范化与科学化。通过建立土地利用效率评价及监控体系，根据数据信息，调整用地模式，优化用地结构，提高土地利用效率。利用信息技术对土地资源进行科学管理，优化管理模式，规范管理行为，加强信息资源的开发利用，提高资源监测，从而为区域土地资源的管理与保护提供保障。

7.3.3 建立土地可持续利用信息系统，提升土地可持续利用的稳定性

在兰考县发展进程中，提高土地利用率，推进土地集约节约利用，维持区域可持续发展，已成为亟待解决的关键问题。社会经济的快速发展导致兰考县土地超载，可持续性减弱，土地系统长期处于不安全状态，生态压力较大。建立土地可持续利用信息系统，将土地可持续利用动态监测及预报体系与3S技术相结合，利用科学技术对区域土地利用的动态变化进行监控和预报。通过建立土地安全预警系统，加强土地利用动态监测，提升土地数量、质量变化的监控和预报能力，提高土地利用的准确性、动态性和稳定性。

7.4 低碳发展理念下对策分析

7.4.1 土地利用碳减排与碳增汇调控对策

1）大力发展低碳农业，优化农资使用结构

研究区耕地碳排放主要来源于农药化肥的使用，而秸秆燃烧也是耕地碳排放的主要来源之一。黄河下游背河洼地区（开封段）应重点突出农业生态环境和节肥、节药、节能技术及管理模式创新应用，摒弃传统的农资利用方式，在不断研发和推广节约型施肥、施药的基础上，进一步加强低碳型农机利用和低碳农膜的开发，并进一步加大推广秸秆综合利用的力度。总而言之，黄河下游背河洼地区（开封段）应全面提升农业投入产品的利用效率，降低农业温室气体排放，切实实现农地利用的碳减排和农业生态环境改善。

2）优化农产品结构，大力发展多种种植业

黄河下游背河洼地区（开封段）以小麦种植为主，而秸秆燃烧也主要在小麦收割之后。在确保粮食安全的前提下，改善区域耕地碳排放现状，需要优化种植品种结构，减少农作物生产废料并提供废料利用率，大力发展多种高收益、低排放的农业种植体系，积极培育低碳、高产的优良作物品种，以改善区域农业生态环境。

3）大力发展生态用地，增强区域整体碳汇功能

黄河下游背河洼地区（开封段）担负着重要的生态保持功能，区域未来发展应积极调整土地利用方式。林地、水域及未利用地在区域内部发挥重要的碳汇功能，因此在保持一定数量和质量农田面积的情况下，应积极响应相关政策，实施黄河沿岸生态林建设，进一步提高森林覆盖率，进而提升区域整体碳汇功能。由于区域水域用地受气候因素影响较大，加之研究区独特的地貌类型，因而积极对区域水域进行合理的保护，有助于提升区域生态系统抵抗力，维持区域碳汇功能的较高水平。

4）提高能源利用效率，限制建设用地过度扩张

黄河下游背河洼地区（开封段）保持土地利用类型中建设用地的碳排放量占碳排放总量的比例最高为99.04%，并且转移为建设用地产生的碳排放量占总碳排放量的比例也高达73.97%。一方面，要提高区域能源利用效率，由于黄河下游背河洼地区（开封段）是重要的耕地资源保护区，因此应禁止较大的化工企业建厂生产，并在区域内大力发展低碳

能源，以减少单位面积建设用地碳排放。另一方面，限制建设用地过度扩张和严格控制其他用地类型向建设用地转化，尤其是耕地、林地转变为建设用地会使该区域碳排放量大量增加，有效控制建设用地的无序扩张，将有利于区域未来发展。

7.4.2 建立合理适宜的低碳土地利用模式

1) 改变粗放型土地利用模式，控制建设用地的快速增长

加强区域城市核心区建设，集约利用建设用地，避免建设用地的无限制扩张，保持合理的用地结构，将粗放型用地转变为精细型用地，维持区域整体碳汇水平；加强未利用地的开发和应用，积极进行区域土地整理、整治和复垦工作，通过土地的再利用和优化土地利用格局，降低区域碳排放量。

2) 增加区域生态用地比例，促进区域整体固碳效率提升

从低碳化的用地结构来看，需要控制生态用地的下降速率，抑制建设用地的快速增长，并提高现有生态用地的固碳水平。依托黄河下游背河洼地区(开封段)未来发展策略与开封市土地利用规划方案，对黄河下游背河洼地区(开封段)进行大面积育林工作，尤其是在黄河沿岸建立生态林带，以增加森林覆盖率和碳汇量，进而补偿高碳土地利用方式所产生的碳排放。